南宁师范大学教材建设基金资助出版

无人机测绘技术

主　编　徐　军　何燕君

副主编　黄升华　王会珠　巫显涟　邓世兴

参　编　杨小雄　段　炼　吴　彬　董　凯

　　　　张利国　马　骥　黄　乐　张文主

　　　　赖双双　龙嘉露　王永卿　王华峰

　　　　陈一舞　覃应亮　陀锦霞　李　航

西南交通大学出版社
·成　都·

图书在版编目（ＣＩＰ）数据

无人机测绘技术 / 徐军，何燕君主编. —成都：
西南交通大学出版社，2023.10
　ISBN 978-7-5643-9539-1

　Ⅰ. ①无… Ⅱ. ①徐… ②何… Ⅲ. ①无人驾驶飞机
– 航空摄影测量 – 研究 Ⅳ. ①P231

中国国家版本馆 CIP 数据核字（2023）第 204330 号

Wurenji Cehui Jishu
无人机测绘技术

主编　徐　军　何燕君

责任编辑　　何明飞
封面设计　　吴　兵

出版发行　　西南交通大学出版社
　　　　　　（四川省成都市金牛区二环路北一段 111 号
　　　　　　西南交通大学创新大厦 21 楼）
邮政编码　　610031
营销部电话　028-87600564　028-87600533
网址　　　　http://www.xnjdcbs.com
印刷　　　　四川煤田地质制图印务有限责任公司

成品尺寸　　185 mm×260 mm
印张　　　　14.75
字数　　　　368 千
版次　　　　2023 年 10 月第 1 版
印次　　　　2023 年 10 月第 1 次
定价　　　　48.00 元
书号　　　　ISBN 978-7-5643-9539-1

课件咨询电话：028-81435775
图书如有印装质量问题　本社负责退换
版权所有　盗版必究　举报电话：028-87600562

　　无人机测绘技术是以航空遥感为基础，利用先进的无人驾驶飞行器技术、遥感传感器技术、遥测遥控技术、通信技术、GNSS 技术和 RS 技术，实现自动化、智能化、专业化地应用于应急测绘保障、数字城市建设、国土资源、矿山监测、电力工程、环境保护、农林业领域及水利等相关领域，具有应用范围广、作业成本低、续航时间长、影像实时传输、高危地区探测、图像精细、机动灵活等优点，是卫星遥感与载人机航空遥感的有力补充，已经成为世界各国争相研究和发展的重要方向。

　　本书集中了作者及其研究团队近年来在无人机测绘领域的研究及应用成果，在系统归纳无人机测绘基本理论和方法的基础上，对于无人机测绘系统结构、无人机飞行基本原理、无人机航空摄影安全作业与操控、无人机航空摄影测量、无人机倾斜摄影测量、无人机贴近摄影测量、无人机激光雷达测量及无人机测绘技术的应用等知识进行了深入的探讨与实践总结。第 1 章重点介绍无人机及无人机测绘的基础知识和基本理论；第 2 章重点介绍无人机测绘系统的结构和组成；第 3 章重点介绍无人机飞行环境、空气动力学基本原理与无人机飞行基本原理；第 4 章重点介绍固定翼、多旋翼无人机的手动操控及自动航线飞行，以及无人机航摄工作流程、注意事项；第 5 章重点介绍无人机航空摄影测量的基础知识、无人机像片控制测量、无人机解析空中三角测量和新型基础测绘产品生产；第 6 章重点介绍无人机倾斜摄影测量概述、倾斜摄影数据处理内容与要求、基于倾斜摄影的数字化产品生产和无人机倾斜摄影测量典型案例；第 7 章重点介绍无人机贴近摄影测量概述、贴近摄影测量的方法与技术、应用领域和无人机贴近摄影测量典型案例；第 8 章重点介绍激光雷达概述、机载激光雷达测量系统、机载激光雷达点云数据处理和无人机机载激光雷达测量典型案例；第 9 章介绍无人机测绘技术在应急测绘保障、数字城市建设、国土资源、矿山监测、电力工程、环境保护、农林业、水利相关等领域的应用。

　　本书的主要特色体现在：

　　（1）详细阐明了无人机的飞行原理、结构、导航飞控、飞行操作与维护，以及无人机摄影测量技术的原理、方法、作业流程和技术应用情况。

　　（2）对地理信息数据获取技术（高空遥感、中空飞机摄影、地面测量）及无人机测绘技术（垂直摄影、倾斜摄影、贴近摄影、机载 LiDAR）的发展起到了很好的补充作用，学生通过该课程的学习将更加全面地掌握测绘地理信息技术。

（3）以大量的插图和实际案例说明各项技术工作的内容、特点、程序步骤和技术要求。

（4）在兼顾教材知识系统性、逻辑性的同时，力求结构严谨、内容精练、通俗易懂。注重对基本知识、基本技能、基本方法的介绍，注重对航空摄影测绘技术能力的培养，符合教育规律和高素质工科技能人才培养规律，适应教学改革的要求。

本书编写组由长期从事测绘工程教学研究的学者、教学第一线的青年骨干教师和国内测绘行业高新技术企业的技术工程师组成。南宁师范大学徐军和何燕君担任主编，广州南方测绘科技股份有限公司黄升华、北京山维科技股份有限公司王会珠、万航星空科技发展有限公司巫显涟、广州中海达卫星导航技术股份有限公司邓世兴担任副主编，负责制定编写大纲和统稿。第 1 章由南宁师范大学徐军、何燕君、杨小雄和北京山维科技股份有限公司王会珠编写；第 2 章由南宁师范大学徐军、何燕君和王永卿编写；第 3 章由南宁师范大学徐军、段炼、吴彬、张利国编写；第 4 章由南宁师范大学徐军、万航星空科技发展有限公司巫显涟和北京山维科技股份有限公司王会珠编写；第 5 章由南宁师范大学龙嘉露和广州南方测绘科技股份有限公司黄升华、陈一舞编写；第 6 章由南宁师范大学张文主、赖双双和北京山维科技股份有限公司王华峰编写；第 7 章由南宁师范大学徐军、何燕君和万航星空科技发展有限公司巫显涟编写；第 8 章由广州中海达卫星导航技术股份有限公司李航和广州南方测绘科技股份有限公司覃应亮、陀锦霞编写；第 9 章由广州中海达卫星导航技术股份有限公司邓世兴和南宁师范大学董凯、黄乐、马骥编写。

本教材受国家自然科学基金项目"基于轨迹时空模式挖掘的团伙犯罪风险时空感知与预测研究"（编号：41961062）、广西高校中青年教师科研基础能力提升项目"高分辨率遥感影像甘蔗地信息智能化提取方法研究——以广西博白为例"（编号：2019KY0426）、"自然资源融合模式促进乡村振兴发展研究"（项目编号：2021KY0402）、教育部产学合作协同育人项目"产教融合下的'时空数据挖掘'课程改革与实践"（编号：220903776014258）、广西新工科研究与实践项目"新工科背景下自然资源大数据挖掘人才培育模式研究与实践"（编号：XGK2022016）、中国—东盟（华为）人工智能创新中心 2022 年补贴项目"面向 AI 的自然资源监测与分析特色课程群建设"、广西一流本科专业建设点"测绘工程"校级本科教学改革项目"无人机测绘技术"课程混合式虚拟仿真实验教学模式探索与实践（项目编号：2023JGX047）、校级课程思政示范课程"无人机测绘技术"的支持与资助。

由于作者水平有限，书中定有一些疏漏和不足之处，恳请同行和广大读者批评、指正。

编　者

2023 年 7 月

目　录

第 1 章 绪 论

知识目标

理解无人机的概念、分类、特点、功能和作用；理解和把握无人机的发展趋势；了解无人机测绘的定义、作业流程和在测绘领域的应用现状；了解无人机相关法律法规。

技能目标

初步认识无人机测绘，认识无人机测绘作业流程。

21 世纪以来，无人机的动力、控制、通信和导航等关键技术逐渐成熟，在空间探测感知领域的应用也进一步深入，其用途不断扩大，已经成为一种新型的空中平台，在国民经济建设和现代战争中发挥着越来越重要的作用。在高新技术条件下，与现代遥感技术、摄影测量技术等相结合，基于无人机平台的测绘技术即无人机摄影测量应运而生，已经成为与航天摄影测量、大飞机航空摄影测量并驾齐驱的摄影测量方式。无人机摄影测量具有机动、灵活、快速、经济等特点，在重点区域或小范围区域航测上更有得天独厚的优势，在无人机影像处理软件的辅助下，能够快速获取目标区域或对象的高分辨率遥感影像和精细的三维模型，成为航空摄影测量的重要手段和国家航空遥感监测体系的重要补充。随着无人机测绘成果应用的不断深入和技术的不断进步，在传统无人机摄影测量基础上也逐渐发展衍生出了无人机倾斜摄影测量与无人机贴近摄影测量，能满足更多场景下的测绘成果应用需求，进一步拓展了无人机测绘技术的应用领域。

1.1 无人机

1.1.1 基本概念

无人机（Unmanned Aircraft Vehicle，UAV）是一种由动力驱动，能携带任务载荷，可重复使用，可自主飞行或遥控飞行的不载人航空器。

无人机系统（Unmanned Aircraft System，UAS）也称无人驾驶航空系统，通常由飞行器、飞行控制系统、数据链路、发射与回收等部分组成，能执行复杂任务。其中，飞行器系统是执行任务的载体，它携带遥控遥测设备和任务设备，达到目标区域完成要求的任务，包含飞行平台、动力装置（包括能源装置）、电力系统和任务设备等。飞行控制系统是无人机系统的"心脏"部分，基本任务是当无人机在空中受到干扰时保持飞机姿态与航迹的稳定，以及按地面无线传输指令改变飞机姿态与航迹，并完成导航计算、遥测数据传送、任务控制与管理等。数据链路是维持地面与空中双向持续通信的"通信员"，负责无人机系统的指令、数据、情报的上传下达，保证遥控指令的准确传输，以及无人机接收、发送信息的实时性和可靠性。发射与回收装置是指与发射（起飞）和回收（着陆）有关的设备或装置，可确保无人机顺利升空以达到安全高度和飞行速度，在执行任务后从天空安全回落到地面。

1.1.2 无人机的分类

随着无人机的飞速发展和新概念的不断涌现，创新的广度和深度不断加大，无人机种类繁多、形态各异，目前尚无统一、明确的分类标准。传统的分类方法中，有按功能分类，也有按尺度分类，或是按飞行方式、活动半径、飞行速度、实用升限、续航时间等分类。

1. 按功能分类

按功能，无人机可以分为军用无人机和民用无人机两大类。

军用无人机包括信息支援、信息对抗、火力打击等几大类；民用无人机包括遥感测绘、检测巡视、保护救援、影视制作、生活服务、通信中继等几大类。

其中，遥感测绘类无人机主要用于地质遥感监测、矿藏勘测、地形测绘等工作中，检测巡视类无人机主要用于灾害监测（水灾、火灾、地震等）、环境监测（交通、水利、地形地貌）、气象监测、电力线路或石油管路巡视等工作中，保护救援类无人机主要用于野生动物保护、珍稀保护动员救援工作，影视制作类无人机主要用于影视拍摄、新闻制作、大型活动宣传、旅游景点宣传等工作中，生活服务类无人机主要用于物流、快递、外卖等日常生活中，通信中继类无人机包括通信中继类和通信组网类无人机。

2. 按尺度分类

依据 2018 年发布的《无人驾驶航空器飞行管理暂行条例》（征求意见稿）将民用无人机分为微型、轻型、小型、中型、大型，如图 1.1 所示。

（1）微型无人机，是指空机质量小于 0.25 kg，设计性能同时满足飞行真高不超过 50 m、最大飞行速度不超过 40 km/h、无线电发射设备符合微功率短距离无线电发射设备技术要求的遥控驾驶航空器。

（2）轻型无人机，是指同时满足空机质量不超过 4 kg，最大起飞质量不超过 7 kg，最大飞行速度不超过 100 km/h，具备符合空域管理要求的空域保持能力和可靠被监视能力的遥控驾驶航空器，但不包括微型无人机。

（3）小型无人机，是指空机质量不超过 15 kg 或者最大起飞质量不超过 25 kg 的无人机，但不包括微型、轻型无人机。

（4）中型无人机，是指最大起飞质量超过 25 kg 不超过 150 kg，且空机质量超过 15 kg。

（5）大型无人机，是指最大起飞质量超过 150 kg 的无人机。

（a）微型无人机

（b）轻型无人机

（c）小型无人机

（d）中型无人机

（e）大型无人机

图 1.1　按尺度分类的无人机

3. 按飞行方式分类

按照无人机的飞行方式或飞行原理，可将无人机分为固定机翼无人机、旋翼无人机、扑翼无人机、动力飞艇、临近空间无人机、空天无人机等，如图 1.2 所示。其中，扑翼无人机是像昆虫和鸟一样通过拍打、扑动机翼来产生升力以进行飞行的一种飞行器，更适合于微小型飞行器。临近空间无人机是指在临近空间飞行和完成任务的无人机，由于临近空间空气稀薄，无人机在其中巡航飞行必须采用新的飞行机理。空天无人机则是可在航空空间与航天空间跨越飞行的无人机，其飞行机理体现了航空航天融合创新。

（a）固定翼无人机

（b）旋翼无人机

（c）扑翼无人机

（d）动力飞艇

（e）临近空间无人机

（f）空天飞机

图 1.2　按飞行方式分类的无人机

4. 按活动半径分类

（1）超近程无人机，活动半径为 5～15 km。

（2）近程无人机，活动半径为 15～50 km。

（3）短程无人机，活动半径为 50～200 km。

（4）中程无人机，活动半径为 200～800 km。

（5）远程无人机，活动半径一般不小于 800 km。

5. 按飞行速度分类

（1）低速无人机，马赫数一般小于 0.3。

（2）亚音速无人机，马赫数为 0.3～0.7。

（3）跨音速无人机，马赫数为 0.7～1.2。

（4）超音速无人机，马赫数为 1.2～5.0。

（5）高超音速无人机，马赫数一般不小于 5.0。

6. 按实用升限分类

（1）超低空无人机，实用升限一般为 100 m 以下。

（2）低空无人机，实用升限为 100～1 000 m。

（3）中空无人机，实用升限为 1 000～7 000 m。

（4）高空无人机，实用升限为 7 000～18 000 m。

（5）超高空无人机，实用升限一般不小于 18 000 m。

7. 按续航时间分类

按续航时间分类，无人机可以分为正常航时无人机和长航时无人机。正常航时无人机的续航时间一般小于 24 h，长航时无人机的续航时间一般等于或大于 24 h。

1.1.3　无人机的特点

无人机没有机上驾驶员，因此不用考虑人的生理承受能力和体力限制，可执行枯燥、危险、污染性的工作，使用灵活、用途广泛、成本低廉、生存力强。

1. 造价低廉，效费比好

由于无人机不需要飞行驾驶人员，可最大限度地保障人的生命安全，且在无人机设计时不需考虑人员的生存保障系统和应急救生系统，可大幅减轻飞机质量和系统复杂程度，故无人机往往相对尺寸较小，质量较轻，生产成本低，训练、检测维修费用较低。目前，大部分无人机的制造成本只是同类型有人机的几十分之一乃至几百分之一，而且无人机的使用和维护费用低，即使被击落损失也很小。

2. 隐蔽性好，生命力强

比起有人驾驶飞机，现代无人机无论是体积、质量，还是反射面积都比前者小得多，广泛采用玻璃纤维等合成材料及其他透波材料和模块式结构，大大减小了雷达有效反射面，加之其独特精巧的设计、机体表面涂敷的隐身涂料，使得它的暴露率呈几何级数减小，降低了被雷达发现的概率和被防空武器攻击的毁伤率，即使损坏也比较容易快速修复。无人机还有一个突出的特点，即不受人为因素，如过载因素的制约，因而可以最大限度地发挥速度、高度、航程等性能，也可以通过超加速升降、倒飞、急转弯飞行等方式来增加隐蔽性、机动性，从而具有很强的生存力。

3. 机动性强，操作便捷

小型无人机体积小、质量轻，起飞方式灵活，对专门的起降场要求不高。无人机对起降场地的条件要求不高，通过无线电遥控或机载计算机远程遥控技术还可以实现定点起降，操作便捷，容易上手。

但是无人机也具有其相应的缺点，主要表现为：无人机体积小、动力小，客观上造成了其飞行速度慢、抗风抗气流能力差，在大风天气和乱流环境中飞行，无人机往往难以保持平稳的飞行姿态；而且无人机的飞行高度也受温度的限制，导致无人机普遍的飞行高度在 3 km 以下，超高连续飞行 10～15 min 将会使无人机受损；由于无人机需通过无线电链路完成操作指令的收发，其应变能力有限，甚至当有强信号干扰时，易造成无人机失联。

1.1.4　无人机的发展现状与趋势

1. 国外无人机发展现状

当前，在无人机研制与生产领域占据领先位置的依然是美国，其应用主要集中在军事方面。美军目前拥有用于各指挥层次（从高级司令部到基础作战单位）的全系列无人机。许多无人机可以携带制导武器（炸弹、导弹）目标指示和火力校射装置。最著名的是"火蜂"（Fire Bee）系列、"捕食者"（Predator）可复用无人机以及全球最大的无人机——"全球鹰"（Global Hawk）。另外，"影子 200"（RQ-7）低空无人机、"扫描鹰"（Sean Eagle）小型无人机、"火力侦察兵"（Fire Scout）无人直升机等的应用也较为广泛。

2. 我国无人机发展现状

2010 年起，无人机消费级市场逐渐打开，以成立于 2006 年的深圳市大疆创新科技有限公司为代表的相关企业，凭借无人飞行器控制系统及无人机解决方案的研发优势，通过不断革新技术和产品，开启了全球"天地一体"影像新时代，在多个领域重塑了人们的生产和生活方式，产品迅速占领全球市场。在多旋翼无人机领域，大疆创新、科比特、飞马机器人、极飞科技、中海达、易瓦特等公司均取得了不错的成绩，大疆创新凭借其技术、人才、规模优势占据了全球超过 70%的市场份额。

3. 无人机发展趋势

1）提升无人机安全性能

无人机技术已经在我国国防安全和国民经济建设领域发挥着十分重要的作用。而随着无人机执行任务的复杂程度不断提升，反无人机技术、干扰对抗技术不断发展，提高无人机安全性能，能够应对各类干扰、对抗和故障，适应复杂任务环境，显得尤为重要。目前，多源干扰和各类故障是导致无人机安全事故的主要因素，无人机元器件较多、工况复杂多变、系统动态跨域较大，在复杂高对抗环境中极易出现无人机结构受损、航电设备受扰和失灵等状况，造成无人机控制性能退化甚至失稳，极大地限制了无人机的应用环境、应用对象和应用领域。这也是近年来无人机事故日益增多安全问题日益凸显的主要原因。

2）增强无人机互适应性能

随着无人机和各相关技术的发展，需要共享信息、数据、传感器的无人系统平台越来越多，可以预见的是各类无人机系统的多样性将在未来呈指数增长。传统无人机系统往往采用加密信道和专有接口，是典型的封闭系统，不利于各类系统间的相互连接和形成合力。

3）提升无人机自主性能

当前，无人机系统与人工智能技术的发展突飞猛进，运用广泛，这为无人机自主性能的提升创造了条件。如人工智能技术可以为无人机在高动态环境中实时处理大量数据，使无人机能够在复杂多变的环境中具有足够的感知能力和判断能力，在遵循预先规则和策略的基础上，通过自主选择实现人为导向目标，越来越趋向于内部控制，进而可以充分发挥无人机在各行各业的应用潜力。

4）优化无人机动力性能

当前，中小型无人机动力以常规内燃机动力、电池和混合动力为主要方式，但随着蜂群理论的提出，无人机开始向着微型化发展，对无人机动力装置提出了更高要求。美军空军科学研究办公室和密歇根大学均正在开展以太阳能等可再生能源作为动力的无人机项目，尝试通过新型材料、能量传输和能量存储等技术上的融合与突破，为无人机延长巡航时间。

5）实现无人机集群能力

所谓"集群"（Swarm），是受到自然现象启发，指蜜蜂、蚂蚁、鸟群、狼群、鱼群、菌群等大量的低/非智能个体，依据个体规则，在组成群体后涌现出异常复杂的集群智能行为，如图 1.3 所示。集群并不是单纯的数量叠加，"一群"并不等于"集群"，集群强调的是"有机"整体，本质区别在于个体之间是否存在沟通和协作。因此，实现无人机由一定数量的独立个体通过相互关联、互相协作形成有机整体，在宏观层面涌现出集群智能，从而具备更高级、多样化的功能，能够完成更加综合、复杂的任务。

图 1.3　无人机集群示意图

1.2　无人机测绘

1.2.1　无人机测绘的定义

无人机测绘是综合集成无人飞行器、遥感传感器、遥测遥控、通信、导航定位和图像处理等多学科技术，依托无人机系统为主要的信息接收平台，通过无人机机载遥感信息采集和处理设备，实时获取目标区域的地理空间信息，快速完成遥感数据处理、测量成图、环境建模及分析的理论和技术的全过程。

无人机测绘过程中，要想获取清晰准确的图像，不仅需要无人机具有稳定的性能，遥感设备的专业化程度同等重要。近几年发展起来的无人机倾斜摄影系统和无人机贴近摄影测量系统成为当下的热点。其中，无人机倾斜摄影测量技术以大范围、高精度、高清晰的方式对目标环境进行全面感知，可以直观地反映复杂地理环境的外观、位置、高度等因素，为真实有效的地理测绘提供科学的数据依据；无人机贴近摄影测量是张祖勋院士团队针对精细化测量需求提出的全新摄影测量技术，利用拍摄设备贴近物体表面摄影，获取亚厘米级高清影像，并进行摄影测量处理，从而恢复被摄对象的精确坐标和精细形状结构来重建精细三维模型，弥补了其他摄影测量无法达到的精度要求。

1.2.2　无人机测绘的特点

以无人机遥感为基础的无人机测绘系统支持低空近地、多角度观测、高分辨率观测、通过视频或图像的连续观测，形成时间和空间重叠度高的序列图像，信息量丰富，特别适合对特定区域、重点目标的观测。无人机测绘技术主要用于基础地理数据的快速获取和处理，为制作正射影像、地面模型或基于影像的区域测绘提供最简洁、最可靠、最直观的应用数据。

随着无人机传感器技术和高精度定位技术的发展，无人机测绘作为卫星遥感与普通航空测绘不可缺少的补充，已显示出独特的优势。

1. 灵活机动，安全系数高

无人机具有灵活、机动的特点，受空中管制和气候的影响较小，能够在恶劣环境下直接获取影像，即使是设备出现故障，发生坠机也不会出现人员伤亡，具有较高的安全系数。

2. 操作简单，作业成本低

无人机操作简单，对操作员的培养周期相对较短，系统的保养和维修简单，可以无须机场起降，其作业成本与卫星和有人机测绘相比具有巨大的优势。

3. 快速航测，成图周期短

无人机对起降场地的要求限制较小，对获取数据时的地理空域以及气象条件要求较低，升空准备时间短、操作简单、运输便利，车载系统可以迅速到达作业区域附近设站，能快速完成测绘任务，及时提供用户所需成果。相比人工测绘，根据任务要求每天可获取至少数十平方千米范围的测绘成果。

4. 低空作业，成果精度高

无人机可以在云下超低空飞行，也可以贴近物体表面近距离飞行，弥补了卫星光学遥感和普通航空摄影经常受云层或大雾遮挡获取不到清晰影像的缺陷，可获取比卫星遥感和普通航空摄影高得多的超高分辨率遥感影像。同时，低空多角度摄影获取建筑物多面高分辨率纹理影像，弥补了卫星遥感和普通航空摄影获取地面物体遇到的较高建筑物或树木的遮挡问题，能获得较高的正射影像图和三维模型成果精度。

无人机测绘除了具备以上优点以外，还具有以下缺点：受无人机本身性能限制和飞行环境的复杂性影响，无人机测绘具有数据幅宽小、数据量巨大、重叠度不规则、相机畸变大等问题。无人机实际飞行时，受风力影响，其飞行轨迹一般会一定程度地偏离原来规划的航线，同时飞行过程中难以保持姿态稳定，倾斜角较大，对后期处理数据提出了更高的要求。无人机测绘的这些特点，给传统测绘技术带来了新机遇和新挑战，因此必须针对无人机测绘的特点在技术上和方法上有所突破和创新，形成新的产品体系。

1.2.3 无人机测绘的作业流程

无人机测绘一般采用"先内后外"的作业方法，在测区概况和已有资料收集完成之后，依照工程项目的技术要求，进行航线规划并设计出航飞参数，在良好的外部条件下完成飞行，利用专业的数据处理软件完成数字测绘产品的制作。无人机测绘的作业流程一般包括以下步骤。

1. 区域确定与资料准备

根据任务要求确定无人机测绘的作业区域，充分收集作业区域相关的地形图、影像等资料或数据，了解作业区域地形地貌、气象条件以及起降场、重要设施等情况，并进行分析研究，确定作业区域的空域条件、设备对任务的适应性，制订详细的测绘作业实施方案。

2. 实地勘察与空域申请

通过现场勘查，了解测绘作业环境及地形情况，拟定起降场地。飞行起降场地的选取应根据无人机的起降方式，考虑飞行场地宽度、起降场地风向、净空范围、通视情况等场地条件因素和起飞场地能见度、云高、风速、监测区能见度、监测区云高等气候条件因素以及电磁兼容环境。同时，需要结合勘察情况选择无人机及相机，选择无人机时应当充分考虑无人机的续航和有效荷载情况，相机的选择主要考虑焦距、像元尺寸、像幅大小、芯片处理速度和镜头质量等因素。最后综合以上情况，提前完成空域申请。

3. 航线规划与设计

航线规划是针对任务性质和任务区域，综合考虑天气和地形等因素，考虑飞行方向、航高、飞行架次与重叠度等参数。其中，航高设计应当充分考虑地形起伏、飞行安全和影像的有效分辨率等因素，重叠度则包括航向重叠度和旁向重叠度，规划如何实现任务要求的技术指标，实现基于安全飞行条件下的任务范围的最大覆盖及重点目标的密集覆盖，航线规划宜依据 1∶5 万或更大比例尺地形图、影像图进行。

4. 控制点布设和测量

无人机测绘作业前应当进行外业像控测量，包括基础控制测量和像片控制点联测，以保证后续补测和检查测量具有统一的数学基础，提高测绘工作的数学精度。控制点的布设应满足技术指标要求，一般要均匀布设，在地形较为复杂或成图精度高的摄影区域，应尽量选择全野外布点方式，便于提高成图精度。

5. 飞行检查与作业实施

起飞之前，须仔细检查无人机系统设备的工作状态是否正常。作业实施过程主要包括起飞阶段操控、飞行模式切换、视距内飞行监控、视距外飞行监控、任务设备指令控制和降落阶段操控。

6. 数据获取与质量检查

无人机数据获取分实时回传和回收后获取两种方式。如果无人机获取的图像数据是传回地面接收站的，那么通过无人机的机载数据无线传输设备发送的数据包有的是压缩格式，地面接收站在接收到该数据包后，需要对其中的图像数据进行解压缩处理。为了后续无人机影像数据处理的顺利完成，需要对获取的影像进行质量检验、剔除不符合作业规范的影像，如发现航摄漏洞，还需要现场补飞。

7. 数据处理与产品制作

无人机图像数据通过质量检查后，将获取的合格影像、相机参数和 POS 资料导入处理软件中，对获取的影像进行包括畸变差改正、滤波变换的预处理，并利用地面像控点成果进行空中三角测量。完成空中三角测量精度满足要求后，通过相应测绘软件的处理，生成测绘 4D 产品。

1.2.4　无人机测绘技术的发展现状

无人机测绘技术主要包括飞行器技术、传感器技术、姿态控制技术、通信技术、影像处理技术等。早期的无人机主要用于军事。20 世纪 80 年代以来，随着计算机技术、控制技术、通信技术的发展，以及各种质量轻、体积小、探测精度高的新型传感器的出现，无人机性能不断提高，应用领域也不断扩大。目前，世界上各种用途、各种性能指标的无人机已达数百种，续航时间和载荷质量也有显著提升，为搭载多种传感器、执行多种任务创造了条件。

1. 国外无人机测绘技术进展

气球是最早的航空摄影平台。1858 年，Tournachon 以热气球作为摄影平台，获取了巴黎的空中影像。随后，得益于摄影技术的简化，其他手段如风筝（1882 年英国气象学家 E.D. Archibald 曾使用）、火箭（1897 年瑞士发明家 Alfred Nobel 曾使用）等，也开始用于航空摄影。1909 年 W.Wright 用自制的飞机获取了一张运动图像，意味着载人航空摄影的开端，随后航空摄影技术在军事应用中迅速发展。

20 世纪末，集成电路系统和雷达控制系统的发展是现代无人机航摄系统得以发展的关键。1979 年，Praybilla 和 Wester-Ebbinghaus 用雷达控制的旋转翼无人机，搭载光学相机做了第一次试验，并于 1980 年用直升机模型搭载中型 Rolleiflex 相机做了第二次试验，这是世界上首次将旋转翼无人机平台用于航摄。该试验为以后无人机在航空摄影中的应用开辟了先河，从那时候开始，旋转或固定翼、单旋或多旋、遥控或自动控制平台开始在航摄系统中大量使用。20 世纪 80 年代，飞行控制技术取得重大突破，可实现自主飞行和预编程控制飞行，无人机续航时间、载荷质量、作业半径都有显著提升。目前，各种性能、不同用途无人机的数量已经达到上百种，为搭载多种传感器、执行多种任务创造了条件。

传感器方面，大量中小型传感器开始进入市场。中等大小传感器的像素可达 8 000 万，能胜任中等规模的项目，而同等规模项目在 2006 年前后只能用大型传感器完成。高质量镜头和集成技术的发展为航摄任务的完成奠定了坚实基础，也拓宽了摄影传感器的应用范围。一些公司（如 Phase One、Hasselblad）和一些生产厂商、集成商（如 Trimble Optec），还有行业用户已经开始将中小型相机用于专业影像生产。中小型相机与一些小型的稳定器结合起来，质量轻，易于携带，可以很好地用于应急预警。不同种类的传感器组合起来可以进行多波段、高光谱的摄影，广泛用于农业估产、环境监测等领域。大量的中小型倾斜摄影相机在市场中也开始出现，可以按照固定、旋转、可移动等方式安装，满足不同任务需求。

除了安装和集成技术提升外，用于控制硬件和导航的控制系统与常规的飞行管理系统（Fight Management System，FMS）相比，性能也有了很大提升。小型和价格相对低廉的激光扫描设备开始与 MS 相机集成，并通过软件解决了任务计划及导航等问题。成像传感器与激光扫描仪、视频成像传感器等设备能根据任务进行适应性集成，并可以将获取的数据存储在数据库中，在导航点接入时实现导航点与信息的对接。

新技术方面，倾斜摄影技术取得重大突破，为人类观察世界提供了新的视角。虽然早在第一次世界大战时期，军事上已经通过双翼机搭载老式 Graflex 相机从空中获取倾斜影像进行军事侦察，但由于倾斜影像的倾角大，难以进行大范围拼接，用户转向使用容易拼接的以正射投影方式获取的影像。正射影像以垂直角度呈现地物信息，与人们日常观察的世界存在较大差异，使用户深受困扰。随着复杂算法和数字影像处理技术的发展，逐步改变了这种状况，倾斜摄影又重新回到人们的视野。倾斜摄影技术颠覆了以往正射影像只能从垂直角度拍摄的局限，通过在同一飞行平台上搭载多台传感器，同时从垂直、倾斜等不同角度采集影像，将用户引入符合人眼视觉的真实直观世界。倾斜影像不仅能够真实地反映地物情况，而且还通过采用先进的定位技术，嵌入精确的地理信息、丰富的影像信息、更高级的用户体验，极大地扩展了影像的应用领域。

最先实现对采集的数据进行影像处理的软件是由美国 Pictometry 公司所研制的软件，它可以对影像信息进行纹理的提取和贴附。随后在摄影的相机方面有了新的发展，徕卡公司所推出的 ADS40/80 相机，可以从三个角度对物体进行拍摄，分别是俯视、前视、后视三个方向。在后来发展为五角度相机，由微软公司、TrackAir 公司等公司研发出可对一个垂直方向四个倾斜方向的五角度对物体进行拍摄。随着倾斜摄影的出现，影像处理软件也开始针对倾斜影像进行数据处理。法国的 Street Factory 和 Smart 3D Capture 系统都可对倾斜影像进行实景三维构建，构建的模型精度高，效果逼真并且具有不同数据源的兼容性。

近年来，无人机获得了空前快速的发展，无人机摄影测量变得空前火热，从固定翼到旋翼，从垂直摄影到倾斜摄影，进而到多视摄影，获取的影像越来越丰富和多样，通过众多影像信息可以恢复各种目标的三维信息，并且已经取得了瞩目的成绩，可以推测，无人机摄影测量的下一步发展必将是影像信息数据的精细化。贴近摄影测量（nap-of-the-object photogrammetry）是 2019 年张祖勋院士团队针对精细化测量需求提出的全新摄影测量技术，它是精细化对地观测需求与旋翼无人机发展结合的必然产物。贴近摄影测量是面向对象的摄影测量（object-oriented photogrammetry），它以物体的"面"为摄影对象，通过贴近摄影获取超高分辨率影像，进行精细化地理信息提取。贴近摄影测量渊源于滑坡、高位危岩的地质调查与监测预警，并进行了初步应用试验，具有可高度还原地表和物体精细结构的特点，也可应用于城市精细重建、古建筑重建、水利工程监测等方面。

2. 国内无人机测绘技术进展

我国无人机发展较晚，起步于 20 世纪 80 年代末。20 世纪 90 年代以来，国内大学和科研院所相继成立了无人机专门研究机构。21 世纪初，中国航空工业集团一些下属院所、民营企业也开始研制无人机，加快了我国无人机的发展步伐。

2005 年 8 月，北京大学、中国科学院与中国贵州航空工业集团共同研制的多用途无人机遥感观测系统在黄果树机场首飞试验成功，标志着我国民用无人机对地观测技术跨入实用阶段。中国测绘科学研究院使用多台哈苏相机组合成像，有效地提高了无人机航摄效率。刘先林院士等主持研发的 SWDC 系列数字航空摄影仪是一种能够满足航空摄影规范要求的大面阵数字航空摄影仪，具有高分辨率、高几何精度、体积小、质量轻等特点，对天气条件要求不高，能够在阴天云下摄影，且飞行高度低、镜头视场角大、基高比大、高程测量精度高、真彩色、镜头可更换等特点。SWDC 系列数字航空摄影仪作为空间信息获取与更新的重要技术手段，产品性价比高，高程精度指标达到同类产品的国际领先水平，整体技术指标达到国际先进水平，是国内首台可用于中小比例尺地形图测绘的"航空相机"，为国产化集数字航空摄影与航空摄影测量于一体的解决方案奠定了基础。

2012 年 10 月，由中国测绘科学研究院牵头研制的新一代航空遥感系统"高精度轻小型航空遥感系统"在中国测绘创新基地通过验收。该项目突破核心部件及系统集成的关键技术，成功研发了高精度轻小型组合宽角数字相机、轻小型机载激光雷达（LiDAR）、高精度与小型化位置和姿态系统（Position and Orientation System，POS）及稳定平台4类核心产品和高效快速数据处理系统，形成了完整的满足不同社会需求的高精度、轻小型航空遥感业务运行系统。与国外同类产品相比，具有体积小，质量轻、功能全、成本低、操作方便等优点，并且具有完全自主知识产权，可用于高分辨率对地观测、大比例尺测绘、重大自然灾害应急响应、数字城市建设等方面，为国家重大工程提供了技术支撑，填补了国内空白，打破了国外同类产品的技术垄断和技术壁垒，提升了我国在航空影像获取领域的技术能力和市场的国际竞争力。

在国内倾斜摄影测量技术起步较晚，直到2010年国内才开始研究倾斜摄影测量技术，主要是源于天下图公司对倾斜摄影测量技术的引进，国内测绘领域学者纷纷进行研究探讨。国内自主研发的第一台倾斜摄影相机是由刘先林团队研制出来SWDC-5相机，并在实际工作中进行应用探讨，是倾斜相机在国内销售的开端。随后，国内公司陆续研制出多角度的相机系统如中测新图的TOPDC-5、上海航遥的AMC580等。

在对倾斜影像处理方面上，法国ASRIUM公司的"街景工厂"是最早在国内进行应用的建模软件，国内应用较多的建模软件还有Context Capture、Photoscan/Metashape、Pix4D Mapper及Skyline的Phomesh。针对实际工程中采集数据量大导致不能正常使用软件并且不能分割地物使目标地物独立出来等一系列问题，国内开始自己研制三维建模软件。2014年，北京超图公司研制推出了SuperMap GIS 7C软件，解决了上述摄影软件存在的问题，使三维模型应用更加广泛。

贴近摄影测量是一个新的摄影测量方式，是由张祖勋院士在2019年提出的。对于摄影测量技术的摄影方式来讲有垂直和倾斜两种方式，贴近摄影测量的提出标志着第三种摄影方式的诞生。贴近摄影测量的灵感来源于地质勘探、灾害预警及监测上，由于人工测量滑坡和陡峭的悬崖十分危险，应用无人机搭载设备贴近被摄物体立面进行数据的采集能够高效安全地获取数据并且获取的影响能够达到亚厘米级，通过对高分辨率的影像进行实景三维建模能够得到高精度的三维模型及模型上点的精确坐标，为地质、数字城市建设等领域提供有效数据。

贴近摄影测量一经提出就得到了国内学者的热议，并在地质、城市测绘、水利、文物重建等领域进行了实验应用。张祖勋院士首先对贴近摄影测量在实际工作中进行应用，主要是对滑坡、岩体及古建筑进行贴近摄影测量。通过贴近摄影测量得到了巫峡箭穿洞、金沙江白格滑坡的剖面图，能够更加真实地反映实际情况并能够在局部细节上更加清晰直观地识别岩体及裂缝，对滑坡领域的监测和预警提供了前期规划信息。通过贴近摄影测量得到了山西悬空寺、应县木塔的精细化三维模型，建筑物细节和纹理良好。杨景梅等人在土方验方上应用贴近摄影测量获取高分辨率影像对目标建筑物进行实景三维模型构建，再通过EPS等软件对土方进行计算，并探究贴近式无人机测量技术在土方验方中的优势。梁景涛等人将贴近摄影测量高分辨率和"多角度"探测技术优势应用于高位崩塌早期识别，应用无人机贴近摄影测量对康定县郭达山进行贴近高位崩塌立面进行影像数据获取，对贴近摄影测量技术在实际工作中的工作步骤进行总结，得到的三维模型能够识别岩体亚厘米级裂缝，使该技术能够在地质灾害的崩塌识别和监测上得到很好的发展。张军等人为了保障飞行安全及得到可靠分辨率的影像数据，研究基于高精度三维DSM进行航线规划的方案，有助于推动贴近摄影测量技术的发展。

目前，贴近摄影测量还有很多地方不成熟，该技术针对面拍摄得到目标地物的立面图已经可以应用到实际工作中，但是想要将贴近摄影测量得到的高分辨率影像与倾斜摄影测量等方式得到的低分辨率影像进行融合建模还没有一个规范的流程。贴近摄影测量还需要更多的实践来推动其发展，使其能够在更多的领域有更多的发展应用。

1.3 无人机相关法律法规

无人机操控人员需要了解相关法律法规，这些法律法规有《中华人民共和国劳动法》《中华人民共和国保密法》《民用无人驾驶航空器系统空中交通管理办法》《关于民用无人机管理有关问题的暂行规定》《中华人民共和国飞行基本规则》《中华人民共和国民用航空法》《中华人民共和国民用航空安全保卫条例》《无人机航摄安全作业基本要求》《民用无人驾驶航空器系统驾驶员管理暂行规定》等。

本节对 2016 年 6 月民航局颁布的《民用无人驾驶航空器系统空中交通管理办法》、2017 年 5 月民航局颁布的《民用无人驾驶航空器实名制登记管理规定》、2013 年 1 月民航局颁布的《民用无人驾驶航空器系统驾驶员管理智行规定》等作内容重点介绍。

1.3.1 空中交通管理

1. 管理办法的适用范围

《民用无人驾驶航空器系统空中交通管理办法》适用范围：

（1）适用于依法在航路航线、进近（终端）和机场管制地带等民用航空使用空域范围内或者对以上空域内运行存在影响的民用无人驾驶航空器系统活动的空中交通管理工作。

（2）民航局指导监督全国民用无人驾驶航空器系统空中交通管理工作，地区管理局负责本辖区内民用无人驾驶航空器系统空中交通服务的监督和管理工作，空管单位向其管制空域内的民用无人驾驶航空器系统提供空中交通服务。

（3）民用无人驾驶航空器在隔离空域内飞行，由组织单位和个人负责实施，并对其安全负责。多个主体同时在同空域范围内开展民用无人驾驶航空器飞行活动的，应当明确一个活动组织者，并对隔离空域内民用无人驾驶航空器飞行活动安全负责。

2. 飞行活动需满足的条件

（1）机场净空保护区。

（2）民用无人驾驶航空器最大起飞质量小于或等于 7 千克。

（3）在视距内飞行，且天气条件不影响持续可见无人驾驶航空器。

（4）在昼间飞行。

（5）飞行速度不大于 120 千米/小时。

（6）民用无人驾驶航空器符合适航管理相关要求。

（7）驾驶员符合相关资质要求。

（8）在进行飞行前驾驶员完成对民用无人驾驶航空器系统的检查。

（9）不得对飞行活动以外的其他方面造成影响，包括地面人员、设施、环境安全和社会治安等。

（10）运营人应确保其飞行活动持续符合以上条件。

3. 评估管理

民用无人驾驶航空器系统飞行活动需要评审时，由运营人员向空管单位提出使用空域，对空域内的运行安全进行评估并形成评估报告。地区管理局对评估报告进行审查或评审，出具结论意见。对于需评估的内容，可参照《民用无人驾驶航空器系统空中交通管理办法》。

4. 无线电管理

（1）民用无人驾驶航空器系统活动中使用无线电频率、无线电设备应当遵守国家无线电管理法规和规定，且不得对航空无线电频率造成有害干扰。

（2）未经批准，不得在民用无人驾驶航空器上发射语音广播通信信号。

5. 空域申请流程

我国对于无人机的监管制度还在逐步完善中，有的省区市对于无人机申报管理有相当完善的政策与登记系统，有的省区市则暂时没有具体的政策出台和明确的各相关部门分工，不同的省区市无人机飞行空域申请流程不尽相同。本书以北京为例，简述无人机飞行空域申请流程。

根据原北京军区空军司令部航空管制处在 2015 年 11 月发布的《关于重申无人驾驶航空器飞行计划申请的函》，空域申请所需的资料和流程如下：

1）所需材料

（1）飞行计划。内容包括单位、无人驾驶航空器型号、架数、使用的机场或临时起降点、任务性质、飞行区域、飞行高度、飞行日期、预计开始和结束时刻、现场保障人员联系方式。

（2）飞行资质证明。

（3）飞手资格证书。

（4）任务委托合同。

（5）任务单位其他相关材料（如被拍摄物体产权单位的拍摄许可）。

（6）空域申请书。内容包括申请原因、申请事项、委托方、航空器信息、飞行时间、飞行地点、任务性质。

（7）公司相关资质证明。

2）申报流程

（1）飞行申请。

使用无人驾驶航空器进行航空摄影或遥感物探飞行时，应在中部战区空军办理对地成像审批手续，再进行飞行计划申请相关事宜。

在机场附近飞行，携带所需材料①②③向民航华北地区管理局提出申请，审批成功后到当地派出所备案。

在机场以外区域飞行，携带所需材料①②③向中部战区空军提出申请，由其出具《飞行任务申请审批》红头文件并自动抄送北京市公安局；北京市公安局将根据空军批文，向任务单位索要所需材料④⑤；甲乙双方到属地派出所与民警面谈、做笔录，多方在笔录上按红手印，整个飞行过程都由属地派出所派警官跟随。

（2）空域申请。

携带所需材料⑥⑦到北空航管中心申请空域。

6. 禁飞区与限飞区

参照《无人驾驶航空器飞行管理条例（征求意见稿）》，禁飞区相关条款如下：

第二十七条　未经批准，微型无人机禁止在以下空域飞行：

（一）真高 50 米以上空域；

（二）空中禁区以及周边 2 000 米范围；

（三）空中危险区以及周边 1 000 米范围；

（四）机场、临时起降点围界内以及周边 2 000 米范围的上方；

（五）国界线、边境线到我方一侧 2 000 米范围的上方；

（六）军事禁区以及周边 500 米范围的上方，军事管理区、设区的市级（含）以上党政机关、监管场所以及周边 100 米范围的上方；

（七）射电天文台以及周边 3 000 米范围的上方，卫星地面站（含测控、测距、接收、导航站）等需要电磁环境特殊保护的设施以及周边 1 000 米范围的上方，气象雷达站以及周边 500 米范围的上方；

（八）生产、储存易燃易爆危险品的大型企业和储备可燃重要物资的大型仓库、基地以及周边 100 米范围的上方，发电厂、变电站、加油站和大型车站、码头、港口、大型活动现场以及周边 50 米范围的上方，高速铁路以及两侧 100 米范围的上方，普通铁路和省级以上公路以及两侧 50 米范围的上方；

（九）军航超低空飞行空域。

第二十八条　划设以下空域为轻型无人机管控空域：

（一）真高 120 米以上空域；

（二）空中禁区以及周边 5 000 米范围；

（三）空中危险区以及周边 2 000 米范围；

（四）军用机场净空保护区，民用机场障碍物限制面水平投影范围的上方；

（五）有人驾驶航空器临时起降点以及周边 2 000 米范围的上方；

（六）国界线到我方一侧 5 000 米范围的上方，边境线到我方一侧 2000 米范围的上方；

（七）军事禁区以及周边 1 000 米范围的上方，军事管理区、设区的市级（含）以上党政机关、核电站、监管场所以及周边 200 米范围的上方；

（八）射电天文台以及周边 5 000 米范围的上方，卫星地面站（含测控、测距、接收、导航站）等需要电磁环境特殊保护的设施以及周边 2 000 米范围的上方，气象雷达站以及周边 1 000 米范围的上方；

（九）生产、储存易燃易爆危险品的大型企业和储备可燃重要物资的大型仓库、基地以及周边 150 米范围的上方，发电厂、变电站、加油站和中大型车站、码头、港口、大型活动现场以及周边 100 米范围的上方，高速铁路以及两侧 200 米范围的上方，普通铁路和国道以及两侧 100 米范围的上方；

（十）军航低空、超低空飞行空域；

（十一）省级人民政府会同战区确定的管控空域。

未经批准，轻型无人机禁止在上述管控空域飞行。管控空域外，无特殊情况均划设为轻型无人机适飞空域。

大疆在新的版本中确定的我国机场限制飞行区域示意图如图 1.4 所示。禁飞区为禁止飞行的区域，限飞区为限制飞行器飞行高度的区域。例如，新机场限制飞行区域将民用航空局定义的机场保护范围坐标向外拓展 500 m，连接其中 8 个坐标，形成八边形禁飞区。跑道两端终点向外延伸 20 km，跑道两侧各延伸 10 km，形成宽约 20 km、长约 40 km 的长方形限飞区，飞行高度限制在 120 m 以下。

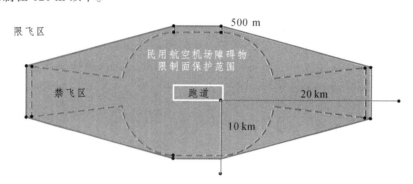

图 1.4　机场限飞区与禁飞区示意图

以上为机场限飞区划定原则，具体区域根据各机场不同环境有所区别。

需要查询限飞区时，可以在大疆官网的"安全飞行指引|限区查询"中进行查询，网址为：https://www.dji.com/cn/flysafe/geo-map，选择具体地区和飞行器型号即可进行限飞区查询。

1.3.2　实名登记管理

1. 适用范围

《民用无人驾驶航空器实名制登记管理规定》适用于在中华人民共和国境内最大起飞重量为 250 克以上（含 250 克）的民用无人机。

2. 登记要求

自 2017 年 6 月 1 日起，民用无人机的拥有者必须按照本管理规定的要求进行实名登记。2017 年 8 月 31 日后，民用无人机拥有者，如果未按照本管理规定实施实名登记和粘贴登记标志的，其行为将被视为违反法规的非法行为，其无人机的使用将受影响，监管及主管部门将按照相关规定进行处罚。

3. 相关定义

（1）民用无人机是指没有机载驾驶员操纵、自备飞行控制系统，并从事非军事、警察和海关飞行任务的航空器，不包括航空模型、无人驾驶自由气球和系留气球。

（2）民用无人机拥有者指民用无人机的所有权人，包括个人、依据中华人民共和国法律设立的企业法人事业法人机关法人和其他组织。

（3）民用无人机最大起飞重量是指根据无人机的设计或运行限制，无人机能够起飞时所容许的最大重量。

（4）民用无人机空机重量是无人机制造厂给出的无人机基本重量。除商载外，该无人机做好执行飞行任务时的全部重量，包含标配电池重量和最大燃油重量。

4. 民用无人机实名登记要求

这部分内容可以登录 https://uas.caac.gov.cn 网站进行深入了解。

1.3.3 驾驶人员的资质管理

1. 适用范围

以下规范适用于民用无人机系统驾驶人员的资质管理，包括无机载驾驶人员的航空器，有机载驾驶人员的航空器，但该航空器可由地面人员或母机人员实施完全飞行控制，以及其他特定情况控制。

2. 相关术语

（1）无人机系统驾驶员：指对无人机的运行负有必不可少的职责并在飞行期间适时操纵飞行控制的人。

（2）无人机系统机长：指在系统运行时间内负责整个无人机系统运行和安全的驾驶员。

（3）无人机观测员：指通过目视观测无人机，协助无人机驾驶员安全实施飞行的工作人员。

（4）遥控器（也称控制站）：遥控器是无人机系统的组成部分之一，包括用于操作无人机的设备。

（5）指令与控制数据链路（Command and Control Data Link，2C）：指无人机和遥控站之间实现飞行管理的数据链接。

（6）无人机感知与避让系统：指无人机机载的一种设备，用以确保无人机与其他航空器保持一定的安全飞行间隔，相当于载人航空器的防撞系统。在融合空域内飞行，必须采用该系统。

（7）视距内运行（Visual Line of Sight，VLOS）：指无人机在目视视距以内的操作，航空器处于驾驶员或观测员目视视距内半径 500 m、相对高度低于 120 m 的区域内。

（8）超视距运行（Extend VLOS，EVLOS）：指无人机在目视视距以外的运行。

（9）融合空域：指有其他有人驾驶航空器同时运行的空域。

（10）隔离空域：指专门分配给无人机系统运行的空域，通过限制其他航空器的进入以规避碰撞风险。

（11）人口稠密区：指城镇、乡村、繁忙道路或大型露天集会场所。

（12）微型无人机：指空机质量小于等于 7 kg 的无人机。

（13）轻型无人机：指空机质量大于 7 kg 但小于等于 16 kg 的无人机，且全马力平飞中，校正空速小于 100 km/h，升限小于 3 000 m。

（14）小型无人机：指空机质量小于等于 5 700 kg 的无人机，微型和轻型无人机除外。

（15）大型无人机：指空机质量大于 5 700 kg 的无人机。

3. 管理机构

下列情况下，无人机系统驾驶员自行负责无人机的运行，无须证照管理。

（1）在室内运行的无人机。

（2）在视距内运行的微型无人机。

（3）在人烟稀少、空旷的非人口稠密区进行试验的无人机。

下列情况下，无人机系统驾驶员由行业协会实施管理：

（1）在视距内运行的除微型机以外的无人机。

（2）在隔离空域内超视距运行的无人机。

（3）在融合空域内运行的微型无人机。

（4）在融合空域运行的轻型无人机。

（5）充气体积在 4 600 m³ 以下的遥控飞艇。

下列情况下，无人机系统驾驶员由民航局实施管理：

（1）在融合空域运行的小型无人机。

（2）在融合空域运行的大型无人机。

（3）充气体积在 4 600 m³ 以上的遥控飞艇。

4. 运行要求

常规要求（下面的操作限制适用于所有的无人机系统驾驶员）：

（1）每次运行必须事先指定机长和其他机组成员。

（2）驾驶员是无人机系统运行的直接负责人，并对该系统操作有最终决定权。

（3）驾驶员在无人机飞行期间，不能同时承担其他操作人员的职责。

（4）未经批准，驾驶员不得操纵除微型机以外的无人机在人口稠密区作业。

（5）禁止驾驶员在人口稠密区操纵带有试飞或试验性质的无人机。

运行中对机长的要求：

（1）在飞行作业前必须已经被无人机系统使用单位指定。

（2）对无人机系统在规定的技术条件下的作业负责。

（3）对无人机系统是否作业在安全的飞行条件下负责。

（4）当出现可能导致危险的情况时，必须尽快确保无人机系统安全回收。

（5）在飞行作业的任何阶段有能力承担驾驶员的角色。

（6）在满足操作要求的前提下可根据需要转换职责角色。

（7）对具体无人机系统型号，飞行人员必须经过培训达到资格方可进行飞行。

运行中对其他驾驶员的要求：

（1）在飞行作业前必须已经被使用单位指定。

（2）在机长的指挥下对无人机系统进行监控或操纵。

（3）协助机长；避免碰撞风险；确保运行符合规则；获取飞行信息；进行应急操作。

【习题与思考】

1. 无人机、无人机系统的概念是什么？

2. 简述无人机的分类方式。

3. 简述无人机测绘的特点和作业流程。

4. 简述无人机测绘技术的发展现状。

5. 简述无人机飞行申请空域流程。

第 2 章　无人机测绘系统

知识目标

掌握无人机测绘系统的组成；理解无人机测绘系统中无人驾驶飞行平台和任务荷载的分类、飞行控制系统的原理和组成、地面控制系统的管理、无人机数据链路的组成与通信方式、定位定向系统的组成、动力系统的组成。

技能目标

初步认识无人驾驶系统、发射与回收系统的结构组成。

无人机测绘系统一般由无人驾驶飞行平台、任务载荷、飞行控制系统、地面控制系统、无人机数据链、定位定向系统、动力系统、发射与回收系统等几部分组成，如图 2.1 所示。

在无人机执行测绘任务时，地面监控人员可利用地面站对其进行操控。当无人机飞临任务区，收集到遥感图像数据后，可由数据链路直接将数据传送到地面用户端，也可不回传，只记录在机上存储卡内。如果用户有了新的任务请求，可随时通知地面控制站，由地面监控人员修改指令改变无人机的飞行航线以完成新的任务。

2.1　无人驾驶飞行平台

飞行平台即无人机本身，是搭载测绘航空摄影、遥感传感器等设备的载体，是无人机摄影系统的平台保障。根据 2010 年 10 月发布实施的《低空数字航空摄影规范》（CH/Z 3005—2010），对测绘无人机平台有以下通用要求：

（1）飞行高度。相对航高一般不超过 1.5 km，最高不超过 2 km。满足平原、丘陵等地区使用的无人机平台的升限应不小于海拔 3 km，满足高山地、高原等地区使用的无人机平台升限应不小于海拔 6 km。

（2）续航能力。执行测绘任务的无人机平台的续航时间一般须大于 1.5 h。

（3）抗风能力。执行测绘任务的无人机平台应具备 4 级风力气象条件下安全飞行的能力。

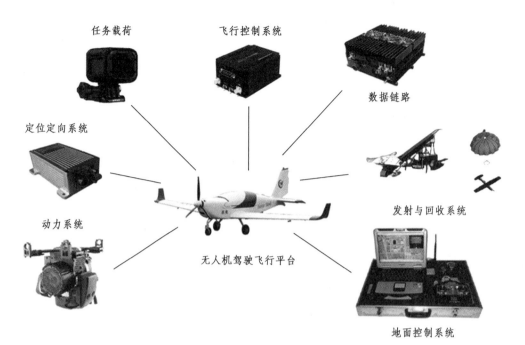

任务载荷　　飞行控制系统　　数据链路

定位定向系统

动力系统　　　无人机驾驶飞行平台

发射与回收系统

地面控制系统

图 2.1　无人机测绘系统组成

（4）飞行速度。无人机平台执行测绘任务时的巡航速度一般不超过 120 km/h，最快不超过 160 km/h。

（5）稳定控制。执行测绘任务的无人机平台应能实现飞行姿态、飞行高度、飞行速度的稳定控制。

（6）起降性能。执行测绘任务的无人机平台应具备不依赖机场起降的能力，在起降困难地区使用时，无人机平台应具有手抛或弹射起飞能力和具备撞网回收或伞降功能。

2010 年前后，用于测绘行业的无人机系统主要是固定翼无人机，随着旋翼机技术的发展，目前应用于测绘的无人机驾驶飞行平台主要有固定翼无人机、旋翼机和飞艇等。图 2.2 所示是测绘航空摄影常用的无人机驾驶飞行平台。

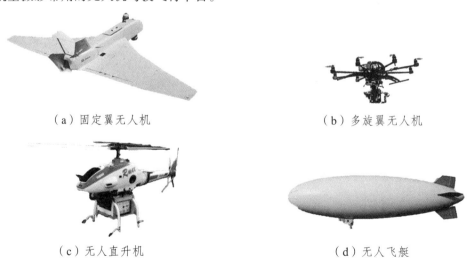

（a）固定翼无人机　　　　　　　　　　（b）多旋翼无人机

（c）无人直升机　　　　　　　　　　（d）无人飞艇

图 2.2　测绘航空摄影常用的无人机驾驶飞行平台

2.1.1 固定翼无人机

固定翼无人机通过动力系统和机翼实现起降和飞行，遥控飞行和程控飞行均容易实现，抗风能力也比较强，是类型最多、应用最广泛的无人驾驶飞行器，其发展趋势是微型化和长航时。固定翼无人机具有结构简单、加工维修方便、安全性好、机动性强等特点，但是其起降要求场地空旷、视野好，在起降场地受限时无法发挥作用。目前，微型化的固定翼无人机只有手掌大小，长航时固定翼无人机的体积一般比较大，续航时间可达到 10 h，可同时搭载多种遥感传感器。固定翼无人机适合对固定区域生态环境进行巡视、监测。常见的固定翼无人机如图 2.3 所示。

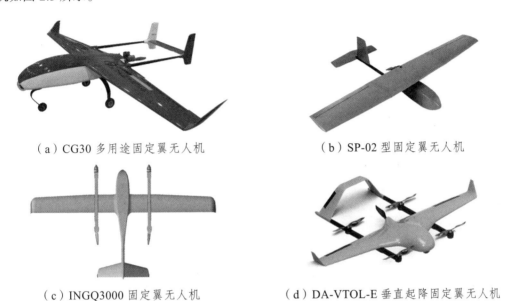

（a）CG30 多用途固定翼无人机　　　　（b）SP-02 型固定翼无人机

（c）INGQ3000 固定翼无人机　　　　（d）DA-VTOL-E 垂直起降固定翼无人机

图 2.3　常见的固定翼无人机

1. 起飞方式

固定翼无人机的起飞方式主要是弹射起飞和滑跑起飞，带有旋翼的固定翼无人机也可实现垂直起飞。滑跑起飞要求有一定距离较为平坦的滑跑场地。弹射起飞时，在有风的条件下，选择逆风安置，最好安置在有高差的地方，以确保有比较充裕的空间和时间提高无人机的飞行速度，增加无人机的升力，及时修正飞行方向，从而保证飞行安全。

2. 着陆方式

固定翼无人机着陆方式有滑降、伞降、撞网回收等，带有旋翼的固定翼无人机也可实现垂直降落。

（1）滑降时，由于飞机起落架没有刹车装置，导致降落滑跑距离长，在狭窄空间着陆的时候，由于尾轮转向效率较低，或是受到不利风向风力或低品质跑道的影响，滑降过程中飞机容易跑偏，发生剐蹭事故，损伤机体，甚至损伤机体内设备。

（2）伞降时，容易受到风速影响，场地要平坦、开阔，降落方向一定距离内无突出障碍物、空中管线、高大树木及无线电设施。若风速较大，应逆风降落。如果没有合适的降落场地，可以充分利用无人机本身的起落架的高度，选择在田地降落，如面积较大的水稻田。

（3）撞网回收适合小型固定翼无人机在狭窄场地或者舰船上实现定点回收。

固定翼无人机体积小巧、机动灵活，不需要专用跑道起降，受天气和空域管制的影响小，性价比高，运作方便，在越来越多的领域得到广泛应用。

2.1.2 多旋翼无人机

多旋翼无人机具有良好的飞行稳定性，对起飞场地要求不高，适用于起降空间狭小、任务环境复杂的场合，具备人工通控、定点悬停、航线飞行等多种飞行模式，在城市大型活动应急保障、灾害应急救援中具有明显的技术优势。比较有代表性的是自转多旋翼无人机和多旋翼旋转固定翼无人机。其主要不足是续航时间较短，常见的多旋翼无人机有四轴、六轴、八轴等机型。常见的多旋翼无人机如图 2.4 所示。

（a）M600 六轴旋翼无人机　　　　　　　（b）MAVIC-2 四轴旋翼无人机

（c）AT1270 八轴旋翼无人机　　　　　　（d）M300 四轴旋翼无人机

图 2.4　常见的多旋翼无人机

2.1.3 无人直升机

无人直升机具备垂直起降、空中悬停和低速机动能力，能够在地形复杂的环境下进行起降和低空飞行，具有多旋翼和固定翼无人机不具备的优势，独特的飞行特点决定了它不可替代的优势。它起飞质量大，可以搭载激光雷达、红外传感器等大型传感设备。

20 世纪 50 年代以来，无人直升机在经历了试用、萧条、复苏之后，现已步入加速发展时期。基于研究成本、市场需求、技术能力、研制周期、工程化水平及研制风险等因素，目前国内外研发机构均将小型（微小型）无人直升机作为重点研发对象，其起飞质量通常在 2 000 kg 以下，其中 500 kg 以下又占绝大多数。无人直升机相对于固定翼无人机而言，发展较晚且型号较少。因为无人直升机是一个具有非线性、多变量、强耦合的复杂被控对象，其飞行控制技术更加复杂。

与固定翼无人机相比，无人直升机可以做到无须跑道、起降便利，同时在执行任务过程中具备定点悬停、飞行姿态操纵灵活、实时动态影像清晰稳定的特点，在对影像结果要求较高、注重任务细节和质量的行业，受到越来越多用户的青睐。

2.1.4 无人飞艇

无人飞艇航测系统，将航测技术和无人飞艇技术紧密结合，是种新型的低空高分辨率遥感影像数据快速获取系统，具有高机动性、低成本、小型化、专用化、快速、高分辨空地观测等特点，可作为卫星遥感和常规航空遥感的重要补充手段，能有效地改善实时数据既缺乏又昂贵的现状。

1. 无人飞艇的发展历程

飞艇是通过艇囊中填充的氦气或氢气所产生的浮力，以及发动机提供的动力实现飞行，它的出现和应用比飞机还要早。因飞艇飞行受大风和雷雨等气象条件影响较大，随着飞机的逐渐完善化和实用化，到 20 世纪 30 年代，飞艇被飞机取代。大型飞艇可以搭线 1 000 kg 以上的任务载荷飞到 20 km 的高空，滞空时间可达 1 个月；小型飞艇可以实现低空、低速飞行，可作为一种独特的飞行平台来获取高分辨率遥感影像。同时，无人驾驶飞艇系统操控比较容易，安全性好，可以使用运动场或城市广场等作为起降场地，特别适合在建筑物密集的城市地区和地形复杂地区应用，如城市生态环境调查、环境评价勘查等。

2. 无人飞艇遥感监测系统的应用

无人飞艇遥感监测系统作为一项新兴的遥感监测技术，其应用范围广，不仅在土地利用动态监测、矿产资源勘探、地质环境与灾害勘查、海洋资源与环境监测、地形图更新、林业草场监测领域得以应用，而且在农业、水利、电力、交通等领域中也得到广泛运用，如图 2.5 所示。它具有快速、机动灵活、现势性强、真实直观和视觉效果好的优势。这一新技术能够避免传统监测手段效率低、速度慢、精度低、效果差等弊端，是对其他遥感方式的有效补充。材料科学与技术的发展为飞艇提供了强度高、氦气渗透率低的新型桨皮和气囊材料，使得飞艇具有质量轻、强度大、气密性好、尺寸稳定等特点。同时，计算机和自动控制技术的进步，使得飞艇的结构设计更为合理，进一步提高了可靠性，飞行控制也更加准确、灵活，因而为无人飞艇开创了更广阔的应用领域，低空航测是其主要应用领域之一。

图 2.5 "金雕 3A" 无人飞艇

3. 无人飞艇的优缺点

无人飞艇与其他飞行器相比有很多优势：容积大，有效载荷大；续航能力强；可控性和安全性佳；起飞和着陆方便，对场地没有特殊要求；机动性好，使用成本低。

从航空摄影测量角度来看，无人飞艇的应用主要有以下 4 点优势。

（1）可飞得低，飞得慢。低速可以减小像片位移，低空接近目标减弱了辐射强度损失，因此可较容易地获取高分辨率、高清晰度的目标影像，这是其他航天航空传感器所没有的优势。能在阴天云下飞行，减小了对天气的依赖性。

（2）可靠性和安全性好。无机组人员随艇上天，可避免意外发生时威胁生命安全；气囊内氦气等密度小于空气，自重小；飞行速度慢，对地面目标构成的威胁小。

（3）可绕建筑物盘旋，进行多侧面摄影，有利于三维城市建模纹理信息的获取。

（4）机动性好，无须专门的机场起降，使用成本低。

但另外一方面，无人飞艇用于航测时也具有以下明显的局限性。

（1）体积大，抗风能力较弱。除平流层飞艇与系留飞艇外，目前无人飞艇抗风能力在 6 级以下，在风力超过 3 级进行飞行时，飞艇姿态不够稳定，会出现比较大的旋转角。

（2）无人飞艇应用尚未普及，民用航测类飞艇无论是任务载荷还是设备接口，暂时都无法搭载专业的遥感传感器，如 DMC、UCD/UCX、SWDC 及机载 LiDAR 与 SAR 等。

无人飞艇有效解决了飞行过程中飞机自身振动、气流抖动造成的影像模糊及飞机对地移动造成的像点位移等误差，能满足小范围大比例尺测图需要。将遥感设备安装在稳定平台上，保证摄影时数码相机姿态的稳定并保持垂直摄影姿态，实现对遥感设备的姿态控制，以获取清晰、稳定及所需拍摄角度的遥感影像。

2.2　任务载荷

携带有效任务载荷执行各种任务是无人机的主要应用目的。任务载荷主要是指搭载在无人机平台的各种传感器设备，无人机测绘中常用的传感器设备有光学传感器（非量测型相机、量测型相机等）、红外传感器、倾斜摄影相机、机载激光雷达、视频摄像机、机载稳定平台等。实际作业中，根据测量任务的不同，配置相应的任务载荷。任务载荷及其控制系统主要由飞行控制计算机、机载任务载荷、稳定平台及任务设备控制计算机系统等组成。

近年来，用于航空摄影的两种半导体（CCD、CMOS）技术经历了长足的发展，并取得了重大突破。尤其是大幅面面阵传感器的产生，对数字航摄仪产生了重要的影响。数字相机可以根据所需数字影像的大小选择相应幅面的面阵传感器，或者进行多传感器的拼接。

在高分辨率遥感设备发展的牵引下，高精度 POS 技术也得到了快速发展，并广泛应用于高性能航空遥感领域。

随着航测任务的多样化发展和不断深入，用户所需的测绘信息类型更加丰富，对测绘装备的发展起到了重要的推动作用。从目前航测装备技术水平和系统配置来看，测绘相机和 LiDAR 已经具有较高的工作精度，相机和 LiDAR 相融合已成为发展的必然趋势。以测绘相机为主，LiDAR 等其他光学测绘装备相结合的多传感器航空光学测绘平台，在未来将会具有更大的竞争优势。大面阵、数字化是航空测绘相机的重要发展方向。

在无人机移动测量中，现有高精度航测设备存在的最大问题是体积大、质量大，只有少数载荷大的大型无人机才能使用，造成了测绘装备使用的局限性。随着控制技术和成像技术的发展，一些非专业的测量设备（如民用相机）也能满足专业的测量任务需求，并在无人机测绘中得到广泛应用，适用范围、效率、方法及数据处理自动化是测绘装备未来发展亟待解决的主要问题。

2.2.1 光学传感器

1. 光学遥感器的发展历程

航空测绘相机的研究和应用最早可追溯至 20 世纪 20 年代，Leica 早在 1925 年已经开始了相关研究，并且为美国地质调查局进行了初步尝试。20 世纪 50 年代开始，胶片型航空测绘相机得到了广泛的应用。随后的数十年中，随着计算机和数据采集技术的发展，尤其是 CCD（电荷耦合器件）技术的成熟，航空光学测绘相机技术发生了质的飞跃。

20 世纪 70 年代，德国的戴姆勒奔驰航空公司成功研制了第 1 台以 CCD 作为成像介质的电光成像系统——EOS，随后，以 CCD 作为成像介质的测绘相机得到了快速发展，并且在星载遥感测绘相机领域得到了广泛应用。20 世纪 80 年代中期，以线阵 CCD 为主的数字式航空测绘相机得到了快速的发展。1995 年问世的数字航空摄影相机（Digital Photogrammetry Assembly，DPA），采用了线阵推扫成像模式，立体测绘采用三线阵机制，探测器由 6 条 10 μm 线阵 CCD 构成，每 2 条 CCD 拼接成一线列，具有多光谱和立体测绘功能，可满足 1 : 2.5 万的大比例地形测绘需求。线阵数字式航空测绘相机的出现和成功应用使航测装备技术发生了质的飞跃，对系统的数据获取、后处理和存储等环节产生了革命性的影响，同时对传统的胶片型测绘相机发起了巨大冲击。21 世纪初，商用航测系统不断涌入市场，传统的胶片型相机逐步被数字相机所取代，在民用测绘领域涌现出大量装备。21 世纪以来，随着探测器、计算机、稳定平台、DGPS/MU、图像处理等技术的发展，线阵数字航空测绘相机的系统性能稳步提升，适用范围不断扩大。与此同时，面阵 CCD 探测器的出现使航测相机在数据获取效率方面有了进一步提升，为航测装备市场增添了新的活力。

经过数十年的发展，数字航测相机技术日渐成熟，已基本取代胶片型相机，以面阵数字相机为主，且大多具备多光谱成像功能，可满足不同的测绘任务需求。为了减少飞行次数、增加行覆盖宽度，面阵数字相机焦面一般为矩形，同时为了兼顾测绘对光学系统的性能要求，相机大多采用多镜头拼接方案。由于探测器件等相关技术的进步，航空测绘相机的像素比早期系统的像素尺寸都有所减小，不仅增大了面阵规模，而且在同样工作高度下可利用小焦距光学系统获得更高分辨率。

大面阵数字式测绘相机时代已经到来，相关装备技术已经发展成熟，随着成像技术、控制技术、无人机技术的发展，非量测相机开始在航测领域崭露头角，它对航测的工作效率、适用范围、数据传输、存储及后期数据产品的生成势必产生深远的影响。

2. 非量测相机

非量测相机是相比专业摄影测量设备——量测型相机而言的，属普通民用相机，主要包括单反相机、微单相机及在单个普通民用相机基础上组合而成的中画幅单反相机等，如图 2.6 所示。其特点是空间分辨率高、价格低、操作简单，在数字摄影测量领域得到广泛应用。

3. 量测型相机

大幅面的数字航空摄影传感器主要以两种方式发展：一种是基于三线阵的 CCD 推扫式传感器，即在成像面安置前视、下视、后视 3 个 CCD 线阵，在摄影时构成三条航带，实现摄影测量，ADS40/80 就是典型的三线阵航空数码相机；另一种是基于多镜头系统的面阵式传感器

（如 DMC、UCX、SWDC），利用影像拼接镶嵌技术获取大幅面影像数据。常见的量测型相机如图 2.7 所示。

（a）中画幅单反相机　　　　　（b）普通单反相机　　　　　（c）微单相机

图 2.6　非量测数码相机

（a）线阵 CCD 相机　　　　　（b）DMC 航摄仪　　　　　（c）SWDC 航摄仪

图 2.7　常见的量测型相机

与线阵式航空摄影传感器相比，面阵式航空摄影传感器继承了传统胶片式航摄仪的成像方式和作业习惯，具体作业流程与传统航摄仪相比基本没有改变。因此，在目前的数字航空摄影传感器中，仍以面阵式成像方式为主流。数字航空摄影传感器的核心元件以光敏成像元件 CCD 为主。面阵式传感器中的 CCD 元件是以平面阵列的方式排列的，成像方式与传统的胶片式航摄仪类似。由于受制造工艺和成本方面的限制，现有的大面阵数字航空摄影传感器一般是利用多个小面阵 CCD，采取影像拼接镶嵌的技术获取大幅面影像数据。因此，它的几何关系要比常规的基于胶片的航摄仪复杂。在相同航高的情况下其影像分辨率比传统航测要高，由此引起的航摄精度的变化、航摄影像尺寸的变化，均给影像控制测量的设计方案及测绘产品的生产带来了新的问题。

2.2.2　红外传感器

如图 2.8 所示，红外传感器是以红外线为介质的测量系统，按照功能可分成 5 类：①辐射计，用于辐射和光谱测量；②搜索和跟踪系统，用于搜索和跟踪红外目标，确定其空间位置并对它的运动进行跟踪；③热成像系统，可产生整个目标红外辐射的分布图像；④红外测距和通信系统；⑤混合系统，指以上各类系统中的两个或多个的组合。

红外传感器是红外波段的光电成像设备，可将目标入射的红外辐射转换成对应像素的电子输出，最终形成目标的热辐射图像。红外传感器提高了无人机在夜间和恶劣环境条件下执行任务的能力。

（a）辐射计　　　（b）搜索和跟踪系统　　　（c）热成像系统　　　（d）红外测距和通信系统

图 2.8　红外传感器（按功能分）

2.2.3　倾斜摄影相机

倾斜摄影技术是国际测绘领域近些年发展起来的一项高新技术，它颠覆了以往正射影像只能从垂直角度拍摄的局限，通过在同一飞行平台上搭载多台传感器，同时从不同的角度采集影像，将用户引入符合人眼视觉效果的真实直观世界。倾斜摄影相机主要是两镜头倾斜相机、三镜头倾斜相机、五镜头倾斜相机等，常见的倾斜相机如图 2.9 所示。目前，倾斜摄影测量主要用来制作实景三维模型，利用实景三维模型制作大比例尺地形图。

（a）两镜头倾斜摄影相机　　　（b）三镜头倾斜摄影相机　　　（c）五镜头倾斜摄影相机

图 2.9　常见的倾斜摄影相机

2.2.4　机载激光雷达

机载激光雷达（LiDAR）是一种以激光为测量介质，基于计时测距机制的立体成像手段，属主动成像范畴，是一种新型快速测量系统。LiDAR 诞生于 20 世纪 60 年代，当时称之为激光测高计。20 世纪 80 年代，该项技术取得了重大进展，一系列 LiDAR 系统研制成功，并得以应用。自进入 21 世纪以来，计算机、半导体、通信等行业进入了蓬勃发展的时期，从而使得激光器 APD 探测器、数据传输处理等 LiDAR 相关的器件和关键技术取得了迅猛发展，一系列商用 LiDAR 系统不断涌入市场。它的出现为航空光学装备领域注入了新的活力，大大拓展了航空光学测绘的适用范围和信息获取能力，目前已成为面阵数字测绘相机的有力补充，在航空光学多传感器测绘系统中扮演重要角色。激光雷达的发展历程如图 2.10 所示。

（a）激光测高计　　　（b）固体激光器　　　（c）APD 探测器　　　（d）LiDAR

图 2.10　激光雷达的发展历程

2.2.5　视频摄像机

无人机搭载的视频摄像机一般为 CCD 和 CMOS 摄像机。电荷耦合器件（Charge Coupled Device，CCD），是一种半导体成像器件，具有灵敏度高、抗强光可变小、体积小、寿命长、抗振动等优点。互补金属氧化物半导体（Complementary Metal Oxide Semiconductor，CMOS），电压控制的一种放大器件，是组成 CMOS 数字集成电路的基本单元。

被摄物体的图像经过镜头聚焦至 CCD 芯片上，CCD 根据光的强弱积累相应比例的电荷，各个像素积累的电荷在视频时序的控制下，逐点外移，经滤波、放大处理后，形成视频信号输出。视频信号连接到监视器或电视机的视频输入端便可以看到与原始图像相同的视频图像。CCD 与 CMOS 图像传感器光电转换的原理相同，它们最主要的差别在于信号的读出过程不同：由于 CCD 仅有一个（或少数几个）输出节点统一读出，其信号输出的一致性非常好；而 CMOS 芯片中，每个像素都有各自的信号放大器，各自进行电荷—电压的转换，其信号输出的一致性较差。但是 CCD 为了读出整幅图像信号，要求输出放大器的信号带宽较宽，而在 CMOS 芯片中，每个像元中的放大器的带宽要求较低，天大降低了芯片的功耗，这就是 CMOS 芯片功耗比 CCD 低的主要原因。尽管降低了功耗，但是数以百万的放大器的不一致性却带来了更高的固定噪声，这又是 CMOS 相比 CCD 的固有劣势。

2.2.6　机载稳定平台

为了提高摄影的稳定性与获取更佳的姿态，在载荷满足要求的情况下可以考虑加载稳定平台。机载稳定平台主要用于稳定任务载荷和修正偏流角，以确保获得高质量的影像。稳定平台有单轴和三轴两种，如图 2.11 所示。其中，单轴稳定平台修正偏流角，由平台、电机和控制电路组成；三轴稳定平台可以使任务载荷保持水平稳定并修正偏流角，由平台、电机、陀螺仪、水平传感器、舵机、控制电路等组成。两种稳定平台可以根据不同精度的摄影测量任务选用。

任务设备控制计算机系统能根据无人机的位置、地速、高度、航向、姿态角及设定的航摄比例尺和重叠度等数据，自动计算并控制相机的曝光间隔，修正稳定平台的偏流角，具有程控和遥控两种控制方式。

（a）单轴稳定平台　　　　　　　　　　（b）三轴稳定平台

图 2.11　两种机载稳定平台

2.3　飞行控制系统

飞行控制系统俗称自动驾驶仪，是无人机完成起飞、空中飞行、执行任务和返场回收等整个飞行过程的核心系统。飞行控制系统对于无人机的作用相当于飞行员对于有人机的作用，是无人机最为核心的技术之一。飞行控制系统一般包括传感器、机载计算机和伺服动作设备三大部分，实现的功能主要有无人机姿态稳定和控制、无人机任务设备管理和应急控制三大类，其基本任务是当无人机在空中正常飞行或在受到干扰的情况下保持无人机姿态和航迹的稳定。

2.3.1　飞行控制系统的原理

无人机运动的定义与相对于一组固定定义轴的移动运动和转动运动有关。移动运动是飞行器在空间从某一点移动到另一点的运动，移动运动的方向即飞机飞行的方向；转动运动与飞机绕三个定义轴（俯仰、滚转、偏航轴）的转动有关。无人机大部分飞行为直线飞行，速度矢量平行于地球表面，并沿着飞机的航向，如果想要飞机爬升，则需要飞行控制系统使飞机绕俯仰轴做上仰运动，以获得爬升角。在达到要求的高度时，飞机做下俯转动，直到飞机重新回到直线水平飞行。

对于大多数固定翼飞机，如果要改变飞机的航向，则必须转弯，使飞机对准新的航向。转弯过程中，飞机机翼绕滚转轴转动，直至达到某一倾斜状态。这种航向的改变，实际上是绕偏航轴的转动。爬升（或下降）和转弯之间的差别是爬升仅涉及绕一个轴的转动，而转弯则涉及绕两个轴的同时协调转动。在严格的协调转弯中，飞机升力的一个分量作用于转弯方向，因此减小了升力的垂直分量，如果对这情况不予修正，飞机将开始下降。所以在长时间的转弯机动中，必须控制飞机抬头，以补偿这种升力损失。

2.3.2　飞行控制系统的组成

无人机的导航和控制功能主要由飞行控制系统来实现。飞行控制系统由姿态陀螺、气压高度表、磁航向传感器、GNSS 导航定位装置、飞控计算机、执行机构、电源管理系统等组成，可实现对飞机姿态、高度、速度、航向、航线的精确控制，具有遥控、程控和自主飞行三种飞行模态。

为了提高飞行控制系统的可靠性，一般采用网络和位总线结构，该结构具有可扩展性和灵活配置的能力。任务载荷、舵机、通信系统、飞行控制计算机之间通信以数字化方式实现，以数字通道代替模拟连接，可提高信号传输的精度，增强抗干扰能力，其集成的产品就是自动驾驶仪。图 2.12 所示是常用的几款自动驾驶仪。

（a）ap-201 自动驾驶仪 　　　　（b）AIR 自动驾驶仪 　　　　（c）YS09 固定翼自动驾驶仪

图 2.12　常用的几款自动驾驶仪

无人机飞行控制系统一般由任务载荷子系统、飞行控制计算机系统、伺服作动子系统（舵机）、地面操控与显示终端四部分组成，如图 2.13 所示。根据功能要求和系统配置的不同，任务载荷子系统包括飞行器位置、速度传感器（如 GNSS 接收机、惯性导航设备或其组合）、空速和高度传感器（如大气机、动/静压力传感器等）、姿态/航向传感器（如惯性导航设备、垂直陀螺和磁航向传感器等）、角速率传感器（如角速率陀螺）等。飞行控制计算机系统处于核心位置，主要担负信息收集与处理、控制与导航解算、各种管理与监控，以及控制输出等工作。伺服作动子系统包括舵机及其控制器、副翼、升降舵、方向舵、发动机节气门等。

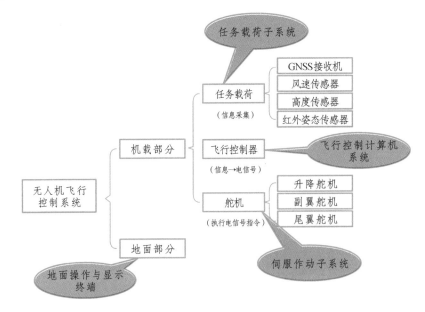

图 2.13　飞行控制系统的组成

简要来说，飞行控制系统主要由机载部分和地面部分组成。机载部分主要包括任务载荷、飞行控制器和舵机，其主要作用是实时采集无人机在空中的各种参数，控制无人机维持稳定飞行状态。其中，任务载荷负责高度、经纬度、速度、平衡姿态等各种信息的采集，主要包括 GNSS 接收机、风速传感器、高度传感器、红外姿态传感器等。飞行控制器负责对传感器采集的各种信息进行处理，然后将处理后的信息转化成相应的电压信号指令传递给舵机。舵机负责按照控制器传送的指令带动舵面或者油门发生相应的变化，而改变飞机的飞行姿态，主要包括升降舵机、副翼舵机、尾翼舵机，大多数油动无人机还包括油门舵机。

2.3.3　固定翼无人机飞行控制

控制飞行器的目的之一是根据飞行状况调整飞行器的姿态和位置，并在受到各种环境干扰的情况下保持飞行器的姿态或位置。因而必须对飞行器施加控制力和力矩，作用在飞行器的偏转控制面（即操纵面）上。

固定翼无人机的飞控包括副翼、方向、油门、升降、襟翼等控制舵面，通过舵机改变无人机的翼面，产生相应的扭矩，控制无人机偏航、俯仰、滚转等动作，如图 2.14 所示。升降舵（水平尾翼的一部分）和油门主要控制飞机绕横轴（即 y 轴）竖直面的运动，如俯仰运动。方向舵（垂直尾翼的一部分）主要控制飞机绕立轴（即 z 轴）水平面的运动，如偏航运动。副翼和襟翼主要控制飞机绕纵轴（即 x 轴）做侧平面的运动，如滚转运动。这些控制面与相应的控制设备形成控制通道，构成基本的飞行自动控制系统。

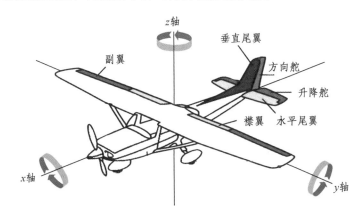

图 2.14　固定翼无人机的控制面

其中，固定翼无人机姿态平稳时，控制方向舵会改变无人机的航向，通常会造成一定角度的横滚，在稳定性好的无人机上，看起来就像汽车在地面转弯一般，可称其为侧滑。方向舵是最常用作自动控制转弯的手段。方向舵转弯的缺点是转弯半径相对较大，较副翼转弯的机动性略差。副翼的作用是进行无人机的横滚控制。当产生横滚时，会向横滚方向进行转弯，同时会掉一定的高度。升降舵的作用是进行无人机的俯仰控制，拉杆抬头，推杆低头。拉杆时无人机抬头爬升，动能朝势能的转换会使速度降低，因此在控制时要监视空速，避免因为过分拉杆而导致失速。油门舵的作用是控制无人机发动机的转速，加大油门会使无人机增加动力，加速或爬升，反之则减速或降低。

在升降舵和油门的控制方面。固定翼无人机都有一个最低时速被称作失速速度，当低于这个速度的时候无人机将由于无法获得足够的升力而导致舵效失效，无人机失控。通过无人机的空速传感器可以实时获知无人机的当前空速，当空速降低时必须通过增加油门或推杆使无人机损失高度而换取空速的增加，当空速过高时减小油门或拉杆使无人机获得高度而换取空速的降低。

固定翼无人机有两种不同的控制模式。

1. 第一种控制模式

根据设定好的目标空速，当实际空速高于目标空速时，控制升降舵拉杆，反之推杆。空速的高低影响了高度的高低，于是采用油门来控制无人机的高度，当飞行高度高于目标高度时，减小油门，反之增加油门。当无人机飞行时，如果低于目标高度，飞控控制油门增加，导致空速增加，再由飞控控制拉杆，于是无人机上升；当无人机高度高于目标高度，飞控控制油门减小，导致空速减小，于是飞控再控制推杆，使高度降低。这种控制方式的好处是，无人机始终以空速为第一因素来进行控制，保证了飞行的安全，特别是当发动机熄火等异常情况发生时，使无人机能继续保持安全，直到高度降低到地面。这种方式的缺点是对高度的控制是间接的，因此可能会有一定的滞后或者波动。

2. 第二种控制模式

设定好无人机平飞时的迎角，当飞行高度高于或低于目标高度时，在平飞迎角的基础上根据高度与目标高度的差设定一个经过控制器输出的限制幅度的爬升角，由无人机当前的俯仰角和爬升角的偏差来控制升降舵面，使无人机迅速达到这个爬升角，而尽快完成高度偏差的消除。但无人机的高度升高或降低后，必然造成空速的变化，因此采用油门来控制无人机的空速，即当空速低于目标空速后，在当前油门的基础上增加油门，当前空速高于目标空速后，在当前油门的基础上减小油门。这种控制方式的好处是能对高度的变化进行第一时间的反应，因此高度控制较好，缺点是当油门失效时，比如发动机熄火时，由于高度降低飞控将使无人机保持经过限幅的最大仰角，最终由于动力的缺乏导致失速。因此，两种控制模式需根据实际情况而选用。

2.3.4 多旋翼无人机飞行控制

旋翼无人机的飞行控制相对于固定翼无人机具有其特殊性和复杂性。多旋翼无人机通过调节多个转子转速改变旋翼转速，实现升力的变化，从而控制飞行器的姿态和位置。由于多旋翼无人机是通过改变旋翼转速实现升力变化的，这样会导致其动力不稳定，需要一种能够长期保持稳定的控制方法。本节以四旋翼无人机为例说明多旋翼无人机的飞行控制原理。

四旋翼无人机采用 4 片旋翼作为飞行的直接动力源，旋翼对称分布在机体的前后左右 4 个方向，4 片旋翼处于同一高度平面，且 4 片旋翼的结构和半径都相同，如图 2.15 所示。4 台电机对称地安装在飞行器的支架端，支架中部空间安放飞行控制计算机和外部设备。

四旋翼飞行器在空间有六个自由度（分别沿三个坐标轴做平移和旋转动作），这六个自由度的控制可以通过调节不同电机的转速来实现。基本运动状态有垂直运动、俯仰运动、滚转运动、偏航运动、前后运动和侧向运动。在图 2.15 中，电机 1 和电机 3 做逆时针旋转，电机 2 和电机 4 做顺时针旋转，规定沿 x 轴正向运动为向前运动，箭头在旋翼的运动平面上方表示此电机为转速提高，在下方表示此电机转速下降。

根据四旋翼对称的组成结构有两种飞行姿态，如图 2.16 所示。一种是根据四旋翼十字对称的结构，将处于同一水平线的一对机架梁作为 x 轴，另一对梁作为 y 轴的 "+" 形飞行姿态；另一种是将相应两个梁的对称轴线作为 x 轴，另一条对称轴线作为 y 轴的 "X" 形飞行姿态。

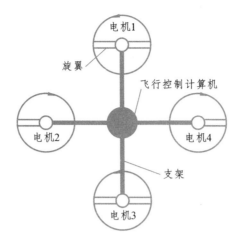

图 2.15   四旋翼无人机结构

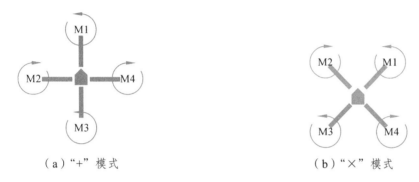

（a）"+"模式   （b）"×"模式

图 2.16   四旋翼的飞行姿态

1. "+"形飞行姿态飞行原理

"+"形飞行姿态如图 2.16（a）所示。"+"型飞行姿态实现垂直运动需要将 M1、M2、M3、M4 四台电机的转速同时增大或减小，如图 2.17（a）所示。如果想让飞行器进行前后移动，实现俯仰运动，当将 M1 的转速减小或者将 M3 的转速增大，保持 M2、M4 的转速不变的时候，四旋翼后会产生向前上方的合力，使四旋翼向前飞行。当将 M1 的转速增大或者将 M3 的转速减小，保持 M2、M4 的转速不变的时候，四旋翼后会产生向后上方的合力，使四旋翼向后飞行，如图 2.17（b）所示。如果控制四旋翼左右飞行，实现滚转运动，需要增加 M2 或减小 M4 的转速，保持 M1、M3 的转速不变，这样会产生右上方的合力，使四旋翼向右飞行。当减小 M2 或增加 M4 的转速，同样保持 M1、M3 的转速不变时，四旋翼会产生向左上方的合力，使四旋翼向左飞行，如图 2.17（c）所示。如果想让飞行器左右转向，实现偏航运动，将 M1、M3 的转速增加或者将 M2、M4 的转速减小，四旋翼会向右旋转，实现向右偏航。反之，如果将 M1、M3 的转速减小者将 M2、M4 的转速增加，四旋翼会向左旋转，实现向左偏航，如图 2.17（d）所示。

2. "X"形飞行姿态飞行原理

"X"形飞行姿态如图 2.16（b）所示。"X"形飞行姿态垂直运动与 "+"形飞行姿态相同，只要同时增加或减小电机 M1、M2、M3、M4 的转速就能让飞行器实现垂直运动，如图 2.18（a）

所示。如果想让四旋翼前后飞行，实现俯仰运动，如果将 M1、M2 的转速减小或将 M3、M4 增加时，四旋翼会产生向前上方的力，使四旋翼向前飞行。反之，如果将 M1、M2 的转速增加或者将 M3、M4 减小时，四旋翼会产生向后上方的力，使四旋翼向后飞行，如图 2.18（b）所示。如果想让四旋翼左右飞行，实现滚转运动，如果将电机 M2、M3 的转速增加或将 M1、M3 的转速减小时，四旋翼会产生向右上方的合力，使四旋翼向右飞行。反之，如果减小 M2、M3 的转速或增加 M1、M4 的转速，四旋翼会产生向左上方的合力，使四旋翼向左飞行，如图 2.18（c）所示。如果想让四旋翼左右转向，实现偏航运动，将 M1、M3 的转速增加或将 M2、M4 的转速减小，四旋翼会向右旋转，实现向右偏航。反之，如果将 M1、M3 的转速减小或将 M2、M4 的转速增加，四旋翼会向左旋转，实现向左偏航，如图 2.18（d）所示。

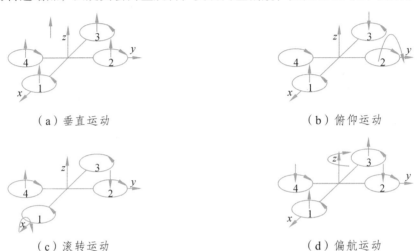

（a）垂直运动　　　　　　　　　　　　（b）俯仰运动

（c）滚转运动　　　　　　　　　　　　（d）偏航运动

图 2.17　"+" 形飞行姿态飞行原理

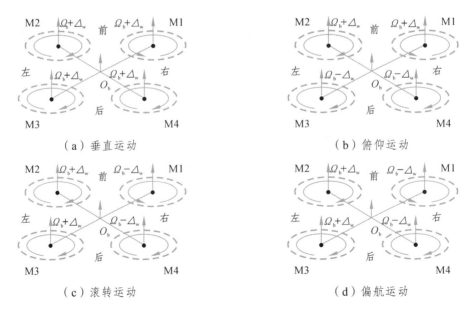

（a）垂直运动　　　　　　　　　　　　（b）俯仰运动

（c）滚转运动　　　　　　　　　　　　（d）偏航运动

图 2.18　"X" 形飞行姿态飞行原理

· 034 ·

四旋翼飞行姿态为"X"形飞行姿态，这种飞行姿态在控制时，可以通过同时控制4台电机的转速来控制四旋翼的飞行姿态，相比"+"形飞行姿态来说控制要复杂，但是，通过同时控制4台电机的方法控制飞行姿态的联动性较好。

2.4 地面控制系统

地面控制系统（俗称地面站）是无人机系统的重要组成部分，用于地面操作人员能够有效地对无人机的飞行状态和机载任务载荷的工作状态进行控制。其主要功能包括任务规划、飞行航迹显示、测控参数显示、图像显示与任务载荷管理、系统监控、数据记录和通信指挥。这些功能也可以集成到地面移动指挥控制车上，以满足运输、修理、监测、控制等需要。

地面操控与显示终端的功能包括任务规划、综合遥测信息显示、遥控操纵与飞行状态监控等，一般配置在地面站中。地面站主要由PC、信号接收设备、遥控器组成，负责对接收到的无人机各种参数进行分析处理，并在需要时对无人机航迹进行修正，特殊情况下可手动遥控无人机。图2.19所示是地面站的手动遥控器与数码电台遥控设备。

（a）手持遥控器

（b）数码电台遥控设备

图 2.19　地面控制设备

2.4.1 无人机飞行状态管理

无人机飞行状态管理一般包括飞行任务管理与规划、机械设备故障判断与处理、导航解算、遥控遥测管理及飞行性能管理等。

（1）飞行任务管理与规划包括任务航线的规划、装载和调整，航线、航点切换控制，出航、巡航与返航控制。任务航线规划一般通过地面站中的航线规划软件来实现，如图2.20所示。规划好的航线可通过数据链路装载到机载控制计算机中，且可根据飞行中实时重规划结果对装载的航线进行实时调整。航点切换、出航、巡航和返航的控制一般可通过控制与管理软件自动进行。

（2）机载设备故障判断与处理主要针对飞行控制系统各设备、遥控链路、发动机电气系统等关键设备，可通过飞行中自检测、比较监控和模型监控等方式检测故障。故障判断后的处理根据设备功能、飞行阶段及控制方式的不同有很大不同，如链路中断对于自主飞行而言可以暂不处理，但对于遥控控制就必须立即转为自主控制。

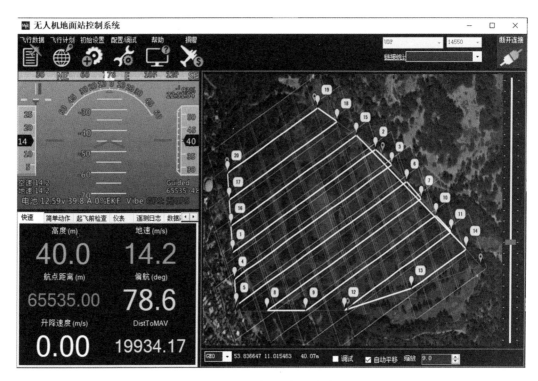

图 2.20　地面站控制软件

（3）导航解算的主要作用在于结合飞行任务管理为飞行控制提供无人机相对于目标航线的偏差、偏差变化率和待飞距离等数据。

（4）遥控遥测管理的主要作用在于接收并处理与飞行控制、任务控制相关的各种遥控指令，收集所需的遥测参数并打包下传。

（5）由于无线传输的可靠性相对较差，遥控指令处理时应该首先完成指令的有效性判断、容错处理等工作。飞行性能管理主要控制无人机的空速、仰角、爬升率等随着高度、时间和质量等状态的变化情况，如最快爬升、最省油巡航和最慢下降等。

2.4.2　机载任务载荷工作状态管理

在通信链路畅通的条件下，任务载荷管理可通过任务载荷状态自检测和地面操作人员人工监测与管理相结合的方法进行，但在实际执行任务时，遥控链路时常会受到干扰，有时还要求以遥控方式工作。此时就有必要对程控或自主任务载荷进行管控。

1. 遥控控制

遥控控制是无人机最基本的控制方式，尽管目前无人机的自主飞行程度已明显提高，但遥控控制功能仍被保留。遥控控制主要应用于以下两种场合。

一种是对于一些小型的不做风洞实验的无人机，其控制参数的确定通过试飞过程中的逐步调整得到，通过有经验的操控手的遥控飞行，可了解无人机的动态特性，为控制参数的确定提供依据。这种遥控飞行一般要进行多次。

另一种是对具有自主飞行能力的无人机的降级控制。由于风洞数据总存在误差，无人机在实际飞行中可能出现超出设定的自动控制能力的情况，或者控制赖以存在的传感器出现故障，此时可通过地面操控手的遥控控制提供安全保障。

此外，也有一些小型无人机在自动控制难度较大的阶段采用遥控控制，而其他阶段采用自动控制，如起飞、降落用遥控控制，巡航飞行用自动控制。

2. 自主控制

自主控制是目前先进无人机采用的主要控制方式。无人机在完成地面准备工作并收到起飞指令后，自主进行地面滑跑和纠偏控制，自主进行离地判断和阶段转换，自主收起起落架并按照预定最佳爬升规律进行爬升，同时自动切入预定航线。到达预定巡航高度后，自主转入定高飞行，并实施最佳巡航控制。到达预定的任务区域时，自动开启相应的任务设备。完成任务后，自动按照给定的返航路线返回预定机场，自动放下起落架，自动进入下滑航线，自动拉平、着陆和停车，最后自动关机。

在整个过程中，能够自动对重要机载设备的状态进行监测和管理，一旦出现发动机空中停车、遥控链路持续中断及电源故障等问题，自动进行相应处理。在自主控制方式下，地面操作人员主要负责监控，工作负担大大减小。但是，目前的无人机自主控制水平普遍不高，关键原因是缺乏对于不确定事件的感知、判断与处理能力。

3. 人工干预自动控制

人工干预自动控制介于遥控控制和自主控制之间，无人机飞行主要还是通过飞行控制系统自动控制来实现，但是控制模式的转换需要人工干预实现，或者可以人工调整控制目标。这实际上是一种决策信息不够全面或者决策不够确定时，通过人的感知进行补充的控制方式。例如，在大范围搜索环境目标时，无人机一般以盘旋飞行的方式在特定区域上空游弋，何时进入盘旋、何时退出盘旋要由地面控制人员根据具体情况确定，无人机很难自主确定，这时通过人工干预下的自动控制，可以达到很好的控制效果。

另外，在无人机起飞和着陆阶段，根据具体飞行情况对控制目标进行调整可以削弱不确定因素的影响，如导航系统误差漂移引起的一定范围内的偏离跑道等。

从遥控控制到人工干预自动控制再到自主控制，实际上反映了控制决策的权限从操控手到飞行控制系统的演变。遥控控制中控制决策的权限在人，飞行控制系统仅是执行器；人工干预自动控制中，控制的任务交给了飞行控制系统，而决策的权限还在人；到了自主控制，人工决策的大部分权限交给了飞行控制系统，但这种权限是可以根据需要动态调整的，是一种可变权限自主控制。随着飞行控制技术的不断发展，无人机最终将达到完全的自主控制飞行。

2.5 无人机数据链路

无人机数据链是无人机系统的重要组成部分，是飞行器与地面系统联系的纽带。随着无线通信、卫星通信和无线网络技术的发展，无人机数据链的性能也得到了大幅提高。当今，无人机数据链也面临着一些挑战。首先，无人机数据链在复杂电磁环境条件下可靠工作的能力还不足；其次，频率使用效率低。无人机数据链带宽、通信频率通常采用预分配方式，长期占用频率资源，而无人机飞行架次不多，频率使用次数有限，会造成频率资源的浪费。

无人机数据链按照传输方向可以分为上行链路和下行链路，如图 2.21 所示。上行链路主要完成地面站到无人机遥控指令的发送和接收，下行链路主要完成无人机到地面站的遥测数据及红外或电视图像的发送和接收，并根据定位信息的传输利用上下行链路进行测距。数据链是连接无人机与指挥控制站的纽带，数据链的性能直接影响无人机的性能，没有数据链技术的支持，无人机无法实现智能自主飞行。

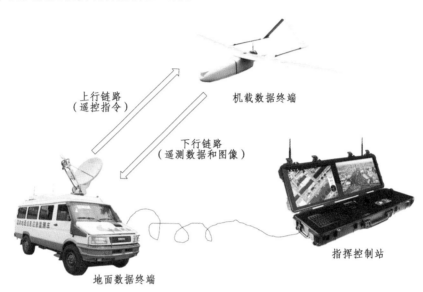

上行链路
（遥控指令）

机载数据终端

下行链路
（遥测数据和图像）

指挥控制站

地面数据终端

图 2.21　无人机数据链路示意图

2.5.1　无人机数据链路基本组成

无人机数据链一般由机载部分和地面部分组成，机载部分包括机载数据终端和天线。机载数据终端包括射频接收机、发射机及调制解调器，天线主要采用全向天线。地面部分包括地面数据终端和一副或几副天线。地面数据终端由射频接收机、发射机及调制解调器组成，一般可以分装成以下几个部分：一辆天线车、一条连接地面天线和指挥控制站的本地数据连线，以及地面控制站中的若干处理器和接口。

1. 无人机数据链机载部分

数据链的机载部分包括机载数据终端和天线。机载数据终端包括 RF（射频）接收机、发射机以及用于连接接收机和发射机到系统其余部分的调制解调器，如图 2.22 所示。天线一般采用全向天线，有时也要求采用具有增益的有向天线。

2. 无人机数据链地面部分

数据链的地面部分也称地面数据终端，主要包括测控车辆、操纵设备、遥控发射机、遥控编码电路、遥测解码电路、遥测和任务信息接收机、上行功放单元、收发天线、连接地面天线和地面控制站的数据线、供电电源等，如图 2.23 所示。如果无人机作用距离较远，则地面部分还包括天线伺服和跟踪设备。

（a）无线电测控电台（射频接收机与发射机）　　（b）调制解调器　　　　（c）全向天线

图 2.22　无人机数据链机载部分

图 2.23　地面测控车及内部常规布局

2.5.2　无人机数据链路的通信方式

无人机数据链路用于完成对无人机的遥控遥测、跟踪电位和视频图像信息传输，其性能和规模在很大程度上决定了整个无人机系统的性能和规模。无人机数据链路按通信方式分为地空视距链路、空中中继链路和卫星中继链路。

1. 地空视距链路

为了克服地形起伏的影响，地空视距链路通信采用地面中继方式，一般用来实现近程和短程无人机的遥控、遥测、跟踪定位和任务信息传输。近程无人机系统的地面控制站除了主站外，一般还有一个小型机动地面控制站，如图 2.24 所示。

2. 空中中继链路

为了实现更远距离的信号传输，空中中继设备可以放置于某种航空器上，由于空中平台高度远超过地面中继，能够明显地延伸作用距离，但要求安装定向天线并彼此对准，如图 2.25 所示。采用空中中继链路可使作用距离显著增大，如美国的"猎人"无人机，采用空中中继机通信方式，使通信距离达到几百千米以上。

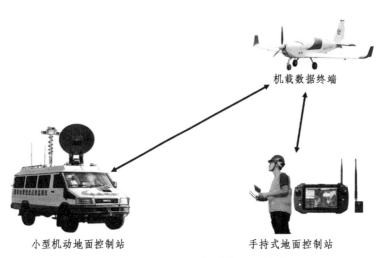

机载数据终端

小型机动地面控制站　　　　　　　手持式地面控制站

图 2.24　近短程无人机地空视距链路

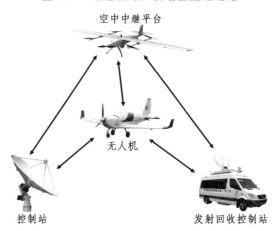

空中中继平台

无人机

控制站　　　　　　　发射回收控制站

图 2.25　中程无人机空中中继链路

3. 卫星中继链路

为了实现超远距离乃至全球范围内的信号传输，可采用卫星中继链路，其作用距离可达几千米至上万千米，作用距离主要依据通信卫星的数量和分布情况，如图 2.26 所示。数据链路作用距离越大，要求装备该数据链路的无人机的续航能力越强。例如，美国的"全球鹰" RQ-4A 的最大续航时间为 36 h 以上，最大航程可达 22 224 km。

2.6　定位定向系统

无人机平台搭载的定向定位系统主要是指高精度惯性测量单元（IMU）和差分 GNSS（DGPS），如图 2.27 所示。IMU 主要由陀螺、加速度计及相关辅助电路构成，能够不依赖外界信息，独立自主地提供较高精度的导航参数（位置、速度、姿态等），具有抗电子干扰、隐蔽性好等特点。但是 IMU 导航参数尤其是位置误差会随时间累积，不适合长时间单独导航。DGPS 使用一台 GNSS 基准接收机和一台用户接收机，利用实时或事后处理技术，可在用户测量时消去公共的误差源和对流层效应，并能消除卫星钟误差和星历误差，对用户测量数据进行修正，从而提高 GNSS 定位精度，但 GNSS 接收机在高速运动时不易捕获和跟踪卫星载波信号，会产生所谓"周跳"现象。因此，IMU 和 DGPS 可以优势互补，将二者组成一个组合导航系统，就能精确地记录传感器在采集数据时的运动轨迹，包括每个时刻的位置、速度和角度等定向定位数据，通过 IMU、DGPS 数据联合后处理技术即可获得测图所需的每张像片高精度外方位元素。

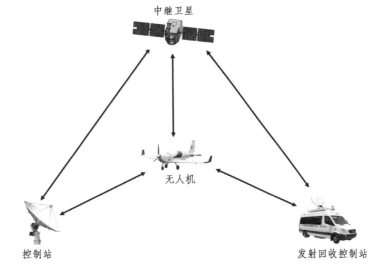

图 2.26　中程、远程无人机卫星中继链路

（a）IMU　　　　　　　　　　　　　　　（b）DGPS

图 2.27　IMU/DGPS 组合导航系统

2.7　动力系统

动力系统是无人机的心脏，无人机动力使用的能源常见的有油、电等，不同用途的无人机对动力装置的要求不同，但都希望发动机体积小、成本低、工作可靠。传统的锂电池在现有条件下很难突破更大的容量，无人机长航时可寄托在介质电池、太阳能、氢能等新能源，以及发动机的结构机械技术的创新开发等方面。除了发动机本身，动力系统还包括一系列保证发动机正常工作的装置。

2.7.1　发动机

1. 燃油动力发动机

活塞式发动机是实用型燃油发动机，是无人机使用最早、使用最广泛的动力装置，其技术已较为成熟。根据所应用的机型不同，活塞式发动机的功率小至几千瓦，大至 20 kW 左右。从当前国外的应用情况来看，活塞式发动机的适用速度一般不超过 300 km/h，高度一般不超过 8 000 m。按发动机功率的大小，所应用机型的续航时间从几小时到几十小时不等。常用的燃油动力发动机品牌有日本的小松、德国的 3W，我国云南的 DLE、山东的 DLA、广东的 PMP等，如图 2.28 所示。

（a）DLE170 双缸发动机　　　　（b）DLA116 双缸发动机　　　　（c）PMP90H 发动机

图 2.28　常用的燃油动力发动机

2. 转子发动机

转子发动机具有质量轻、尺寸小、可采用多种燃料、可靠性高和振动小等优点，因此在 20 世纪 80 年代后期发展迅速。在相同功率范围内转子发动机质量只是活塞式发动机的一半，因此可以取代活塞式发动机。转子发动机若用于高空无人机，应解决发动机高空补氧燃烧的冷却等技术问题。常用的无人机转子发动机如图 2.29 所示。

（a）Aixro XF/XH40 转子发动机　　　　　　（b）rotron RT300XE 300cc-50HP 单转子发动机

图 2.29　常用的无人机转子发动机

3. 无刷直流电动机

无刷直流电动机（Brushless Direct Current Motor，BLDCM），又称"无换向器电机交-直-交系统"或"直交系统"，它先将交流电源整流后变成直流，再由逆变器将直流转换成频率可调的交流电。常见的无刷直流电机如图 2.30 所示。

无刷直流电动机采用方波自控式永磁同步电机，以霍尔传感器取代碳刷换向器，以钕铁硼作为转子的永磁材料；产品性能超越传统直流电机，同时又解决了直流电机碳刷滑环环火的缺点，数字式控制，是目前最理想的调速电机。无刷直流电动机非常适用于 24 h 连续运转的产业机械及空调冷冻主机、风机水泵、空气压缩机负载；低速高转矩及高频率正反转不发热的特性，使其更适合应用于机床工作母机及牵引电机的驱动；其稳速运转精度比直流有刷电动机更高，也高于矢量控制或直接转矩控制速度闭环的变频驱动，性能价格比高，是现代化调速驱动的最佳选择，更是无人机的动力首选。

（a）DBL2430 无刷电机　　（b）R36BLB4L1-R36 无刷电机　　（c）4258KV460 无刷电机

图 2.30　常见的无刷直流电机

2.7.2　桨　叶

动力系统的组成中另一个非常重要的部分就是螺旋桨。螺旋桨是通过自身旋转，将原动机转动功率转化为动力的装置。在整个飞行系统中，螺旋桨主要起到提供飞行所需的动能的作用。螺旋桨产生的推力非常类似于机翼产生升力的方式，产生的推力大小依赖于桨叶的形态、螺旋桨迎角和发动机的转速。螺旋桨叶本身是扭转的，因此桨叶角从极轴到叶尖是变化的。最大安装角在毂轴处，而最小安装角在叶尖处。轻型、微型无人机一般安装定距螺旋桨，大型、小型无人机根据需要可通过安装变距螺旋桨提高动力性能。

桨叶按材质一般可分为木桨、碳纤维桨和尼龙桨（见图 2.31）等。多旋翼无人机安装的都是不可变总距的螺旋桨，主要指标有螺距和尺寸。桨的指标是 4 位数字，前面 2 位代表桨的直径（单位：in，1 in≈25.4 mm）后面 2 位是桨的螺距。四轴飞行为了抵消螺旋桨的自旋，相邻的桨旋转方向是不一样的，所以需要正反桨。正反桨的风都向下吹。适合顺时针旋转的叫正桨，适合逆时针旋转的叫反桨。安装的时候，一定要记得无论正反桨，有字的一面是向上的（桨叶圆润的一面要和电机旋转方向一致）。

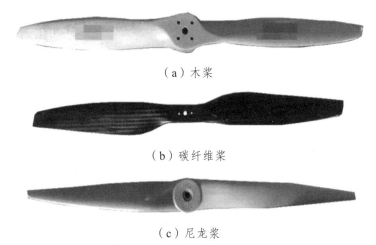

（a）木桨

（b）碳纤维桨

（c）尼龙桨

图 2.31　多旋翼无人机的桨叶

对于电机与螺旋桨如何搭配，这是非常复杂的问题，建议采用常见的配置（电机生产厂家会在电机出厂时进行检测，给出该电机匹配的桨叶尺寸，以及在各输入电压情况下的输出能量）。原因是螺旋桨越大，升力就越大，但对应需要更大的力量来驱动；螺旋桨转速越高，升力越大；电机的 KV 值（在空载的前提下，每增加 1 V 的工作电压电机每分钟增加的转数）越小，转动力量就越大。综上所述，大螺旋桨就需要用低 KV 值的电机，小螺旋桨就需要用高 KV 值的电机（因为需要用转速来弥补升力不足）。如果高 KV 值电机带大桨，力量不够，电机和电调很容易烧掉。如果低 KV 值电机带小桨，升力不够，可能造成无法起飞。

2.7.3 电源/电池

电动多旋翼飞行器上电机的工作电流非常大，需要采用能够支持高放电电流的动力可充电锂电池供电。在整个飞行系统中，电池作为储能元件，为整个动力系统和其他电子设备提供电力。放电电流的大小通常用放电倍率来表示，即 C 值，它表示电池的放电能力，也是放电快慢的一种度量，这是普通锂电池与动力锂电池最大的区别。放电电流速度分为持续放电电流和瞬间放电电流。锂离子电池的充放电倍率，决定了可以以多快的速度将一定的能量存储到电池里，或者以多快的速度将电池里的能量释放出来。放电倍率越快，所能支撑的工作时间越短。

锂离子电池在无人机系统中占有非常重要的地位，尤其在实际飞行过程中，随着电池的放电，电量逐渐减少。研究表明在某些区域，电池剩余容量与电池电流基本呈线性下降关系。而在电池放电后期，电池剩余容量随电流的变化可能是急剧下降的，所以一般会设置安全电压，如 3.4 V 或其他电压。因此，飞行控制系统需要实时监测电量，并确保无人机在电池耗尽前有足够的电量返航。另外，不仅在放电过程中电压会下降，而且由于电池本身的内阻，其放电电流越大，自身由于内阻导致的压降就越大，输出的电压就越小。特别需要注意的是在电池使用过程中，不能使电池电量完全放完，不然会对电池造成无法恢复的损伤。

目前，在多旋翼飞行器上，采用的普通锂电池或智能锂电池如图 2.32 所示。

（a）普通锂电池　　　　　　　　　　　　　　（b）智能锂电池

图 2.32　常用的无人机锂电池

2.7.4 电　调

电调全称为电子调速器（Electronic Speed Controller，ESC），如图 2.33 所示。电调主要用于飞控输出的 PWM（Pulse Width Modulation）弱电控力电流输出。飞控板提供的控制信号的驱动能力无法直接驱动无刷电机，以控制电机的转速。在整个飞行系统中，电调的作用就是将飞控控制单元的控制信号快速转变为电枢电压大小和电流大小可控的电信号，以控制电机的转速，从而使飞行器完成规定的速度和动作。

 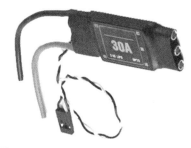

图 2.33　电调

电调的主要参数有电流和内阻。

（1）电流。无刷电调最主要的参数是电流，通常以安培来表示，如 10 A、20 A 和 30 A。

（2）内阻。电调具有相应的内阻，需要注意其发热功率。有些电调电流可以达到几十安培，发热功率是电流平方的函数，所以电调的散热性能也十分重要，因此大规格电调内阻一般比较小。

一般电调出厂之后都需要进行行程校准，这个过程相当于让电调知道所用的 PWM 输入信号的最小和最大占空比，并在这个范围内进行线性对应关系转换。厂家都会提供行程校准的方法，一般通过控制电调驱动电机发出一定频率的音频信号来进行标定确认。

通常每个电机正常工作时，有 3 A 左右的电流，如果没有电调的存在，飞行控制系统根本无法承受这样大的电流，而且飞行控制器也没有驱动无刷电机的功能。同时，电调在多旋翼无人机中也充当了电压变化器的作用，可将 11.1 V 电压变为 5 V 电压给飞行控制系统供电。

电机和电调的连接，一般情况如下：

（1）电调的输入线与电池连接。

（2）电调的输出线（有刷 2 根、无刷 3 根）与电机连接。

（3）电调的信号线与接收机连接。

另外，电调一般有电源输出功能（BEC），即在信号线的正、负极之间有 5 V 左右的电压输出，通过信号线为接收机和舵机供电。

2.8　发射与回收系统

发射与回收系统主要用于无人机的发射和回收，由弹射架和回收系统组成。无人机的发射与回收方式种类很多，发射方式包括母机投放、火箭助推、车载发射、滑跑起飞、垂直起飞、容器发射和手抛起飞等，回收方式包括舱式回收、网式回收、伞降回收、滑跑着落、气垫着落和垂直降落等。

2.8.1　发射系统

弹射架是无人机增大起飞速度、缩短滑跑距离的装置，主要构件包括三部分：弹射器制动系统、弹射器附属系统和弹射器控制系统。

弹射架上的无人机固定装置，包括定位锁、连杆、连接机构和开关机构，弹射架托架顶端设有两个定位锁，弹射架托架底部设有开关机构，定位锁通过连杆和连接机构连接开关机构，弹射架托架放置在弹射架轨道上。常见固定翼无人机弹射架如图 2.34 所示。

图 2.34　固定翼无人机弹射架

2.8.2　回收系统

　　由于无人机造价昂贵、结构复杂，往往需要配备回收系统。回收系统的作用是保证无人机在完成任务后（有时是在应急情况下），安全回到地面，以便检查任务执行情况并回收再使用。

　　降落伞，亦称展开式空气减速器，是利用空气阻力使人或物从空中缓慢向下降落的一种器具。它同时可作为减速伞，配合无人机上的其他刹车装置，缩短无人机的着陆滑跑距离。无人机回收伞是无人驾驶飞机在地面（或水上）安全降落时使用的降落伞。无人机采用伞降着陆时无须跑道，启动并完成回收程序只需一个回收指令。伞降无人机如图 2.35 所示。

图 2.35　利用降落伞回收无人机

　　利用降落伞作为无人机的回收手段，具有以下几大优点：

（1）适用范围广，性价比高。

（2）成本低，可重复使用。

（3）相对于其他减速装置体积小、质量轻。

（4）无须复杂昂贵的自动导航着陆系统。

（5）无须宽阔平坦的专用着陆场地。

对无人机回收系统的一般要求如下：

（1）着陆速度要求：回收系统应保证产生足够的阻力，以避免无人机着陆速度过快受损。

（2）过载要求：最大开伞载荷不应超过无人机所能承受的载荷。

（3）最低开伞高度要求：保证回收伞应尽快开伞工作。

（4）摆动角要求：需要根据摆动角的要求，选择稳定性较好的伞型。

（5）体积小、质量轻。

（6）使用次数和寿命要求：回收伞重新包装后应能多次使用。

（7）无人机回收伞可靠性要求很高，回收系统的可靠度仅次于人用伞。

【习题与思考】

1. 无人机测绘系统主要由哪些部分构成？

2. 无人机驾驶飞行平台分为哪几类？

3. 无人机测绘系统的任务荷载一般有哪几类？

4. 简述无人机飞行控制的基本原理。

5. 无人机测绘系统的动力有哪几种？

6. 利用降落伞回收无人机有什么特点？

第 3 章　无人机飞行基本原理

知识目标

了解无人机的飞行环境；理解空气动力学基本原理、翼型的升力与阻力；了解无人机的稳定性。

技能目标

无。

3.1　无人机飞行环境

3.1.1　大气层

大气层包围着地球，是无人机唯一的飞行活动环境。沿着垂直于地球表面的方向。可把大气层分成若干层，如以气温变化为基础，可以分为对流层、平流层、中间层、热层（暖层）和散逸层五层，如图 3.1 所示。

1. 对流层

大气层中最低的一层是对流层，对流层中气温随着高度增加而降低，空气对流运动非常明显。对流层的厚度与纬度和季节有关，低纬度地区平均为 16 ~ 18 km，中纬度地区平均为 10 ~ 12 km，高纬度地区平均为 8 ~ 9 km。对流层是天气变化最复杂的大气层，因为它集中了约 75%的大气质量和 90%以上的水蒸气质量，飞行中所遇到的各种重要天气变化几乎都出现在这一层中。

2. 平流层

对流层之上是平流层，平流层顶界扩展到 50 ~ 55 km。在平流层内，气体受地面影响较小，且在这一层存在大量臭氧，因此沿垂直方向的温度分布与对流层不同，随着高度的增加，起初气温保持不变（约 190 K）或略有升高；到 20 ～ 30 km，气温升高更快；到了平流层顶，气温升至 270 ～ 290 K。平流层中空气沿垂直方向的运动较弱，因而气流比较平稳，能见度较好。

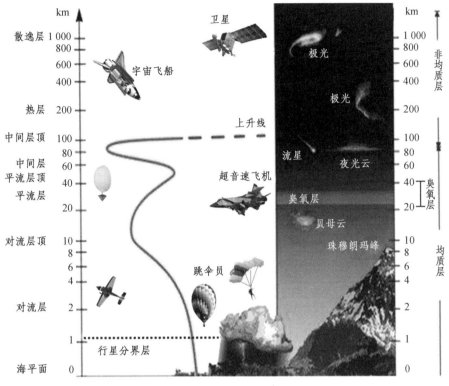

图 3.1 大气分层

3. 中间层

中间层从 50 ～ 55 km 伸展到 80 ～ 85 km 高度。这一层的特点是随着高度增加，气温下降，空气有相当强烈的垂直方向的运动。这一层顶部的气温可低至 160 ～ 190 K。

4. 热 层

热层从中间层顶延伸到 800 km 高空，这一层的空气密度极小，声波难以传播。热层的一个特征是气温随高度增加而上升，另一个特征是空气处于高度电离状态。

5. 散逸层

散逸层又称外大气层，位于电离层之上，是地球大气的最外层，此处空气极其稀薄，又远离地面，受地球引力较小，因而大气分子不断地向星际空间逃逸。

3.1.2 国际标准大气

为了提供大气压力和温度的通用参照标准，国际标准化组织规定了国际标准大气（ISA），可作为某些飞行仪表和无人机大部分性能数据的参照基础。

在对流层和平流层中，空气的物理性质（温度、压强、密度等）都经常随着季节、昼夜、地理位置、高度等的不同而变化。所谓国际标准大气，就是人为规定以北半球中纬度地区的

大气物理性质的平均值作为基础建立的，并假设空气是理想气体，满足理想气体方程

$$pV = nRT \tag{3.1}$$

该方程有 4 个变量：p 是指理想气体的压强，V 为理想气体的体积，n 表示理想气体物质的量，T 则表示理想气体的热力学温度，常量 R 为理想气体常数，对任意理想气体而言，R 是一定的，为（8.314 41±0.00026）J/（mol·K）。根据大气温度、密度、气压等随着高度变化的关系，得出统一的数据，作为计算和实验飞行器的统一标准，以便比较。它能粗略地反映北半球中纬度地区大气多年平均状况，并得到国际组织承认。

在海平面，国际标准化大气压力为 29.92 inHg（1 013.2 hPa）温度为 15 ℃（59 ℉）。高度增加，压力和温度般都会降低。例如，在海拔 2 000 ft（609.6 m）处，标准压力为 27.92（29.92-2.00）inHg，标准温度为 11 ℃。一般将海平面附近常温常压下空气的密度 1.225 kg/m³ 作为一个标准值。国际标准化大气压如图 3.2 所示。

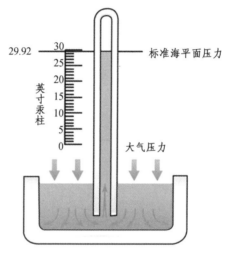

图 3.2　国际标准化大气压

3.2　空气动力学基本原理

当一个物体在空气中运动，或者当空气从物体表面流过的时候，空气会对物体产生作用力，我们把空气的这种作用在物体上的力称为空气动力。

空气动力作用在物体的整个表面，它既可以产生对飞机飞行有利的力，也可以产生对飞机飞行不利的力。升力是使飞机克服自身重力保持在空气中飞行的力；阻力是阻碍飞机前进的力。为了使飞机能够在空气中飞行，就要在飞机中安装发动机，产生向前的拉力，去克服阻力，产生升力去克服重力，使飞机和空气发生相对运动。

为了进一步讨论飞机的升力和阻力，需要了解空气动力学的几个基本原理。

3.2.1　相对性原理

在运动学中，运动的相对性叫作相对性原理或可逆性原理。相对性原理对于研究飞机的飞行是很有意义的。飞机和空气做相对运动，无论是飞机运动而空气静止，还是飞机静止而

空气向飞机运动，只要相对运动速度一样，那么作用飞机上的空气动力是一样的。

风洞是利用风向或他方法产生稳定的气流，把模型放在里面，进行吹风实验，研究飞机的空气动力学问题的设备。模型在风洞里测出的数据和模型在空气中以相同的速度飞行时测出的数据是相近的。

风洞实验可以通过人工产生并控制气流来模拟飞行器周围气体的流动，研究气体流动及其与模型的相互作用，提供飞行器设计需要的基础数据，以了解实际飞行器或其他物体的空气动力学特性的一种空气动力实验方法。

大型先进风洞对飞行器研制以及航空工业的发展有着不可替代的作用。中国首个具有独立知识产权的高超声速风洞就是 JF12 激波风洞，它的主体身长达 265 m，居世界激波风洞长度之首。

3.2.2　稳定气流

要研究空气动力，首先要了解气流的特性。气流特性指空气在流动中各点的速度、压力和密度等参数的变化规律。气流可分为稳定气流和不稳定气流。稳定气流指空气在流动时，空间各点上的参数不随时间而变化。如果空气流动时，空间各点上的参数随时间而改变，这样的气流称为不稳定气流。

在稳定气流中，空气微团流动的路线叫作流线。一般说来，在流场中，某一瞬时可以绘制出许多流线，在每条流线上各点的流体微团的流动速度方向与流线在该点的切线方向重合。流体流过物体时，由许多流线所组成的图形，称为流线谱（见图 3.3），流线谱真实地反映了空气流动的全貌，可以看出空间各点空气流动的方向，也可以比较出空间各点空气流动速度的快慢。

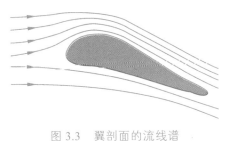

图 3.3　翼剖面的流线谱

在流场中取一条不为流线的封闭曲线 OS，经过曲线 OS 上每一点作流线，由这些流线集合构成的管状曲面称为流管，如图 3.4 所示。

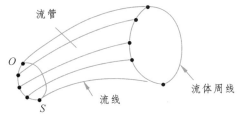

图 3.4　流线和流管

流管由流线构成，因此流体不能穿出或穿入流管表面。在任意瞬时，流场中的流管类似真实的固体管壁。流线越稠密，流线之间的距离缩小，流管变细。相反，流线越稀疏，流线之间的距离扩大，流管变粗。

如果流动是稳定的，由于同一流线上的空气微团都以同样的轨迹流动，那么流管的形状不随时间而变化。这样在稳定流动中，整个气流可认为是由许多单独的流管组成的。

3.2.3 连续性原理

当流体连续不断且稳定地流过一个粗细不等的流管时，在管道粗的地方流速比较慢，在管道细的地方流速比较快，这是由于管中任一部分的流体既不能中断也不能堆积因此在同一时间，流进任意截面的流体质量和从另一截面流出的流体质量应该相等，这就是流体的质量守恒定律。

如图 3.5 所示，稳定流体流过某一个通道的流线，截面 A_1 处流体的流速为 v_1，截面 A_2 处流体的流速为 v_2。可以看到，截面宽的地方流线稀，截面窄的地方流线密。由于流线只能在通道中流动，在单位时间内通过通道上任何截面的流体质量都是相等的。因此，连续性原理可以用式（3.2）表示。

$$\rho v S = 常数 \tag{3.2}$$

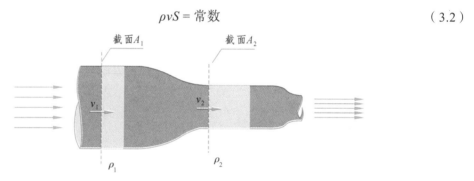

图 3.5 气流在不同管径中流速的变化

假设流体是不可压缩的，也就是说流体密度 ρ 保持不变，截面 A_1 的面积是 S_1，截面 A_2 的面积是 S_2，通过截面时流体速度是 v_1，通过截面时流体速度是 v_2，于是有

$$\rho_1 \cdot v_1 \cdot A_1 = \rho_2 \cdot v_2 \cdot A_2，即 v_1 \cdot A_1 = v_2 \cdot A_2 = C_{常数} \tag{3.3}$$

由式（3.3）和图 3.6 可以看到，截面窄，流线密的地方，流体的速度大；截面宽、流线稀的地方，流体的速度小。

3.2.4 伯努利定理

1738 年，瑞士物理学家丹尼尔·伯努利阐明了流体在流动中的压力与流速之间的关系，后来科学界称之为伯努利定理。该定理是研究气流特性和在飞行器上的空气动力产生和变化的基本定理之一。

日常生活中可以观察到空气流或液体流速发生变化时，空气或液体压力中发生相应变化的例子。例如，向两张纸片中间吹气，两纸不是彼此分开，而是互相靠拢。这说明两纸中间的空气压力小于纸片外的大气压力，于是两纸在压力差的作用下靠拢，如图 3.7 所示。又如，河中并排行驶的两条船会互相靠拢。这是因为河水流经两船中间因水道变窄会加快流速而降低压力，但流过两船外侧的河水流速和压力变化不大，这样两船中间同外边形成水的压力差，从而使两船靠拢。

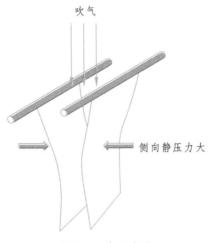

图 3.6　吹纸实验

从上述现象可以看出流速与压力之间的关系，概括地讲，流体在流管中流动，流速快的地方压力小，流速慢的地方压力大，这就是伯努利定理的基本内容。

根据能量守恒定律，能量既不会消失，也不会无中生有，只能从一种形式转化为另一种形式。在低速流动的空气中，参与转换的能量有两种：压力能和动能。一定质量的空气，具有一定的压力，能推动物体做功，压力越大，压力能也越大。此外，流动的空气还具有动能，流速越大，动能也越大。

在稳定气流中，对于一定质量的空气而言，如果没有能量消耗，也没有能量加入，则其动能和压力能的总和是不变的。所以流速加快，动能增大压力能减小，则压力降低；同样的，流速减慢，则压力能升高。它们之间的关系可用静压、动压和全压的关系说明。图 3.7 为伯努利定理示意图。

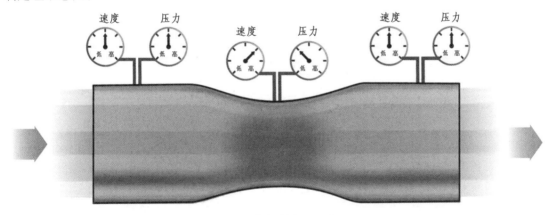

图 3.7　伯努利定理示意图

静压是静止空气作用于物体表面的静压力，大气压力就是静压。动压则蕴藏于流动的空气中，没有作用于物体表面，只有当气流流经物体，流速发生变化时，动压才能转换为静压，从而施加于物体表面。当人们逆风前进时，感到迎面有压力，就是这个原因。空气的动压大小与其密度成正比，与气流速度的平方成正比，也就是说，动压等于单位体积空气的动能。

全压是空气流过任何一点时所具有的静压和动压之和。根据能量守恒定律，无人机飞行时，相对气流中的空气全压等于当时飞行高度上的大气压加上相对气流中无人机前方的空气所具有的动压，即

$$\frac{1}{2}\rho v^2 + p = p_0 \text{（常量）} \tag{3.4}$$

式中　$\frac{1}{2}\rho v^2$——动压；

　　　p——静压；

　　　p_0——全压。

应当注意，以上定理在下述条件下才成立：

（1）气流是连续的、稳定的。

（2）流动中的空气与外界没有能量交换。

（3）气流中没有摩擦，或摩擦很小，可以忽略不计。

（4）空气的密度没有变化，或变化很小，可认为不变。

由式（3.3）可以看出，当全压一定时，静压和动压可以互相转化；当气流的流速加快时，动压增大，静压必然减小；当流速减慢时，动压减小，静压必然增大。综合连续性定理和伯努利定理，可总结出如下结论：流管变细的地方，流速加大，压力变小；反之，流管变粗的地方，流速减小，压力变大。

3.3　翼　型

3.3.1　翼型概述

航空先驱们是从研究鸟的飞行原理开始学习飞翔的。人们发现，鸟的翅膀在飞行时羽毛能够展开，并且翅膀下面是内凹的，上方是凸起的。1903年莱特兄弟研制的有人动力飞机，1908年昂利·法尔门操纵的巴然·法尔门飞机都是双翼机，机翼也都是蒙皮的，并且具有薄的带有正弯度的翼型，它们都很像鸟翼的截面。现在所研制的飞机的机翼基本上也是这种截面，都具有一定的向上凸起弧度。

机翼横截面的轮廓叫作翼型。截面的取法有的和飞机对称平面平行，有的垂直于机翼横梁，如图3.8所示。直升机的旋翼和螺旋桨叶片的截面也叫作翼型。

图 3.8　翼型与机翼的剖面

3.3.2 翼型的组成

翼型各部分的名称如图3.9所示。一般翼型的前端圆钝，后端尖锐，下表面较平，呈鱼侧形。前端点叫作前缘，后端点叫作后缘，两端点之间的连线叫作翼弦，它是翼型的一条基准线。其中，影响翼型性能最大的是中弧线的形状、翼型的厚度分布。中弧线是翼型上弧线与下弧线的内切圆圆心的连线。

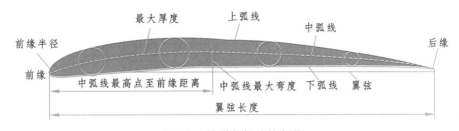

图 3.9 翼型各部分的名称

翼型的前缘半径决定了翼型前部的"尖"或"钝"，前缘半径小，在大迎角下气流容易分离，使飞行器的稳定性变坏；前缘半径大，对稳定性有好处，但阻力又会增加。

如果中弧线是一条直线，与翼弦重合，即表示这翼型上表面与下表面的弯曲情况完全一样，这种翼型成为对称翼型。普通翼型的中弧线总是弯的，S翼型的中弧线是横放的S形。

翼型的厚度、中弧线的弯曲、翼型最高点在什么地方等通常都是用翼弦长度的百分数来表示的。中弧线最大弯度用中弧线最高点到翼弦的距离来表示。中弧线最高点距翼弦的距离一般是翼弦长的4%～8%。中弧线最高点位置同机翼上表面边界的特性有很大关系。竞速模型采用的翼型最大厚度可以达翼弦的12%～18%。翼型最大厚度位置对机翼上表面边界层特性也有很大影响。

3.3.3 翼型的表示与分类

1. 翼型的表示

适合于模型飞机上使用的翼型现在已有百种以上，每种翼型的形状都各不相同。为了确切地表示出每种翼型的形状，现在都用外形坐标表示。如NACA2412第一个数字2代表中弧线最大弧高是2%，第二个数字4代表最大弧高在前缘算起40%的位置，第三、第四个数字12代表最大厚度是弦长的12%。又如NACA00因第一、第二个数字都是0，代表对称翼，最大厚度是弦长的10%。但要注意，每家公司翼型的命名方式都有不同，有些只是单纯的编号。

2. 翼型的分类

如图3.10所示，翼型一般分为以下几类。

平凸翼：也叫克拉克Y翼，下弧线为一条直线。还有很多其他平凸翼型，只是克拉克Y翼最有名，故把这类翼型都叫作克拉克Y翼。

凹凸翼：下弧线在翼弦线上，升力系数大，常见于早期飞机及牵引滑翔机，所有的鸟类除蜂鸟外都属于此类。

S型：中弧线呈平躺的S形。这种翼型因迎角改变时压力中心不变动，常用于无尾翼机。

对称翼：上下弧线均凸且对称。3D花样特技模型直升机的旋翼模型属于此类。

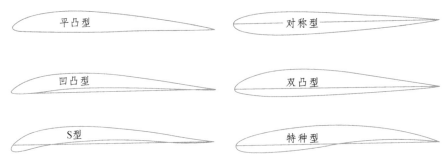

图 3.10　翼型的分类

双凸翼：也叫半对称翼，上下弧线均凸但不对称。有的 3D 花样特技模型直升机的旋翼模型属于此类。

特种翼：有最大厚度点在 60% 弦长处的"层流翼型"；有下表面后缘下弯以增大机翼升力的"弯后缘翼型"；有为了改善气流流过机翼尾部做成一块平板的"平板式后缘真型"；有头部比一般翼型多出一片薄片，作为扰流装置以改善翼型上表面边界层状态的"鸟嘴式前缘翼型"；有下表面是凸出部分以增加机翼刚度的"增强翼型"等。

以上只是一个粗略的分类，在观察一个翼型的时候，最重要的是找出它的中弧线，然后再看它中弧线两旁厚度分布的情形，中弧线的弯曲方式、弯曲程度大致决定了翼型的特性，弧线越弯，升力系数就越大。但一般来说仅用眼睛看是不准确的，克拉克翼中弧线就比很多凹翼还弯。

3.3.4　机翼的平面形状

当无人机在空中飞行时，作用在无人机上的升力主要由机翼产生，同时机翼上也会产生阻力。机翼上的空气动力的大小和方向，在很大程度上取决于机翼的外形，即机翼翼型（或翼剖面）几何形状、机翼平面几何形状等。

1. 机翼的形状

机翼的平面几何形状指机翼在水平面内投影的形状，常见的机翼形状有矩形、梯形、后掠、三角形等，如图 3.11 所示。

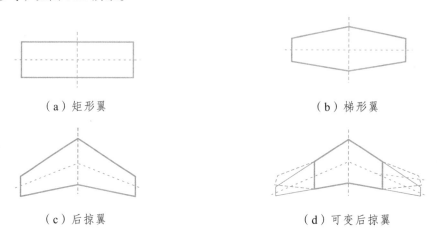

（a）矩形翼　　　　　　　　　　　　（b）梯形翼

（c）后掠翼　　　　　　　　　　　　（d）可变后掠翼

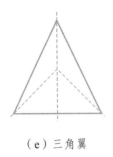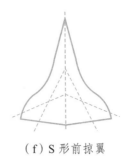

（e）三角翼 　　　　　　　　　　　　（f）S形前掠翼

图 3.11　几种机翼的平面形状

（1）矩形翼：机翼最开始的形状，但矩形机翼的升力分布不好，翼尖和翼根宽度（弦长）一样，产生的升力明显没有翼根大。

（2）梯形翼：矩形翼的改良版，提升了飞机速度。

（3）后掠翼：使得气流分为垂直于机翼前缘流动和沿前缘流动，相当于对速度进行了分解，延缓了激波的产生，能让飞机进一步提升速度，但容易出现翼尖失速、机翼扭转刚度差、副翼失效等问题。

（4）变后掠翼：变后掠翼兼顾了高速飞行和低速起降的需求，但也导致机翼旋转机构增加的重量过大。

（5）三角翼：有比后掠翼更长的弦长，增加了结构高度，机翼内部空间变大，更能装东西，也更能抗各种力，但最大升力系数小，降落比较困难，所以滑翔性能差。

（6）S形前掠翼：前缘为S形，机翼内侧大后掠，外侧小后掠，能在高速和低速的矛盾中寻找平衡。

如图 3.12 所示，表示机翼平面形状的主要几何参数有以下几种：

（1）机翼面积 S。机翼平面形状面积，是影响无人机性能的最重要的参数，一般来说，大的机翼面积能够产生大的升力。

（2）展长（翼展）L。机翼在 z 方向上的最大长度。

（3）弦长 $b(z)$。机翼展向剖面弦长，是展向位置 z 的函数，有代表性的弦长是根弦长 b_0（$z=0$）和尖弦长 b_1（$z=\pm1/2$）。

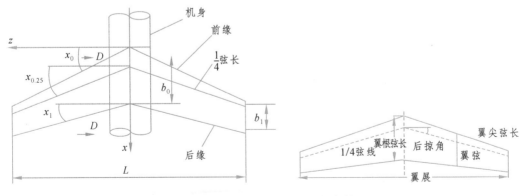

图 3.12　机翼平面形状的几何参数

（4）展弦比 λ。机翼翼展的平方与机翼面积之比 $\lambda=L^2/S$，或者翼展与机翼平均弦长的比值，

$\lambda=2L/(b_0+b_1)$。当机翼面积和 S_{wet}/S_{ref}（其中，S_{wet} 为机翼浸润面积，S_{ref} 为机翼参考面积）保持不变时，无人机的最大亚声速升阻比近似随着展弦比的平方根增加而增加，机翼的质量也大约以相同的因子随着展弦比的变化而变化。另外，小展弦比的机翼比大展弦比的机翼失速迎角大。

（5）根梢比 η。$\eta=b_0/b_1$，机翼的根梢比影响其沿展向的升力分布，当升力是椭圆形分布时，升致阻力或诱导阻力最小。

（6）后掠角 x。前缘、后缘、翼弦 1/4 点（或 1/2 点）连线与 z 轴的夹角分别为前缘后掠角 x_0、后缘后掠角 x_1，1/4（1/2 点）弦线后掠角 $x_{0.25}$。机翼的后掠角主要用于减缓超声速流的不利影响，可以改善无人机的稳定性。

2. 尾翼

无人机尾翼的主要功用是保证无人机的纵向（俯仰）和方向（偏航）的平衡，使无人机在纵向和横向两方面具有必要的稳定和操纵作用。

一般的尾翼包括水平尾翼（简称平尾）和垂直尾翼（简称垂尾或立尾）。通常低速无人机的尾翼分成可动的舵面和固定的安定面两部分，如图 3.13 所示。但是在超音速无人机飞行时，舵面的操纵效能大大降低，有时甚至能降低一半，要恢复尾翼的操纵能力，必须使整个尾翼都偏转，于是在高速无人机上就出现了全动尾翼。

图 3.13　尾翼的组成

由于无人机的功用、空气动力性能和受力情况的不同，尾翼有不同的布置型式，如图 3.14 所示。

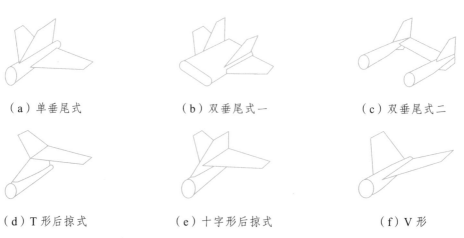

（a）单垂尾式　　　　（b）双垂尾式一　　　　（c）双垂尾式二

（d）T 形后掠式　　　　（e）十字形后掠式　　　　（f）V 形

图 3.14　不同形式的尾翼

3.4 飞行的升力

3.4.1 升力的产生

当气流迎面流过机翼的时候，机翼同气流方向平行。一股气流，由于机翼的插入，被分成上下两股。在翼剖面前缘附近，气流开始分为上下两股的那一点的气流速度为零，其静压力达到最大，这个点在空气动力学上称为驻点。对于上下弧面不对称的翼剖面来说，这个驻点通常是在翼剖面的下表面。在驻点处气流分叉后，上面的那股气流不得不绕过前缘，所以它需要以更快的速度流过上表面。由于机翼上表面拱起，使上方那股气流的通道变窄，机翼上方的气流截面要比机翼前方的气流截面小，流线比较密，所以机翼上方的气流速度大于机翼前方的气流速度；而机翼下方是平的，机翼下方的流线疏密程度几乎没有变化，所以机翼下方的气流速度和机翼前方基本相同。通过机翼以后，气流在后缘又重新合成一股。根据气流连续性原理和伯努利定理可以得知，机翼下表面受到向上的压力比机翼上表面受到向下的压力要大，这个压力就是机翼产生的升力，如图3.15所示。

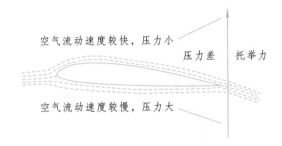

空气流动速度较快，压力小　　压力差　托举力

空气流动速度较慢，压力大

图 3.15　升力的产生

机翼上部空气气流速度较快，静压力较小，机翼下部空气流动速度较慢，静压力较大（见图3.16），这个压力差使机翼被往上推，飞机就飞起来了。

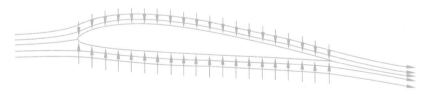

图 3.16　机翼上下两面受力

3.4.2 升力的计算

一般采用式（3.5）计算升力：

$$Y = \frac{1}{2}C_y \rho v^2 S \qquad\qquad (3.5)$$

式中　Y——机翼的升力，N；

ρ——空气密度，在海平面或低空飞行的情况下，ρ 近似取 1.225 kg/m³；

v——机翼同气流的相对速度，m/s；

S ——机翼面积，m^2；

C_y ——升力系数，同机翼的翼剖面形状、机翼的迎角 α 等因素有关。它的数值用试验法求出，计算时可以从升力系数曲线中查到（见图 3.17）。

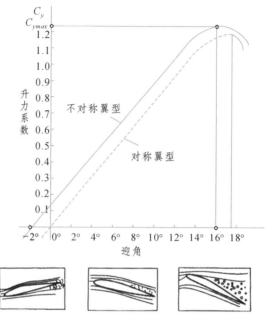

图 3.17　升力系数曲线

必须指出，伯努利定理和以上计算升力的公式，只有对完全没有黏性的流体来说才比较准确。事实上，空气也是有黏性的，由于黏性的作用，机翼的升力会受到影响，飞机飞行不仅会产生升力，而且会产生阻力。

所谓迎角，就是相对气流与翼弦所成的角度，用 α 表示。翼弦是指翼型前缘与后缘连成的直线。一般上下不对称的翼型在迎角等于 0° 时，仍然产生一定的升力，因此升力系数在 0° 迎角时不为零，只有到负迎角时才使升力系数为零。对称翼型在 0° 迎角时不产生升力，升力系数为 0。升力系数为零的迎角就是无升力迎角（α_0）。从这个迎角开始，迎角与升力系数成正比，升力系数曲线为一根向上斜的直线。当迎角加大到一定程度以后，如图 3.12 中 16°时升力系数开始下降。升力系数达到最大值的迎角称为临界迎角。这时的升力系数称为最大升力系数，用符号 C_{ymax} 表示。飞机飞行时，如果迎角超过临界迎角，便会因为升力突然减少而下坠，这种情况称为失速。迎角与无升力迎角，如图 3.18 所示。

图 3.18　迎角与无升力迎角

3.5 飞行的阻力与失速

飞机在空气中飞行，机翼上不仅有升力产生，同时还会由于空气的黏性而产生阻力。

3.5.1 无人机飞行外界环境

1. 空 气

空气具有黏性。用两个非常接近，但又没有接触的圆盘做实验，其中一个用电动机带动，使它高速旋转，如图 3.19 所示。另一个用线吊起来，经过一段时间以后，那个用线吊起来的圆盘也会慢慢地旋转起来，这个实验可以证实空气是有黏性的。

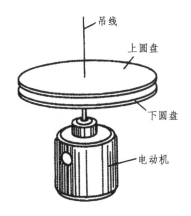

图 3.19　空气的黏性实验

2. 边界层

由于空气黏性的影响，当空气流过物体表面的时候，贴近物体表面的空气质点黏附在物体表面上，它们的运动速度为零，随着与物体表面距离的增加，空气质点的速度也逐渐增大，远到一定的距离后，空气黏性的作用就不那么明显了。这一薄层空气叫作边界层或附面层，在模型飞机机翼表面，边界层厚 2~3 mm，在边界层内，如果空气流动是一层一层有规律的，叫作层流边界层；如果空气流动是杂乱无章的，叫作紊流边界层，如图 3.20 所示。

层流边界层空气质点的流动可以认为是一层一层的，各层的空气都以一定的速度在流动，层与层之间的空气质点不会互相乱窜，所以在层流边界层空气黏性所产生的影响也较小。而在紊流边界层，空气质点的运动规律正好与层流边界层相反，靠近最上面的那层速度比较大的空气质点可能会跑到下面速度比较慢的地方，而下面的质点也会跑到上面。

边界层内空气质点流动的这些规律，也反映在这两种边界层内速度变化方面。虽然这两种边界层在最靠近物体的那一点气流速度都是零，即相当于空气"黏"在物体表面一样。但是在边界层内部的速度变化规律是不同的。如图 3.20 所示，层流边界层内部的速度变化比较明显；而紊流边界层除了十分贴近物体表面的范围外，在其他地方速度变化并不大，所以紊流边界层内的空气质点具有的动能也比较大。当物体表面上形成紊流边界层时，空气质点的运动就很不容易停顿下来，层流边界层则相反。

了解到边界层内空气质点运动速度的变化情况，那么边界层内的压强有没有变化呢？要注意，前面讲过的伯努利定理在边界层内已不再适用。因为伯努利定理中假定气流在通道中的能量是不变的，而在边界层中，由于黏性的影响消耗了空气质点的一部分动能，在物体表面，由于黏性影响最大，空气质点的动能消耗殆尽。研究表明，尽管沿着边界层厚度方向空气质点的速度不同，但它们的静压却是相同的。

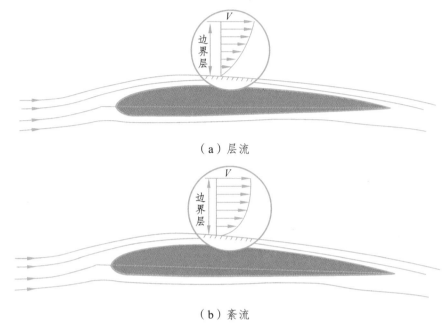

（a）层流

（b）紊流

图 3.20　层流和紊流

3. 边界层影响因素

空气流过物体表面时，什么时候会产生层流边界层或者紊流边界层呢？产生不同边界层与哪些因素有关呢？

气流在刚开始作用于物体时，在物体表面所形成的边界层是比较薄的，边界层内空气质点的流动也比较有层次，所以一般是层流边界层。空气质点流过的物体表面越长，边界层也越厚，这时边界层内的空气质点流动便开始混乱起来了。由于气流流过物体表面受到扰乱（不管物体表面多么光滑，对于空气质点来说，还是很粗糙的），所以空气质点的活动变得越来越活跃，边界层内的气流不再很有层次，边界层内的空气质点互相窜动、互相影响，物体表面的边界层也就变成了紊流边界层。

决定物体表面边界层到底是层流还是紊流，主要根据 5 个因素：①气流的相对速度；②气流流过的物体表面长度；③空气的黏性和密度；④气流本身的紊乱程度；⑤物体表面的光滑程度和形状。

气流的流速越大，流过物体表面的距离越长，或空气的密度越大（即单位体积的空气分子越多），层流边界层便越容易变成紊流边界层。相反，如果气体的黏性越小，流动起来便越稳定，越不容易变成紊流边界层。在考虑层流边界层是否会变成紊流边界层时，这些相关的因素都要估计在内。

4. 雷诺数

空气同物体的相对速度 v 越大，空气流过物体表面的距离 l（模型飞机的翼弦长）越长，空气的密度（ρ）越大，层流边界层就越容易变成紊流边界层。这三个因素相乘后除以空气的黏性系数 μ，比值就叫作雷诺数，用 Re 表示。

$$Re = \frac{\rho v l}{\mu} \qquad (3.6)$$

式中，v 的单位是 m/s；l 的单位是 m；ρ 近似取值 $1.225\ \text{kg/m}^3$；$\mu=1.81\times10^{-5}\ \text{Pa}\cdot\text{s}$。

在空气动力学上，将层流边界层变成紊流边界层的雷诺数，称为临界雷诺数。如果空气流过物体时的雷诺数小于临界雷诺数，那么在物体表面形成的边界层都是层流边界层；如果空气流过同一物体时的雷诺数超过临界雷诺数，那么在这个物体表面的层流边界层就开始变成紊流边界层。因此，临界雷诺数表示流体从层流向紊流过渡的转折点。一般模型飞机机翼翼型的临界雷诺数大约是 50 000。

必须指出，气温对空气黏性的影响比较大，加之模型飞机的飞行雷诺数本来就不大，所以气温对模型飞机的雷诺数的影响就显得更加严重。图 3.21 所示为雷诺数随气温变化情况，横坐标为气温，气温的单位为摄氏度。

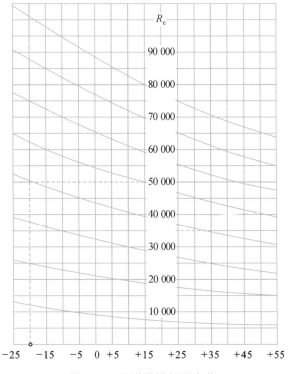

图 3.21　雷诺数随气温变化

做模型的风洞实验时，如果能使模型实验的雷诺数与实际飞行的雷诺数相等，那么仅就空气黏性这个因素而言，模型流场的流型与实物流场便相似了。这是流体力学的相似法之一。

3.5.2　阻力的产生

只要物体同空气有相对运动，必然有空气阻力作用在物体上。作用在模型飞机上的阻力主要有摩擦阻力、压差阻力、诱导阻力及干扰阻力。

1. 摩擦阻力

当空气流过机翼表面的时候，由于空气的黏性作用，在空气和机翼表面之间会产生摩擦阻力。如果机翼表面的边界层是层流边界层，那么空气黏性所引起的摩擦阻力比较小；如果机翼表面的边界层是紊流边界层，那么空气黏性所引起的摩擦阻力就比较大。摩擦阻力的大小和黏性影响的大小、物体表面的光滑程度及物体与空气接触面积（称为浸润面积）等因素有关。模型飞机暴露在空气中的面积越大，摩擦阻力也越大。

为了减少摩擦阻力，可以减少模型飞机同空气的接触面积，也可以把模型表面做得光滑些，使表面产生层流层。但不是越光滑越好，因为表面太光滑，容易引起层流边界层，在模型飞机的低雷诺数条件下，层流边界层的气流容易分离，会使压差阻力大大增加。

2. 压差阻力

一块平板，平行于气流运动阻力比较小，垂直于气流运动阻力比较大，如图 3.22 所示。因为这种阻力是由于平板前后存在压力差而引起的，所以将其称为压差阻力。如果进行进一步的研究，可以看到，产生这个压力差的根本原因还是由于空气的黏性。

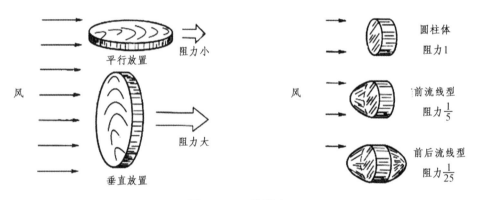

图 3.22　压差阻力

以圆球为例，当空气流动时，假设空气没有黏性，则圆球前后、上下的压力分布分别相同，所以既没有上下方向的压力差——升力，也没有前后方向的压力差——压差阻力，如图 3.23（a）所示。当空气有黏性时，气流流过圆球表面会损失一些能量，使得在圆球的前端——驻点处分叉成上下两股的气流，在绕过圆球后，不能在圆球后端再汇合在一起向后平滑地流去，于是产生气流分离的现象，如图 3.23（b）所示。

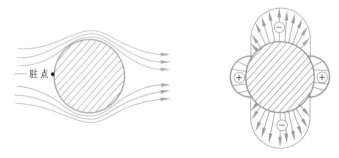

（a）没有黏性

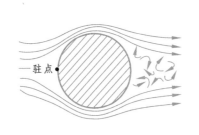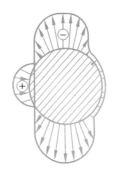

（b）有黏性

图 3.23　驻点与黏度对气流的影响

压差阻力与物体的形状、物体在气流中的姿态及物体的最大迎风面积等有关，其中最主要的是同物体的形状有关。如果在那块垂直于气流的平板前面和后面都加上尖球形的罩，成为流线型。它的压差阻力就可以大大减少，有时可以减少 80%。所以，一般模型飞机的部件都采用流线型的。

压差阻力还与物体表面的边界层状态有很大的关系。如果边界层是层流的，边界层内的空气质点动能较小，受到影响后容易停下来，这样气流就比较容易分离，尾流区的范围就比较大，压差阻力也就很大，如图 3.24（a）所示。如果边界层是紊流的，那么由于边界层内空气质点的动能比较大，所以气流流动时就不太容易停下来，使气流分离得比较晚，尾流区就比较小，压差阻力也就比较小。所以从减少压差阻力的观点看，边界层最好是紊流的，如图 3.24（b）所示。

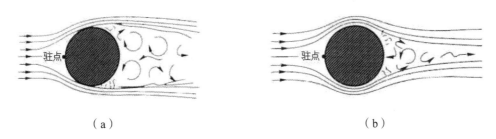

（a）　　　　　　　　　　　　　　（b）

图 3.24　物体表面状态对气流的影响

在通常情况下，机翼的阻力主要是压差阻力和摩擦阻力。两者之和几乎是总的阻力，叫作翼形阻力。计算机翼阻力的公式如式（3.7）：

$$X = \frac{1}{2} Cx \rho v^2 S \tag{3.7}$$

式中　X——翼形阻力；

　　　C_x——阻力系数；

　　　ρ——空气密度；

　　　v——空气流动速度；

　　　S——物体的最大迎风面积。

对于流线型物体，如模型飞机的机身，摩擦阻力占总阻力的大部分，而对于非流线型的物体，如平板、圆球等，压差阻力在总阻力中占主要成分。这两种阻力在总阻力中所占的比例随物体形状的不同而有所变化。

3. 诱导阻力

在机翼的两端，机翼下表面空气流速小而压力大，压力大的气流就会绕过翼尖，向机翼上表面的低压区流动，于是在翼端形成一股涡流，如图3.25所示。它改变了翼端附近流经机翼的气流方向，引起了附加的阻力。因为它是升力诱导出来的，所以叫作诱导阻力。升力越大，诱导阻力也越大。当机翼升力为0时，这种阻力也减少到0，所以又称为升致阻力。减小诱导阻力的方法是增大展弦比。一般把机翼两翼端之间的距离叫作翼展。不论机翼的平面形状如何，是长方形的还是后掠形的，两翼尖端的最远距离就是翼展。翼展同翼弦的比叫作展弦比，如果机翼又细又长，则它的展弦比大，对应的诱导阻力相对较小。

另外，还可以把机翼形状做成梯形或椭圆形，这两种形状机翼的诱导阻力比矩形机翼的诱导阻力小。

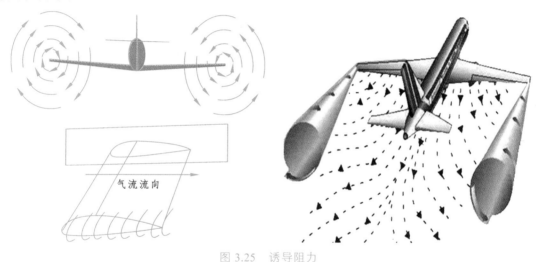

气流流向

图3.25　诱导阻力

4. 干扰阻力

对于整架模型飞机来说，产生升力的除机翼外，还有尾翼；产生阻力的除机翼外，还有机身、尾翼、起落架、发动机等部分。另外，飞机各个部件之间的相互衔接处也会产生附加阻力。整架飞机阻力与单独部件阻力总和之间的差值称为干扰阻力，如图3.26所示。

附加阻力

图3.26　干扰阻力

例如，在机翼与机身连接处气流容易发生分离，产生很大的干扰阻力，如果在翼身连接处加整流包皮，使二者的表面圆滑过渡，就可以避免分离，这部分的干扰阻力也就大大减少。

一般情况下，整架飞机的阻力要比各个部件阻力的总和大。但个别设计得好的飞机，其整机阻力甚至有可能比各部件阻力的总和还小。前一种情况称为不利干扰，干扰阻力为正值；后一种情况称为有利干扰，干扰阻力是负值。

这些干扰大致可以分为涡流干扰、尾流干扰和压力干扰三种。

1）涡流干扰

涡流干扰是指产生升力的物体对它后面部件的影响。例如，螺旋桨滑流对滑流区域内部件的影响。由于涡流干扰的干扰源是产生升力的物体，所以它可以认为是一种升力干扰。升力干扰一般表现为不利干扰。但有时会表现为有利干扰。

小常识：成群的大雁在飞行时常常编成人字形或者斜一字形，领队的大雁排在最前头，幼弱的小雁则在最外侧或最末尾。后面一只雁的翅膀正好处在前只雁翅膀所形成的翼尖涡流中（这种涡流与诱导阻力所提到的翼尖涡流类似），由于涡流呈螺旋形，它对于后面那只大雁的影响恰与诱导阻力的作用相反，能够产生助推的作用。因此，领队的大雁的体力消耗比较大，通常都由成年的强壮大雁担当。

2）尾流干扰

任何突出在飞机表面上的物体或多或少地都有形状阻力，也就是压差阻力。压差阻力与物体后面的尾流区有关，这种尾流区不仅给这个物体本身带来压差阻力，而且尾流还会顺流而下影响它后面物体的气流流动情况。由于尾流与压差阻力是密切相关的，所以这种干扰也可称为阻力干扰。很显然，阻力干扰总是一种不利干扰。

3）压力干扰

气流流过物体时，物体表面会受到空气压力，这种压力分布与物体形状密切相关。所以在飞行中，飞机部件表面的压力分布是各不相同的。在飞机上任何两个相互连接的部件（如机身与机翼、机身与尾翼等）的结合处，不同部件的压力分布会互相影响，从而影响部件结合处附近的气流状态，严重的还会导致气流分离。

一般模型飞机，水平尾翼产生的升力只有机翼的5%左右，可以忽略不计。整架飞机的阻力可以通过把各部分的阻力系数综合成一个总的阻力系数，是考虑诱导阻力和由于干扰造成的附加阻力而估算出来。由于估算不是十分准确，所以还需要通过试飞才能确定下来。应尽量改善模型飞机各部件之间的配置，争取把这种干扰影响减到最小。

3.5.3　升阻比

评价一架飞机或者一片机翼的好坏，不能只看升力有多大，还要看它的阻力有多大，升力大、阻力小，才是好的。为此，引入"升阻比"这个概念，升阻比用 K 表示，它是升力 Y 同阻力 X 的比。

$$K = \frac{Y}{X} \tag{3.8}$$

对于一个机翼来说，升阻比还可以表示为升力系数同阻力系数的比。

$$K = \frac{Y}{X} = \frac{C_y \left(\frac{1}{2}\rho v^2 S\right)}{C_x \left(\frac{1}{2}\rho v^2 S\right)} = \frac{C_y}{C_x} \tag{3.9}$$

飞机的机翼，其弧线在一定范围内，弯度越大，升阻比越大，但超过这个范围，阻力增加很快，升阻比反而下降。

3.5.4 失 速

在机翼迎角较小的范围内，升力随着迎角的加大而增加，但当迎角加大到某定值时，升力就不再增加了，这时的迎角为临界迎角。超过临界迎角后，迎角再加大，阻力增加，升力反而减小，就产生了失速现象。图 3.27 所示为失速前后流经翼面的气流变化情况。

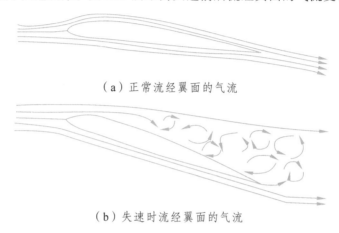

（a）正常流经翼面的气流

（b）失速时流经翼面的气流

图 3.27 失速前后流经翼面的气流变化情况

1. 失速的原因

产生失速的原因是迎角的增加，机翼上表面从前缘到最高点压强减小和从最高点到后缘压强增大的情况更加突出。空气在向后流动的过程中，边界层内空气质点的流速将随着气流减速而开始减慢，加上黏性的影响，又会在机翼上表面附近消耗部分动能，而且越靠近机翼表面动能消耗得越多。这样流动的结果是边界层内最靠近机翼表面的那部分空气质点在到达后缘之前就已经流不动了。特别是超过临界迎角后，气流在流过机翼最高点的不远处就从机翼表面上分离了。于是外面的气流为了填补"真空"，发生反流现象，边界层外的气流也不再按照机翼上表面形状流动。在这些气流与机翼上表面之间，气体打转形成漩涡，翼面向后流动，在翼面后半部分产生很大的涡流，造成阻力增大，升力减小。边界层内空气质点刚开始停止运动，并出现反流现象的这个点，称为分离点。

研究表明，任何一种机翼翼型，如果其他条件相同，对于某一个给定的雷诺数，都存在一个对应的边界层内空气质点能克服的高压、低压的差值。这种压力差可以形象地用一个把机翼迎角和翼型几何形状都综合在一起的机翼上表面的最高点与后缘之间的垂直距离来表示，称为"可克服高度"。如果不超过这个"可克服高度"，空气质点具有足够的动能来克服高压、低压的差值，所以不会向边界层分离。但如果机翼迎角超过了允许的极限值，就会出现气流分离。例如在图 3.28 中，迎角从原来的 5°增加到 6.5°，"应克服高度"超过了"可克服高度"，就会出现气流分离。当然，如果迎角不是很大，"应克服高度"与"可克服高度"的差别不是很大，那么边界层内空气质点向后流动不会很困难，只是在接近后缘的机翼上表面附近气流才开始分离。气流在这个时候分离对升力和阻力的影响都不大。

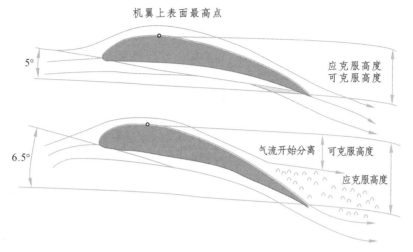

机翼上表面最高点

5°

应克服高度
可克服高度

6.5°

气流开始分离 | 可克服高度

应克服高度

图 3.28 可克服高度和应克服高度

当机翼迎角逐步增大时，情况便不同了。这是由于"应克服高度"与"可克服高度"差值变大，边界层内的空气质点流过机翼上表面最高点不远便开始分离，使机翼上表面充满涡旋，升力大为减少，而阻力迅速增加。

很显然，为了减少气流分离的影响，提高飞机的临界迎角，我们希望尽可能增加"可克服高度"，从物理意义上讲，就是要尽可能地使机翼上表面边界层的空气质点具有比较大的动能，以便能够顺利地流向机翼后缘的高压区。

模型飞机出现失速的现象，比真飞机更普遍。因为模型飞机机翼的临界迎角比真飞机小，加上模型飞机的重量比较轻，飞行速度也比较低，在飞行中稍微受到一些扰动（如上升气流），便会使飞机迎角接近或者超过临界迎角而引起失速。

2. 推迟失速产生的办法

要推迟失速的产生，就要想办法使气流晚些从机翼上分离。机翼表面如果是层流边界层，气流比较容易分离；如果是紊流边界层，气流比较难分离。也就是说，为了推迟失速，在机翼表面要造成紊流边界层。一般来说，使雷诺数增大，机翼表面的层流边界层容易变成紊流边界层。提高模型飞机的飞行速度和机翼弦长可以提高模型飞机的飞行雷诺数，但是模型飞机的速度一般很低，翼弦很小，所以雷诺数不可能增加很大。模型飞机飞行时，机翼的雷诺数有可能与翼型的临界雷诺数接近。很多时候，只要把翼弦稍微加长一点，使雷诺数正好比临界雷诺数大，便可以使性能提高很多。

实际上，设计模型飞机时都会设法在失速前使机翼抖动及操纵杆振动，或者在机翼上安装气流分离警告器，以警告驾驶员飞机即将失速。失速前，模型飞机一般都没什么征兆，初学降落可能因进场时做了太多的修正，耗掉了太多速度，飞机一下子就摔下来。

1）人工扰流

人们发现通过人工扰流，也可以使层流边界层变成紊流边界层。具体的做法如图 3.29 所示，在机翼上表面前缘部分贴上细砂纸或粘上细锯末[见图 3.29（a）]；也可以在机翼上表面近前缘部分粘上一条细木条或粗的扰流线[见图 3.29（b）]；或者在机翼翼展前缘部分每隔一定距离垂直地开一排扰流孔[见图 3.29（c）]；也可以在前缘前面开一根有弹性的扰流线[见图

3.29（d）]；或者在前缘贴上虚线状的扰流器[见图 3.29（e）]；以及在前缘粘上锯齿形的扰流器[见图 3.29（f）]。

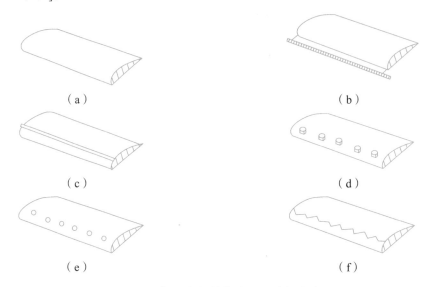

图 3.29　机翼上加装扰流器以避免失速

2）控制展弦比

从雷诺数的观点来看，机翼越宽、速度越快则越好。但短而宽的机翼诱导阻力会消耗掉大部分的功率，虽然诱导阻力是与速度平方成反比的。理论上讲，如果飞得不够快，诱导阻力就不是问题了，但是随着速度变快，压差阻力也会与速度平方成正比地增大；还有飞机在降落时考虑跑道长度、安全性等，真机还有轮胎的磨耗，我们需要一个合理的降落速度。火箭、导弹飞得很快而且不用考虑降落，所以展弦比都很低，而飞机则要有适合的展弦比。一般适合的展弦比为 5～7，超过 8 要特别注意机翼的结构，滑翔机实机的展弦比有些高达 30 以上，还曾经出现过套筒式的机翼，翼展可视需要伸长或缩短。

摩擦阻力、压差阻力与速度的平方成正比，速度越大阻力越大，诱导阻力则与速度的平方成反比，所以高速飞机一般不考虑诱导阻力，故其展弦比低。滑翔机速度慢，常通过提高展弦比来降低诱导阻力；同时，滑翔机没有动力，采取高展弦比以降低阻力是唯一的方法。展弦比高的机翼一般翼弦都比较窄，雷诺数小，所以要仔细选择翼型，避免过早失速。另外，高展弦比代表滚动的转动惯量大，所以不要做出滚转的特技。高展弦比还有一个特性：迎角增加时升力系数的增加会比低展弦比快，低展弦比机翼升力系数在迎角更大时才到最大值，因此高展弦比的滑翔机并不需要大尾翼就可以操纵升降。

3）控制翼面负载

失速也与翼面负载有很大关系。翼面负载就是主翼每单位面积所分担的质量，这是评估一架飞机性能很重要的指标。模型飞机采用翼面负载的单位是克/平方分米（g/dm^2）实际的单位则是牛顿/平方米（N/dm^2）。翼面负载越大，就是相同翼面积要负担更大的质量，如果买飞机套件，大部分翼面负载都标示在设计图上。计算翼面负载很简单，把飞机（全配质量不加油）称重，再把翼面积计算出来（一般为简化计算，与机身结合部分仍算在内），两者相除就得出了翼面负载。例如，一架 30 级练习机重 1 700 g，主翼面积 30 dm^2，则翼面负载为 56.7 g/dm^2。

练习机翼面负载一般为 50 ~ 70 g/dm²，特技机翼面负载为 60 ~ 90 g/dm²，热气流滑翔机翼面负载为 30 ~ 50 g/dm²，真机翼面负载在 110 g/dm² 以内，牵引滑翔机翼面负载为 12 ~ 15 g/dm²。总体来说，翼面负载太大时，飞机起飞滑行时加速缓慢；起飞后，飞行转弯时不要减速太多（弯要转大一点），否则很容易失速，降落速度快，滑行一大段距离才停得住。

4）减少诱导阻力

翼端是诸多问题的根源。翼前端有点后掠的飞机，因几何形状的关系，翼前缘的气流不但往后走而且往外流，使翼端气流更复杂，于是设计者采用各式各样的方法来减小诱导阻力，常用以下 5 种方法。

（1）圆弧截面翼端。从翼端剖面上看，把翼端整成圆弧状（见图 3.30）以增加气流流动路径，这是模型飞机最常用的方式。

图 3.30　圆弧截面翼端

（2）三角截面翼端。从翼端剖面上看，把翼端整成后掠的三角（见图 3.31），希望涡流尽量远离翼端。

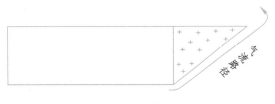

图 3.31　三角截面翼端

（3）梭形附加翼端。把翼端装上油箱或电子战装备，顺便隔离气流，不让它往上翻，一举两得。

（4）倾斜小翼。这是目前最流行的做法。大部分小翼是往上伸，但也有些是往下伸的，实机的小翼很明显，飞行时看得非常清楚。小翼的作用除了隔离翼端上下的空气以减少诱导阻力外，因安装的角度关系还可提供一些向前的力。

（5）分叉翼端。老鹰的翼端是分叉的，滑翔中的老鹰，翼端的羽毛几乎没有扰动，可见这种翼端的效率非常高。分叉翼端原理同此。

3.6　无人机的稳定性

无人机的稳定性是指无人机受到小扰动（包括阵风扰动和操控扰动）后，偏离原平衡状态，并在扰动消失后自动恢复原平衡状态的特性。如果能恢复，则说明无人机是稳定的；否则，说明无人机是不稳定的。

3.6.1 纵向稳定性

纵向稳定性指无人机绕横轴的稳定性。当无人机处于平衡状态时，如果有一个小的外力干扰，使它的迎角变大或变小，无人机抬头或低头，绕横轴上下摇摆（也称为俯仰运动）；当外力消除后，操纵人员如果不进行干预，仅靠无人机本身产生一个力矩，使它恢复到原来的平衡飞行状态，则这架无人机是纵向稳定的。如果无人机不能靠自身恢复到原来的状态，称为纵向不稳定；如果无人机既不恢复，也不远离，总是上下摇摆，就称为纵向中立稳定，如图 3.32 所示。

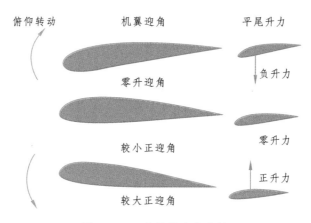

图 3.32　无人机纵向稳定性

无人机的纵向稳定性也称俯仰稳定性，其由无人机中心在焦点（无人机迎角改变时附加升力的着力点称为焦点）之前来保证。影响无人机纵向稳定性的主要因素是无人机的水平尾翼和无人机的重心位置，如图 3.33 所示。

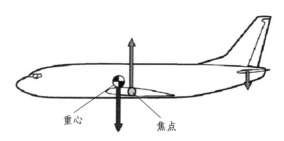

图 3.33　无人机的焦点与重心

1. 水平尾翼对无人机纵向稳定性的影响

当无人机以一定的迎角做稳定的飞行时，如果阵风从下吹向机头，使无人机机翼的迎角增大，无人机抬头。阵风消失后，由于惯性的作用，无人机仍要沿原来的方向向前冲一段路程。这时由于水平尾翼的迎角也跟着增大，从而产生了一个低头力矩。无人机在这个低头力矩作用下，使机头下沉。经过短时间的上下摇摆，无人机就可恢复到原来的飞行状态。同样，如果阵风从上吹向机头，使机头下沉，无人机迎角减小，水平尾翼的迎角也跟着减小。这时水平尾翼上产生 2 个抬头力矩，使无人机抬头，经过短时间的上下摇摆，也可使无人机恢复到原来的飞行状态。

2. 重心位置对无人机纵向稳定性的影响

重心靠后的无人机，其纵向稳定性要比重心靠前的差。其原因是重心与焦点距离小，迎角改变时产生的附加力矩就小。对于重心靠后的无人机，当无人机受扰动而增大迎角时，机翼产生的附加升力使机头上仰，迎角进一步增大，形成不稳定力矩。这时主要靠水平尾翼的附加升力，使机头下俯，迎角减小，保证无人机的纵向稳定性。

3.6.2　方向稳定性

无人机的方向稳定性是指无人机绕垂直轴的稳定性，如图 3.34 所示。

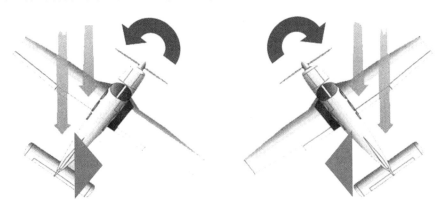

图 3.34　无人机绕垂直轴的稳定性

无人机的方向稳定力矩是在侧滑中产生的。所谓侧滑，是指无人机的对称面与相对气流方向不一致的飞行，它是一种既向前方又向侧方的运动。

无人机侧滑时，空气从无人机侧方吹来，相对气流方向与无人机对称面之间的夹角称为侧滑角，也称偏航角。

对无人机方向稳定性影响最大的是垂直尾翼。另外，无人机机身的侧面迎风面积也起相当大的作用，其他如机翼的后掠角、发动机短舱等也有一定的影响。

当无人机稳定飞行时，不存在偏航角，处于平衡状态。如果有一阵风突然吹来，使机头向右偏（此时，相对气流从左前方吹来，称为左侧滑），便有了偏航角。阵风消除后，由于惯性作用，无人机仍然保持原来的方向向前飞一段路程。这时，风吹到偏斜的垂直尾翼上，产生了一个向右的附加力。这个力便绕无人机重心产生了一个向左的恢复力矩，使机头向左偏转。经过短时间的摇摆，消除偏航角，无人机恢复到原来的平衡飞行状态。

同样，当无人机出现右侧侧滑时，就形成使无人机向右偏转的方向稳定力矩。可见，只要有侧滑，无人机就会产生稳定力矩。而方向稳定力矩总是要使无人机消除偏航角。

3.6.3　侧向稳定性

无人机的侧向稳定性是指无人机绕纵轴的稳定性。

处于稳定飞行状态的无人机，如果有一个小的外力干扰，使机翼一边高一边低，无人机绕纵轴发生侧倾。当外力取消后，无人机靠本身产生一个恢复力矩，自动恢复到原来飞行状态，这架无人机就是侧向稳定的，否则就是侧向不稳定的。保证无人机侧向稳定性的因素主要有机翼的上反角和后掠角。

1. 上反角的侧向稳定性作用

上反角是机翼基准面和水平面的夹角，如图 3.35 所示。当无人机稳定飞行时，如果有一阵风吹到无人机左翼上，使左翼抬起，右翼下沉，无人机绕纵轴发生侧倾。无人机向右下方滑过去，这种飞行动作就是"侧滑"，侧滑受力如图 3.36 所示。

图 3.35　上反角示意图

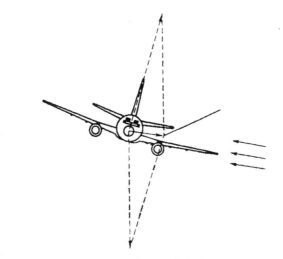

图 3.36　侧滑受力示意图

无人机侧滑后，相对气流从与侧滑相反的方向吹来。吹到机翼上后，由于机翼上反角的作用，相对风速与下沉的那只机翼之间所形成的迎角，要大于上扬的那只机翼的迎角。

因此，前者产生的升力也大于后者。这两个升力之差，对无人机重心产生了一个恢复力矩，经过短时间的左右倾侧摇摆，就会使无人机恢复到原来的飞行状态。上反角越大，无人机的侧向稳定性就越好。现代无人机机翼的上反角为-10°～+7°，负上反角就是下反角起到侧向不稳定的作用。

2. 后掠角的侧向稳定作用

后掠角是指机翼平均气动弦长连线自翼根到翼尖向后倾斜的角度，如图 3.37 所示。一架后掠角机翼的无人机原来处于稳定飞行状态，当阵风从下向上吹到左机翼上时，破坏了稳定飞行，无人机左机翼上扬，右机翼下沉，机翼侧倾，无人机便发生侧滑，侧滑受力简图如图3.38 所示。

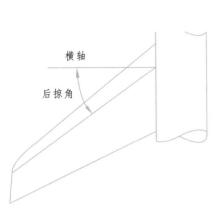

图 3.37　后掠角示意图

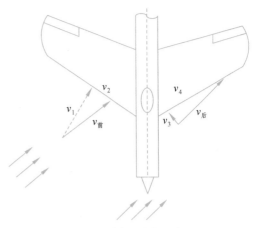

图 3.38　侧滑受力示意图

　　阵风消除后，无人机沿侧滑方向飞行。这时沿侧滑方向吹来的相对气流，吹到两边翼上。作用到两边机翼上的相对风速虽然相同，但由于后掠角的存在，作用至前面的机翼的垂直分速大于作用到落后的那只机翼上的垂直分速。所以下沉的那只机翼上的升力要大于上扬的机翼上的升力，二者之差构成恢复力矩，它正好使机翼向原来的位置转过去。这样经过短时间的摇摆，无人机最后恢复到原来的稳定飞行状态。

　　机翼的后掠角越大，恢复力矩也越大，侧向稳定的作用也就越强。如果后掠角太大，就可能导致侧向过分稳定，因而采用下反角就成为必要的了。

3. 影响侧向稳定性的其他因素

　　保证无人机的侧向稳定作用，除了机翼上反角和后掠角两项重要因素外，还有机翼和机身的相对位置。上单翼起侧向稳定作用，而下单翼则起侧向不稳定的作用，如图 3.39 和图 3.40 所示。此外，无人机的展弦比和垂直尾翼对侧向稳定性也有一定的影响。

　　无人机的侧向稳定性和方向稳定性是紧密联系并互为影响的，二者合起来称为无人机的"横侧稳定性"。二者必须适当地配合，过分稳定和过分不稳定都对飞行不利。同时，若二者配合不好，会使无人机陷入不利的飞行状态。

图 3.39　上单翼无人机

图 3.40　下单翼无人机

【习题与思考】

1. 在空气动力学中，什么是相对性原理？什么是连续性原理？简述伯努利定理。
2. 无人机翼型的组成有哪些？翼型的类型有哪些？
3. 无人机的升力如何产生？
4. 无人机的阻力有哪些？在什么情况下，会导致无人机失速？
5. 无人机的压力中心与重心在什么位置？

第 4 章　无人机航空摄影安全作业与操控

知识目标

理解无人机航空摄影安全作业基本要求、作业流程与注意事项。

技能目标

无人机模拟器的训练，固定翼和多旋翼无人机的准备与操控。

4.1　无人机航空摄影安全作业及基本要求

4.1.1　飞行安全的定义

飞行安全是指航空器在运行过程中，不出现由于运行失当或外来原因而造成航空器上人员或者航空器损坏的事件。事实上，由于航空器的设计、制造与维护难免有缺陷，其运行环境（包括起降场地、运行空域、运行系统、气象情况等）又复杂多变，机组人员操作也难免出现失误等原因，往往难以保证绝对的安全。

4.1.2　安全作业的重要

无人机具有高使用风险性。无人机的不规范使用会危及国家和公共安全作飞行事故有可能造成人身伤害，以及较大的经济损失，所以需要高度重视无人机的安全作业，尽量避免无人机应用的风险。

无人机作业时必须执行国家相关管理规定，进行航空管制协调与申报，对操作人员进行操纵技能培训。

4.1.3 技术准备

进行无人机航空摄影之前，需要进行技术准备工作，主要包括资料收集和技术设计两个方面。

1. 资料收集

资料收集内容主要有，图件与影像资料（地形图、规划图、卫星影像、航摄影像等）、地形地貌、气候条件、机场、重要设施等。

资料收集的目的：确定设备能否适用摄区环境；判断是否具备空域条件；用于航摄技术设计；制作详细的项目实施方案。

收集资料时，工作人员需对摄区或摄区周围进行实地踏勘，采集地形地貌、地表植被，以及周边的机场、重要设施、城镇布局、道路交通、人口密度等信息，为起降场地的选取、航线规划、应急预案制订等提供资料。实地踏勘时，应携带手持或车载 GPS 设备，记录起降场地的高程，确定相对于起降场地的航摄飞行高度。

2. 技术设计

技术设计要求：飞行高度应高于摄区和航路上最高点 100 m 以上；总航程应小于无人机能达到的最远航程；根据地面分辨率、航摄范围的要求，设计航摄时间、航线布设、影像重叠度、分区等。

4.1.4 设备器材选用

根据航摄任务性质和工作内容，选择所需的飞行设备器材，其规格型号、数量和技术性能指标应满足航摄任务的要求。

设备性能指标要满足航摄项目要求，设备器材及备品、备件准备要充足，应对选用的设备进行检查和调试，使其处于正常状态。

4.1.5 场地选取

1. 常规航摄作业

根据无人机的起降方式，寻找并选取适合的起降场地，常规航摄作业，起降场地应满足以下要求：

（1）距离军用、常用机场 10 km 以外。

（2）起降场地相对平坦，通视良好。

（3）远离人口密集区，半径 200 m 范围内不能有高压线、高大建筑物、重要设施等。

（4）地面应无明显凸起的岩石块、土坎、树桩、水塘、大沟渠等。

（5）附近应没有正在使用的雷达站、微波中继、无线通信等干扰源，在不能确定的情况下，应测试信号的频率和强度，如对系统设备有干扰，须改变起降场地。

（6）无人机采用滑跑起飞、滑行降落的，滑跑路面条件应满足其性能指标要求。

2. 应急航摄作业

灾害调查与监测等应急性质的航摄作业，在保证飞行安全的前提下，起降场地要求可适当放宽。

4.1.6 飞行流程

一般无人机的飞行流程如图 4.1 所示。

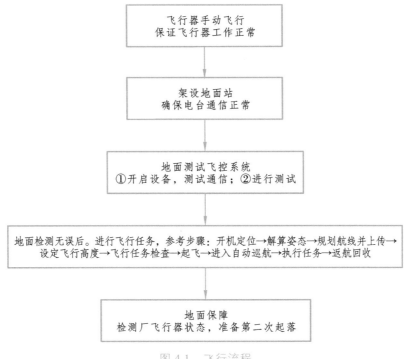

图 4.1　飞行流程

4.2　无人机模拟器及训练方案

无人机飞控技术越发达，对无人机的手动操控技术要求越高。要成为无人机驾驶员，必须经过大量的、系统的驾驶操控技术训练。对于初步接触无人机驾驶操控者，其对无人机动作的反应不熟练，容易造成事故，为了有效缓解真实无人机训练带来的弊端，应首先进行定时的无人机模拟器训练。

4.2.1　无人机模拟器的构成

为充分发挥无人机模拟器的各项性能，必须了解无人机模拟器的结构。无人机模拟器主要由地面站控制仿真模块、无人机任务荷载仿真模块、地面站与无人机数据链路仿真模块、数据处理图像生成模块、无人机飞行控制仿真模块、图像显示终端模块和训练评估模块等组成。

地面站与无人机数据链路仿真模块向无人机发出飞行控制的指令和无人机携带设备的任务荷载的指令。飞行控制仿真模块接收到飞行控制的指令后，把无人机当前的飞行参数与控制指令中的飞行参数进行对比分析。数据处理模块通过计算得到当前无人机的飞行位置和姿态，根据数据计算生成下一步的控制数据，控制无人机飞行。无人机机载设备需要通过处理任务荷载控制指令的数据，得到指令结果，控制无人机机载设备完成工作任务。之后，无人机飞行的仿真数据和任务荷载的仿真数据作为图像生成模块的输入数据，由图像生成模块对数据进行处理，最终的结论数据通过显示系统把无人机和机载设备的工作情况以人机交互的模式呈现出来。同时两条线路的数据都将输入训练评估模块，由该模块对无人机的模拟训练情况做评估。

4.2.2　无人机模拟器的作用

大量训练是练就过硬的无人机操控技能的保障，真实的无人机训练会存在一些弊端。首先，客观条件不允许过度的真机训练，真机训练的风险较大。若无人机在飞行时发生故障操控人员无法直接接触无人机，很有可能导致无人机坠毁。其次，在无人机手动操控训练时，初学者手动操作易出现失误，若失误以后又无法及时修正，极有可能造成快速飞行的无人机坠毁，甚至造成人身伤亡。再次，真实无人机训练的花费过大，进行无人机实机训练，对无人机的要求极高，需要配备无人机飞行和机械安全的保障人员。在无人机训练初期的带飞阶段，还需要教员的实时指导和辅助修正。真机训练还需要消耗油料、电池等物质，同时会对无人机的有关部件造成磨损，减少无人机的寿命。

为解决采用无人机真机进行训练带来的问题，可借助无人机模拟器进行训练。为达到模拟器训练更接近真实无人机训练的效果，模拟器常设计成逼真的 3D 立体场景，进行视觉仿真，模拟器手柄按钮的外形、质感、功能与无人机真机训练设备一样。利用模拟器进行操作训练，操控者会得到和操作真实无人机一样的操作感受，达到同样的训练效果，为将来使用真实的无人机打下基础。

无人机操控人员在模拟器上可以完成多种训练科目。对于刚接触无人机操作的人员，在开始阶段几乎无法完成真机的飞行操控，必须在无人机模拟器上达到熟练操控飞机的程度才可以进行真机训练。无人机模拟器的作用主要体现在以下 3 个方面。

1. 模拟器训练的可逆性，有效避免学员的恐惧心理

在模拟器训练时飞机模型具有可逆性，飞机模型坠毁后即时生成新模型。以直升机为例，直升机在日常应用中最重要的动作就是悬停。对于初学者来说，手动控制直升机达到悬停的状态是很有难度的，需要重复进行自主强化训练来达到手部微调动作的养成。无人机驾驶学员刚开始练习模拟器时，由于对无人机的操控比较陌生，在短时间内就会发生坠机。如果这种情况发生在真机训练时，学员会产生比较紧张的心理。如果发生在真机训练的带飞阶段，教员会提前接管飞机以防止发生坠机事件，这样学员的操作权利就被剥夺了，从而导致学员无法体会到在多种情况下无人机的操作手法。在无人机模拟器训练时，坠机后会马上生成新的模型，学员不存在坠机的恐惧心理，并可以充分体会各种应急情况下的操作手法。在无人机模拟器训练时，学员可保持比较平和的心态，从而更容易熟练掌握无人机的操控技能。

2. 模拟器训练可实现单通道控制，便于学员选择训练动作

无人机在空中飞行，可以产生俯仰运动、偏航运动和滚转运动。在真实飞行过程中，这些动作需要同时完成，对应的具体操作为升降舵操作、方向舵操作和副翼舵操作，无人机操控者需要迅速协调地完成手部动作，以达到无人机的平稳控制。这对于刚开始进行无人机驾驶培训的学员是无法同时完成的，需要分别进行训练，这在真机训练中是无法实现的。模拟器训练可以实现单通道控制，模拟器操控者可以选择单升降舵操作、单副翼舵操作和单方向舵操作。在单通道训练熟练后，模拟器操控者还可以选择双通道训练，即升降加副翼操作、

升降加方向操作和副翼加方向操作。这样操作难度逐渐增大，符合人的认知规律，无人机模拟器训练人员能够更快地适应无人机操控，在短时间内即可达到较理想的训练效果。

3. 模拟器训练可降低成本，进行可逆性训练

经过初级阶段无人机模拟器的训练，无人机驾驶学员可以形成对无人机动作反馈快速准确的条件反射。这样可以有效避免真机训练的弊端，大大降低风险，避免操作失误造成无人机坠机等损失，减少油料、电池等的消耗，节约经费，降低训练成本。无人机操控人员可以通过模拟器不断地进行可逆性训练，强化特定动作的训练效果，不断提高自身的无人机操控技能。

无人机模拟器在无人机驾驶训练中发挥了重要的作用，但也有其局限性。模拟器训练应作为实际训练的补充，而非完全替代。无人机模拟器不能模拟无人机的所有程序，也不能将所有类型的无人机融入其中。例如，模拟器不适宜进行无人机着陆训练，无人机驾驶员不能很好地从模拟器获取飞机着陆状态的反馈。特别在无人机执行具体任务时，空地协同任务的完成需要更多的实际训练。

总之，无人机模拟器可以模拟无人机从起飞到着陆之间的各个环节，有利于初学者手动操控与飞机动作之间条件反射的建立以及无人机驾驶员熟练驾驶技能的培养。随着计算机硬件技术和飞行仿真技术的发展，无人机模拟器会更加完善，在驾驶培训方面将发挥更大的作用。

4.2.3 无人机模拟器准备

1. 模拟器操控方式

模拟器操控有两种方式，一种是遥控器操控，一种是键盘操控。其中遥控器操控方式，可以使用航模遥控进行模拟操控，也可以使用无人机遥控器进行模拟操控；键盘操控方式适用于只是想了解无人机而不想投入资金购买遥控器的情形，可以利用计算机键盘的上下左右和 WASD 等按键对应遥控器的 2 个摇杆在模拟器软件中对无人机进行操控。

常用模拟器遥控有 181 模拟遥控器、SM 系列模拟遥控器和大疆指定型号的遥控器。

1) 181 模拟遥控器

181 模拟器包含 8 个通道，支持 RealFlight G7/G6.5/G6/G5/G4.5/G4/G3.5/G3/G2、Phoenix RC 5.0/4.0/3.0/2.5/2.0、XTR5.0 中文版、AEROFLY、FMS 等模拟器软件，适合直升机、固定翼等机型，带加密狗。全面兼容 32 位或 64 位各种台式/便携式计算机，支持 Windows XP、WIN7、WIN8、WIN10 系统，不支持 Mac 系统。181 模拟器外观及部件功能布局如图 4.2 所示。

2) SM 系列模拟遥控器

SM 系列模拟器目前主要有 SM600、SM2008、SM600+等几个型号，其中以 SM600 较为主流，其外观及布局功能布局如图 4.3 所示。SM600 包含 6 个通道，支持 AeroFly、Reflex XTR、RealFlightG3/G3.5/G4/G5.5、PhoenixRC 4.0、FMS 等模拟器软件，适合固定翼、滑翔机、直升机等机种，适用 Win7 32 位、XP 系统等计算机系统，数据输出为 USB PPM，无须电池，计算机 USB 接口直接供电，安装简便。

3) 大疆指定型号的遥控器

使用大疆 DJI Filght Simulator 模拟器软件进行模拟，可以直接使用大疆指定型号的无人机遥控器进行无人机模拟操作，包括 DJI 带屏遥控器，"御" Mavic Air、精灵 Phantom 系列、经纬系列、Lightbridge 2、T16 等无人机配置的遥控器。

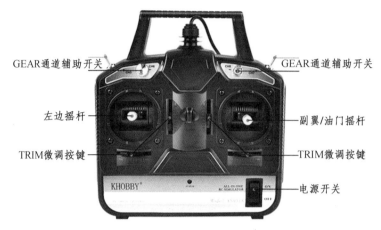

图 4.2　181 模拟器遥控外观及部件功能布局

GEAR通道辅助开关
GEAR通道辅助开关
左边摇杆
副翼/油门摇杆
TRIM微调按键
TRIM微调按键
电源开关

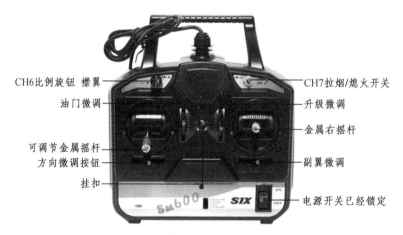

图 4.3　SM600 模拟器遥控外观及功能布局

CH6比例旋钮 襟翼
CH7拉烟/熄火开关
油门微调
升级微调
可调节金属摇杆
金属右摇杆
方向微调按钮
副翼微调
挂扣
电源开关已经锁定

2. 常用模拟器软件

1）RealFlight

RealFlight 航模模拟器软件界面如图 4.4 所示，该模拟器已经出了 5 个版本，包括 G1、G2、G3、G4、G5。

2）Reflex XTR

Reflex XTR 是德国人开发的一款软件，它也是专门为新手提供的一款模拟器，模拟器内置了几种直升机、固定翼和滑翔机的飞行器模式，使用效果好，安装设置简单，汉化较为彻底，推荐初学者使用，但必须使用专用的硬件狗。Reflex XTR 模拟器界面如图 4.5 所示。

3）DJI Filght Simulator

DJI Filght Simulator 是一款 DJI 飞行器操作培训软件，如图 4.6 所示。目前，该模拟器仅支持 Win10 64 位的操作系统，暂不支持第三方的设备进行操控，使用 USB 线连接遥控器 USB 接口与计算机 USB 接口即可进行模拟操作。其中，Phantom 4 系列、Matrice 600 Pro、Lightbridge 2 的遥控器接口在遥控器背面，Mavic Air 的遥控器接口在遥控器的左侧。

图 4.4　RealFligt 模拟器软件界面

图 4.5　Reflex XTR 模拟器软件界面

图 4.6　DJI Filght Simulator 模拟器软件界面

4）Phoenix RC

Phoenix 也称凤凰，模拟器软件界面如图 4.7 所示，从其程序和接口的设计风格上看，它和 Reflex XTR 有很深的渊源，它吸收了 XTR 设置简单的优点，并且独出一格，提供了水面场景。Phoenix 是全世界最为流行的一款模拟器，可自由选择飞行场景、飞行时的天气状况，如风向、风速等，这样可以更准确地模拟现实情况。使用这个软件可以让初学者迅速掌握各种复杂操作。

图 4.7　Phoenix RC 模拟器软件界面

5）AeroFly

AeroFly 也是德国人开发的一款软件，其 3D 引擎并不是像其他几款使用的是 DirectX，它使用的是 OpenGL，同等效果下，对系统的要求比 G3 Reflex 小，图像更流畅，但显卡兼容性比 Rllex G2 或者 G3 差，在某些老显卡下，会黑屏。

3. 遥控器调试

模拟器软件安装完成后，一般都需要对遥控器进行调试。以 Phoenix 模拟器软件为例，详细说明遥控器调试流程。

连接遥控器，开始配置遥控器，刚开始几步可以直接跳过。拨动开关，转动两个摇杆使之到达最大限度，将所有通道拨到中间位置（这里以 7 通道为例），如图 4.8 所示。

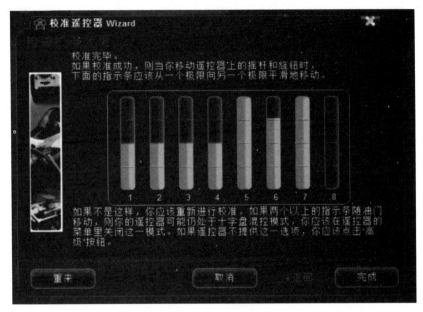

图 4.8 检查校准效果

对自己配置的遥控器设置可以命名，如果不想命名（系统会默认一个名字）可以直接下一步，如图 4.9 所示。

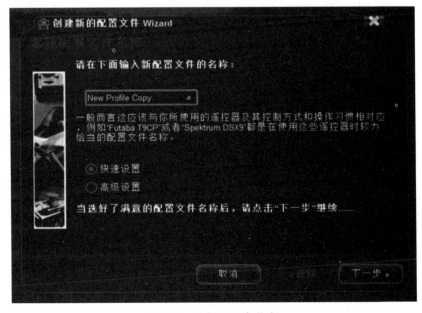

图 4.9 选择配置文件名

开始配置新遥控器参数，配置 3 通道为油门通道，如图 4.10 所示。

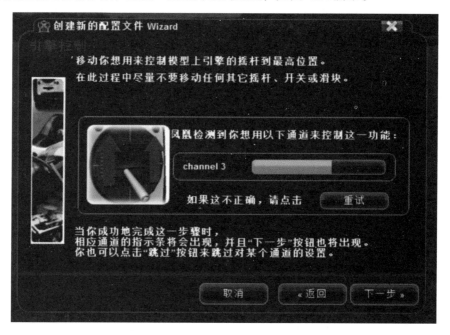

图 4.10　引擎控制通道配置

桨距控制通道配置，如图 4.11 所示。

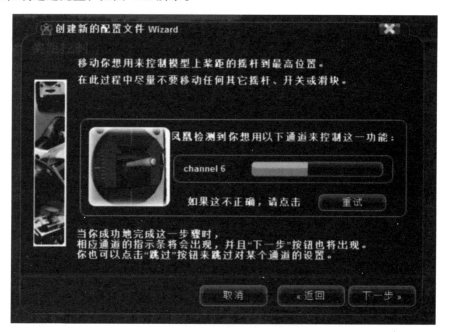

图 4.11　桨距控制通道配置

方向舵控制通道配置，如图 4.12 所示。

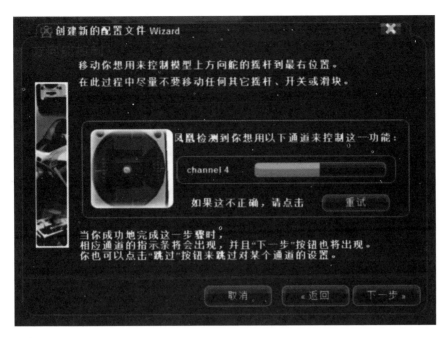

图 4.12　方向舵控制通道配置

升降机控制通道配置，如图 4.13 所示。

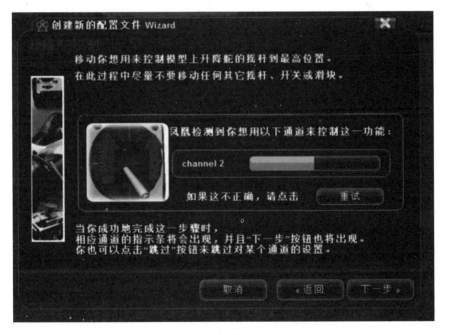

图 4.13　升降机控制通道配置

副翼控制通道配置，如图所 4-14 所示。

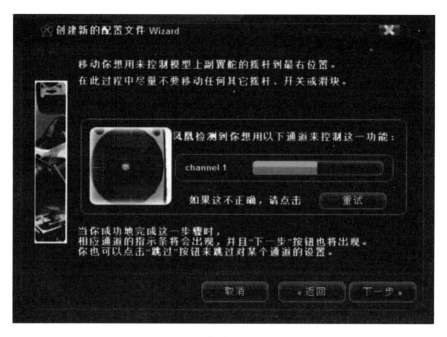

图 4.14　副翼控制通道配置

起落架控制通道配置（多用于固定翼飞机），如图 4.15 所示。

图 4.15　起落架控制通道配置

襟翼控制通道配置（多用于固定翼），如图 4.16 所示。

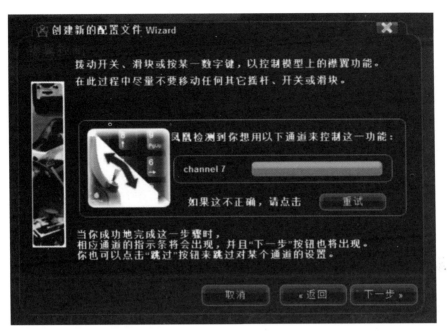

图 4.16　襟翼控制通道配置

到此已基本完成控制通道的设置，此时点击完成，如图 4.17 所示。

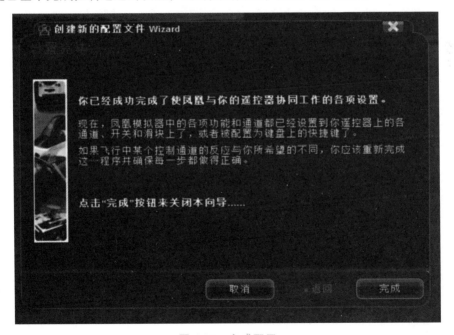

图 4.17　完成配置

完成初步的设置之后，可以先选择一个模型试飞，查看通道设置是否反向。以美国手遥控器为例，正常情况下，左摇杆最下油门最小，最上油门最大；最左方向舵左打，向左转向；最右方向舵右打，向右转向；右摇杆最下升降舵上打，向上升高；最上升降舵下打，向下降落；最左副翼舵左高右低，机体向左倾斜；最右副翼舵左低右高，机体向右倾斜。

4.2.4 无人机模拟器训练方案

以多旋翼无人机操控为例。

1. 基础练习——对尾悬停

无人机尾部朝向飞手，升空完成悬停，尽量保持在定点。使无人机机尾朝向自己，能够以最直观的方式操控飞机，降低由于视觉方位给操控带来的难度。对尾悬停可在初期锻炼飞手在操控上的基本反射，熟悉飞机在俯仰、滚转、方向和油门上的操控。完成对尾悬停练习，意味着飞手从"不会玩"正式进入"开始玩"的阶段。

要领：尽量保持定点悬停，控制飞机基本不动或保持在很小的范围内漂移。

培养在飞机在有偏移的趋势时就能给予纠正的能力，这对后面的飞行至关重要。虽然枯燥，但飞好对尾悬停非常重要。

2. 基础练习——侧位悬停

无人机升空后，相对于操控手而言，机头向左（左侧位）或向右（右侧位），完成定点悬停。这是对尾悬停过关后，首先要突破的一个科目。侧位悬停能够极大地增强飞手对飞机姿态的判断感觉，尤其是远近的距离感。

对于一个新手来说，直接练习侧位悬停的风险很大，因为飞机横侧方向的倾斜不好判断。可以从45°斜侧位对尾悬停开始练习，这样可以在方位感觉上借助对尾悬停继承下来的条件反射。当斜侧位对尾熟练后，逐渐将飞机转入正侧位悬停，会觉得较容易完成。

需要指出的是，一般人都有一个侧位是自己习惯的方位（左侧位或右侧位），这是正常的。但不要只飞自己习惯的侧位，一定要左右侧位都练习，直到将两个侧位在感觉上都熟悉为止。侧位悬停的难度要比对尾悬停高，可认为四级风下保持 3 m 直径的球空间内完成 7 s 以上的定点悬停，就是过关。飞好侧位悬停后，意味着小航线飞行成为可能，操控手可以突破悬停飞行进入航线飞行。

3. 基础练习——对头悬停

无人机升空后，相对于操控手而言，机头朝向操控手，完成定点悬停。虽然完成侧位悬停后，理论上可以进行小航线飞行，但仍建议先练习对头悬停。

对于新手而言，对头悬停是异常困难的，因为除了油门以外，其他方向的控制对于操作手的方位感觉来说，跟对尾悬停相比似乎都是相反的。尤其是前后方向的控制，推杆变成了朝向自己飞行，而拉杆才是远离。新手如果不适应犯错的话，是非常危险的。可以先尝试45°斜对头悬停，再逐渐转入正对头悬停，这样可以慢慢适应操控方位上的感觉，能有效减少炸机的概率。对头悬停对于航线飞行来说非常重要，好好练习，一定要把操控反射的感觉培养到位，对于今后进入自旋练习也相当有好处。

对头悬停的过关标准与对尾悬停是一样的，努力做到在五级风下把飞机控制在 2 m 直径的球空间内超过 10 s。

4. 基础练习——小航线飞行

无人机升空后，使用方向舵进行转弯，不用或尽量少用副翼转弯，顺时针/逆时针完成一个闭合运动场型航线。小航线飞行是 4 位悬停过关后首先应进行的科目，这是所有航线飞行的基础。对于一个 4 位悬停（对尾、两个侧位、对头）已经熟练的飞手来说，会发现小航线飞行比较简单。相反地，如果 4 位悬停并没有真正过关，那么即便小航线飞行也是一种挑战。刚开始进行小航线飞行的窍门在于，一定要注意控制飞机前进的速度，过快的前行速度会给新手的小航线飞行带来意想不到的困难。转弯时应控制适当的转向速度，不用着急转过来，在 4 位悬停已经熟练的情况下，缓慢有节奏地转向才是正确的做法。

顺时针小航线和逆时针小航线都要飞行熟练。虽然对大多数人来说，总是一个方向的航线飞行较为习惯，但双向的熟练航线对于后面的其他科目来说，是至关重要的。小航线动作过关的标准是，四级风内直线飞行时控制好航线，转弯飞行时控制好左右弯半径的一致。在整个航线飞行过程中应尽量保持速度一致，高度一致。

5. 基础练习——"8"字小航线飞行

无人机升空后，使用方向舵进行转弯，不用或尽量少用副翼转弯，在水平方向上，顺时针/逆时针完成一个"8"字航线，如图 4.18 所示。"8"字小航线飞行能帮助操控手进一步熟悉航线飞行的空中方位和手感，对于一个全面的飞手来说至关重要。

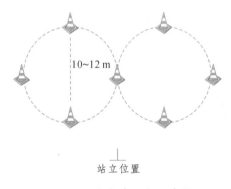

图 4.18　"8"字飞行示意图

如果已经将顺时针、逆时针小航线飞行都掌握得很熟练了，那么"8"字小航线飞行就很容易掌握。在很大程度上培养飞手在航线中对无人机方位感的适应性，又能在一个航线中将向左转弯和向右转弯同时练到，是初级航线飞行必练的科目。开始可以根据自己的习惯选择在两侧转弯的方向，但最终一定要全部练到，即在左侧顺时针转弯在右侧逆时针转弯，或者在左侧逆时针转弯在右侧顺时针转弯。

"8"字小航线飞行的诀窍在于，根据自己的能力控制飞机前行的速度，并在航线飞行过程中不断纠正姿态和方位，努力做到动作优美、规范。标准的"8"字小航线飞行为，左右圈飞行半径一致，"8"字交叉点在操控手正前方，整个航线飞行中飞行高度一致、速度一致。如能在四级风下基本达到上述标准，则说明"8"字小航线飞行过关了。在训练后期，可加快飞行速度提高控制难度。

6. 基础练习——"8"字大航线飞行

无人机升空后，以较快速度飞行，在水平方向上完成一个"8"字大航线。"8"字大航线飞行用以培养飞手在任意方向上对航线飞行的操控能力。在大航线飞行过关后，"8"字大航线飞行可实现在一个航线内同时练习到顺时针和逆时针转向，能够在较大程度上提升飞手的航线飞行熟练程度。

"8"字大航线飞行的诀窍是，一定要先飞熟练顺逆时针的大航线，然后先控制飞行速度并保持安全高度，待几圈飞行尝试后，再逐渐降低高度和提升前行速度。如果顺逆时针大航线飞行已经很熟练的话，"8"字大航线飞行只是顺理成章的事，不需要太多起落的练习即可掌握。

如对飞行技术有所追求，在日常飞行中也应注重动作质量的把握。尽量维持"8"字航线的速度一致、高度一致、左右转弯半径一致、转弯坡度一致，并将"8"字交叉点放在飞手的正前方。

4.3 遥控器操作

飞行操控是指通过手动遥控方式或采用地面站操纵无人机进行飞行，是无人机操控师需要掌握的核心技能。飞行操控包括起飞操控、航线操控、进场操控和着陆操控四个阶段。虽然无人机型号众多，但是不同型号遥控器的操控方法与注意事项基本相同，可通过参考相应的设备使用说明书，掌握不同型号遥控器的功能与操作方法。

4.3.1 遥控器的功能与组成

遥控器，英文名为 Remote Control，即无线电控制，通常由发射机、接收机、舵机、电源等部分构成，通过它可以对设备、电器等进行远距离控制。常用遥控器主要分为工业用遥控器和遥控模型用遥控器两大类，如图 4.19 所示。

（a）工业用遥控器 　　　　　　　　　　　（b）遥控模型用遥控器

图 4.19　常用的遥控器

无人机常用遥控模型的遥控器，在介绍遥控器组成之前，先简要介绍通道的概念，通道也称 Channel，简单地说就是可以用遥控器控制的动作路数，比如遥控器只能控制四轴上下飞，那么就是 1 个通道。用最常见的四轴来举例，四轴在控制过程中需要控制的动作路数有：上下、左右、前后、旋转，所以最好是 4 通道遥控器，而且各个通道应该可以同时独立工作，不会互相干扰。固定翼飞机还要控制水平尾翼（升降）的通道和控制副翼（做横滚等特技动作）的通道，直升机更要增加陀螺仪用的通道。

下面以 Futaba 14 通道遥控设备为例简单介绍遥控器的组成。

图 4.20 所示为 Futaba 14 通道遥控设备发射机的外形和各部分名称。在发射机面标上，有两种操纵杆分别控制 1、2 通道和 3、4 通道的动作指令，另外还有与操纵杆动作相对应的 4 个微调装置。根据多波段开关位置的不同，可相应设置为其他通道。

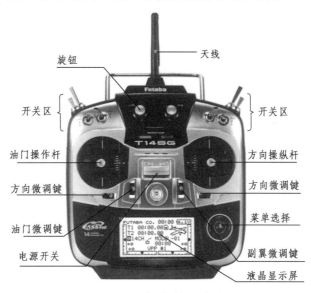

图 4.20　Futaba 14 通道遥控器各部分的名称

4.3.2　遥控器的常用操作方式

遥控手法的选择分为中国手、美国手、日本手及其他，实际上国内使用"中国手"的飞手比较少，主流的还是"美国手"和"日本手"。下面以固定翼无人机模拟器为例，讲述模拟器的练习手法。

1. 中国手

中国手的油门和方向在右边，副翼和升降在左边，如图 4.21 所示。右手操纵杆（以下简称为右杆）向上是油门加大，飞机速度加快（油门杆是不回中的）；反之，右杆向下，油门减小，速度减慢。右杆向左，方向舵向左偏转，飞机航向向左偏转（方向杆要回中）；反之，右杆向右，方向舵向右偏转，航向向右偏转。左手操纵杆（以下简称为左杆）向下，升降舵向上偏转，飞机机头向上爬升（升降杆要回中）；反之，左杆向上，升降舵向下偏转，飞机头向下俯冲。左杆向左，右边副翼向下偏转，左边副翼向上偏转，飞机以机身为轴心向左倾斜（副翼杆要回中）；反之，向右倾斜。也就是说"中国手"与"美国手"的操作习惯刚好相反，因此也被称为"反美国手"。

2. 美国手

美国手的油门和方向在左边，副翼和升降在右边，如图 4.22 所示。左手操纵杆（以下简称为左杆）向上是油门加大，飞机速度加快（油门杆是不回中的）；反之，左杆向下，油门减小，速度减慢。左杆向左，方向舵向左偏转，飞机航向向左偏转（方向杆要回中）；反之，左杆向右，方向舵向右偏转，航向向右偏转。右手操纵杆（以下简称为右杆）向下，升降舵向上偏转，飞机机头向上爬升（升降杆要回中）；反之，右杆向上，升降舵向下偏转，飞机头向下俯冲。右杆向左，右边副翼向下偏转，左边副翼向上偏转，飞机以机身为轴心向左倾斜（副翼杆要回中）；反之，向右倾斜。

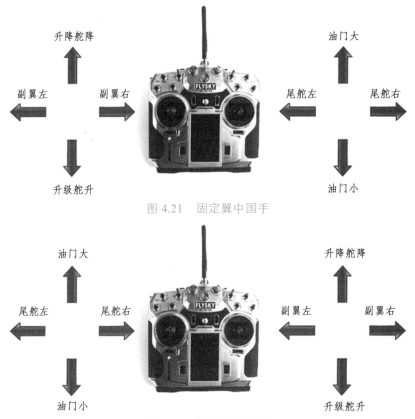

图 4.21　固定翼中国手

图 4.22　固定翼美国手

3. 日本手

日本手的油门和副翼在右边，方向和升降在右边，如图 4.23 所示。右杆向上是油门加大，飞机速度加快（油门杆是不回中的）；反之，油门减小，速度减慢。右杆向左，右边副翼向下偏转，左边副翼向上偏转，飞机以机身为轴心向左倾斜（副翼杆要回向右）；反之，向右倾斜。左杆向左，方向舵向左偏转，飞机航向向左偏转（方向杆要回中）；反之，向右，航向向右偏转。左杆向下，升降舵向上偏转，飞机机头向上爬升（升降杆要回中）；反之，向上，升降舵向下偏转，飞机机头向下俯冲。

4.3.3　遥控器对频

无人机模拟器对频就是让接收器认识遥控器，从而能够接收遥控器发出的信号。通常情况下，遥控器在出厂之前就已经完成对频，可以直接使用。如更换遥控器，应参照相应的遥控器说明书来重新进行对频，以下仅以较为常用的 FutabaT14SG 型遥控器为例进行对频操作介绍。

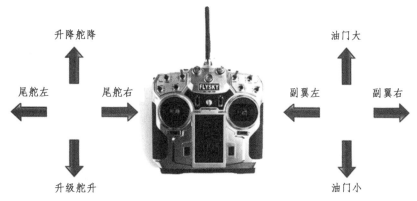

图 4.23　固定翼日本手

（1）将发射机和接收机的距离保持在 50 cm 以内，打开发射机的电源，如图 4.24 所示。

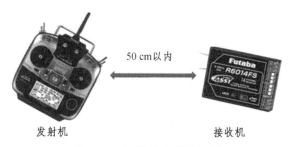

图 4.24　遥控器对频示意图

（2）在遥控器关联菜单[Linkage Menu]下面打开系统[SYSTEM]界面（双击触摸传感键"LINK"→选择"SYSTEM"→按下"RTN"键）。

（3）如果使用一个接收机，选择[SINGLE]，如果一台发射机要对应两个接收机，则选择[DUAL]。选择[DUAL]时，需要同时与两个接收机进行对频。

（4）电池失控保护的初期设定值为 3.8 V。可以通过 B.F/S 对预设电压进行更改。仅限于 FASSTest 模式。

（5）选择下拉菜单中的"LINK"并按下"RTN"键，如果发射机发出嘀嘀声，则表示已经进入对频模式，如图 4.25 所示。

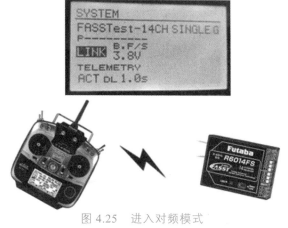

图 4.25　进入对频模式

（6）进入对频模式后，请立刻打开接收机电源。

（7）接收机电源打开约 2 s，接收机进入等待对频状态（等待大约 1 s）。

（8）接收机的 LED 指示灯从闪烁到绿灯长亮，则表示对频完成。

（9）如果周围有其他 FASSTest 2.4 GHz 系统发射机在输出信号，接收机的 LED 即使亮起绿灯，也可能是因为误读入了其他发射机 ID 码。因此，在使用前一定要再次打开接收机电源，试着操作舵机工作，确认是否是从自己的发射机发出的正确信号。

需要对频操作的几种情况：

（1）使用非出厂套装的接收机时。

（2）更改通信系统后。

（3）通过模型选择生成新模型时。

4.3.4　遥控器拉距实验

无人机拉距实验的目的是对遥控系统的作用距离进行外场测试。每次拉距时，接收机天线和发射机天线的位置必须是相对固定的。拉距的原则是要让接收机在输入信号比较弱的情况下也能正常工作，这样才可以认为遥控系统是可靠的。具体的方法是将接收机天线水平放置，指向发射机位置，而发射机天线也同时指向接收机位置。由于电磁波辐射的方向性，此时接收机天线所指向的方向正是场强最弱的区域。

新的遥控设备进行拉距实验时，应先拉出一节天线，记下最大的可靠控制距离，作为以后例行检查的依据。然后再将天线整个拉出，并逐渐加大遥控距离，直到出现跳舵。当天线只拉出一节时，遥控设备应在 30 ~ 50 m 的距离上工作正常，而当天线全部拉出时，遥控设备应在 500 m 左右的距离上工作正常。

所谓的工作正常，其标准是舵机没有抖动，如果舵机出现抖动，要立即关闭接收机，此时的距离刚好是地面控制的有效距离。老式的设备不允许在短天线时开机，否则会把高频放大管烧坏。新式设备都增加了安全装置，不用再担心烧管的问题。但镍镉电池刚充电时不能立刻开机，因为此时其电压有可能会超过其额定值。

4.4　固定翼无人机操控

4.4.1　起飞操控

1. 常用起飞方法

固定翼无人机相比于旋翼机，主要的不同之处就在于起飞。固定翼最常见的起飞方式为滑行，后来随着技术的发展，又衍生出了垂直起飞、空投、轨道弹射、手抛等起飞方式。

1）滑行起飞

滑行起飞是固定翼无人机最常见的起飞方式，安全性高，机动灵活性差，适合军用无人机。但民用领域多数并不具备足够的起飞空间，因此在一定程度上限制了固定翼无人机在民用领域的大范围推广。

2）垂直起飞

倾转旋翼无人机结合了旋翼机和固定翼机的优点，既有旋翼又有固定翼，无人机起飞和着陆时，旋翼轴处于垂直状态，因此可以保障无人机的垂直起降，成功起飞后，旋翼轴会转变为水平状态，使无人机过渡到飞行模式。因此这种无人机兼具垂直/短距离起降和高速巡航的特点。

3）空投式起飞

空投方式需要借助母机搭载固定翼升空，到达至一定空域后释放，从而完成固定翼的发射工作。

4）轨道弹射起飞

轨道弹射需要借助轨道仪器，靠外力（气液压、电磁等）使滑车托举着无人机在导轨上加速，从而让无人机获得平飞速度，顺利出架。

5）手抛式起飞

手抛式起飞最为简单，与放飞纸飞机类似，手抛式起飞适用于质量轻、尺寸小的微型无人机。

2. 副翼、升降舵和方向舵的基本功能

（1）副翼的功能：让机翼向右或向左倾斜。通过操作副翼可以完成飞机的转弯，也可以使机翼保持水平状态，从而让飞机保持直线飞行。

（2）升降舵的功能：当机翼处于水平状态时，拉升降舵可以使飞机抬头，当机翼处于倾斜状态时，拉升降舵可以让飞机转弯。

（3）方向舵的功能：用于保持机身与飞行方向平行，在此面滑行时，方向舵用于转弯。

3. 滑跑与拉起

滑跑与拉起在整个飞行过程中是非常短暂的，但是非常重要，决定飞行的成败。在飞行操作之前，必须将各个操作步骤程序化，才能在短暂的数秒中完成几个操作。下面简单介绍滑跑与拉起的动作要求。

1）滑　跑

在整个地面滑跑过程中，保持中速油门，拉出10°的升降舵，缓慢平稳地将油门加到最大，等待达到定速度。

2）起　飞

在飞机达到一定速度时，自行离地。在离地瞬间，将升降舵平稳回中，让机翼保持水平飞行，等待飞机爬升到安全高度。

3）转　弯

当飞机爬升到安全高度时，进入第一个转弯，将油门收到中位，然后水平转弯。调整油门，让飞机保持水平飞行，进入航线。

4. 进入水平飞行

1）飞行轨迹的控制

飞机起飞后有充分的时间对油门进行细致的调整，以保持飞机水平飞行。但是在进行油门调整之前，首先要保证能够控制好飞机的飞行轨迹。

2）进入水平飞行

从转弯改出（改出是让飞机从非正常飞行状态下，经操作进入正常飞行状态的过程）后，

只有在操纵飞机飞行一段时间后，发现飞机进入顺风边飞行。此时，不要急于调整油门，只有在做完持续爬升或下降时，才需要进行油门的调整。一次调整之后，要先操纵飞机飞一段时间，观察飞行状态，然后再决定是不是需要对油门继续进行进一步的调整。

4.4.2 飞行航线操控

飞行航线操控一般分为手动操控与地面站操控两种方式，手动操控用于起飞和降落阶段，地面站操控用于作业阶段。

1. 手动操控

1）直线飞行与航线调整

细微的航线调整及维持直线飞行是通过"点碰"（轻触）副翼的动作来进行的。在操控无人机时，不管是要保持直线航行，还是要对航线进行细微调整，只需轻轻"点碰"副翼再放松回到回中状态，即可减轻过量操纵的问题，从而达到非常精确的控制。

直线飞行与航线调整的基本要点如下：

（1）轻轻点碰一下副翼后马上回中，而不要压住副翼不放，这样就可以使飞机产生轻微的倾斜，从而一点一点地对航线进行调整。由于这个过程中产生的坡度很小，所以飞机在点碰之后并不会掉高度。

（2）轻轻点碰副翼一到两次，即可将机翼调回水平状态，从而保持直线飞行。

（3）在点碰副翼之后，由此产生的轻微倾斜可能并不会马上体现出来。所以，在点碰之后，一定要在回中的位置上稍微等一下，等到点碰的效果显现出来以后，再决定是不是需要做下一次点碰动作。

2）转弯与盘旋

（1）转弯操控。操纵飞机转弯的步骤如下：① 压坡度：利用副翼将机翼向要转弯的方向横滚倾斜。② 回中：将副翼操纵杆回中，使机翼不再进步倾斜。③ 转弯：立即拉升降舵并一直拉住，使飞机转弯，同时防止飞机在转弯过程中掉高度。④ 回中：将升降舵操纵杆回中，以停止转弯。⑤ 改出：向反方向打副翼，使机翼恢复到水平状态。⑥ 回中：在机翼恢复水平的瞬间将副翼回中。

（2）180°水平转弯。副翼的操纵幅度较小，因而飞机飞的坡度也较小，转弯也比较缓；同时，拉升降舵的幅度也要较小，以保证飞机在转弯过程中维持水平。

（3）360°盘旋。盘旋是水平转弯的延伸。只需直拉住升降舵，即可很容易地完成该动作。副翼的操纵幅度较大，因而飞机的坡度也较大，转弯也较急；同时拉升降舵的幅度也要较大，以保证飞机在转弯过程中维持水平。

3）高度控制与油门

（1）通过油门控制高度。在初次学习飞行操控时，应将油门控制在大约 1/4 的位置。若要让飞机爬升，则将油门加到比 1/4 大，那么飞机速度就会加快，升力提高而使飞机上升；若要让飞机下降，则可将油门减到比 1/4 小，那么飞机速度就会减小，升力降低而使飞机下降。

（2）改出。改出时不能简单地依靠油门将飞机拉起，而应先让飞机从非正常状态飞出来。之后，如果还有必要让飞机再爬升到原有高度的话，可以再加大油门。

2. 地面站操控

1）地面站常用功能操作方法

（1）参数设置。在无人机进行航线飞行之前，首先需要对地面站参数进行基本设置：① 高度：无人机每次起飞前需要输入飞控所在的高度值。② 空速：将空速管进口挡住，阻止气流进入空速管，点击清零按钮可以将空速计清零。③ 安全设置：地面站中的基本安全设置主要包括爬升角度限制和开伞保护高度等可能影响飞行安全的参数。

（2）捕获。捕获功能主要用于捕捉各个舵机关键位置，包括中立位、最大油门、最小油门、停车位。

（3）地图操作。使用地图操作功能可以进行飞行任务的编辑、监视与实时修改。常用的操作主要包括：① 建立地图。通常可以使用电子地图或扫描地图。② 视图操作。可以对地图进行放大、缩小、平移等操作。③ 测量距离。启用测距功能，使用鼠标点击测量相邻点间的距离和总距离。④ 添加标志。在地图上需要添加标志的地方用鼠标直接操作生成对应的标志对象。

（4）航线操作。航线操作过程如下：① 新增航点。点击相应的"增加航点"按钮，可以自动按顺序生成一系列航点。② 编辑航点。若有规划好的航线，就弹出相应的"航线编辑"对话框，对话框中各航点的数据可以手工输入或用鼠标选择相应参数。③ 删除航点。对于选中的航点，直接用"Delete"键可以将其删除，剩下航点会自动重排。④ 上传下载航点。可以选择上传或下载单个或全部航点。⑤ 自动生成航线。

（5）飞行记录与回放。记录与回放操作如下：① 记录。运行软件后，选择"监视"功能，软件将打开串口并进入通信状态。打开飞控后，飞控初始发送"遥测数据"，软件一旦接收到这些数据，就会生成记录软件。② 回放。运行软件后，选择菜单"回放"功能后，软件会跳出选择回放文件的窗口，选择需要回放的文件记录后进入回放状态。

2）地面站航线飞行操作流程

对于已经完成 PID 调整的机，可以按照下面的步骤来进行飞行操作。

（1）安装并连接地面站。

（2）安装机载设备，连接电源，连接空速管。

（3）飞机飞控开机工作 5～10 min。由于飞控会受温度影响，所以当室内外温差比较大时，将飞机拿到室外之后，应先放置几分钟，以使其内外部温度平衡。

（4）打开地面站软件，参照飞行前检查表，对各个项目逐一进行检查。主要检查项目包括陀螺零点、空速管、地面高度设置、遥控器拉距测试、航线设置、电压和 GPS 定位。

（5）起飞后，如果飞机没有进行过调整并记录过中立位置，则需利用遥控器微调进行飞行调整，调整到理想状态时，地面站捕获中立位置；如果已经进行过飞行调整，则在爬升到安全高度后，切入航线飞行。

（6）当飞机飞出遥控器有效控制距离后，可以通过地面站关闭接收机，以防止干扰或者同频遥控器的操作。

（7）在滑翔空速框中输入停车后的滑翔空速，以备在飞机发动机停车时能够及时按下"启动滑翔空速"。

（8）飞行完成后，飞机回到起飞点盘旋，如果高度过高，不利于观察，可以在地面站上降低起飞点高度并上传，使飞机自动盘旋下降到操控手能看清飞机的高度。

（9）遥控飞机进行滑跑降落，或者遥控到合适的位置进行开伞降落。

4.4.3　进场与降落操控

1. 进场操控

1）进场方式

飞机在机场附近不能随便飞行，必须飞一条立体的矩形航线，专用术语叫作起落航线。它有五条主要的边。所谓五边，从起降场地上看上去实际上是一个四边形，但是在立体空间中，由于起飞离场边（一边）和进场边（五边）的性质和飞行高度都不同，所以这条边应该分成两段来看，于是就成了五边，如图 4.26 所示。图中一边为离场边；二边为侧风边，方向与跑道成 90°；三边为下风边，方向与跑道起飞方向反向平行；四边为底边，与跑道垂直，开始着陆准备；五边为进场边，与起飞方向相同，着陆刹车。

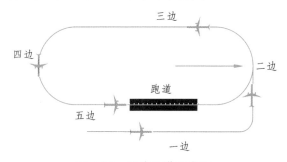

图 4.26　五边五进示意图

完整的五边进场操作程序如下：① 一边（逆风飞行）起飞、爬升、收起落架，保持飞机对准跑道中心线飞行；② 二边（侧风飞行）爬升转弯，与跑道成大约 90°角；③ 三边（顺风飞行）收油门，维持正确的高度，并判断与跑道的相对位置是否正确；④ 四边（底边飞行）对正跑道，维持正确的速度和下降速率；⑤ 五边（最后的进场边）做最后调整，保持正确的角度和速率下降、进场着陆。

2）正风进场

（1）进场的组织。具体过程如下：① 进入较近、较低的第三边（顺风边）；② 稍微减小油门，控制飞行高度逐渐下降；③ 到达标志点，开始操纵飞机转弯；④ 进行第四边（基边）水平转弯；⑤ 在机身指向跑道的时候，从转弯中彻底改出；⑥ 利用自身作为参照物让飞机对准跑道。

（2）确保第四边水平转弯。对于整个着陆环节而言，其中最重要的一环就是要让第四边的转弯保持水平，以便能够更容易地完成改出。同时，也让操控者能够集中精力对准跑道进行着陆。

（3）发现并修正方向偏差。在整个进场过程中，要不断确认无人机和操控手的相对位置关系。在该过程中，升降舵应处于回中的状态。

（4）发动机息速。为了确保飞机能够在跑道上顺利着陆，必须事先确定好发动机进入息速的最佳时机。在从第四边转弯中改出时要彻底，并尽早让飞机对准跑道，以便有更多的时间来思考究竟应该何时进入息速。

3）侧风进场

侧风进场时需要对飞机的航向进行修正，方法通常有两种：

（1）航向法修正侧风（偏流法）。航向法就是有意让飞机的航向偏向侧风的上风面一侧，机翼保持水平，以使飞机航迹与应飞轨迹一致。航向法适用于修正较大的侧风。

（2）侧滑法修正侧风。向侧风方向压杆，使飞机形成坡度，向来风方向产生侧滑，同时向侧风反方向偏转方向舵，以保持机头方向不变。

2. 降落操控

1）常用降落方式

这部分主要针对的是固定翼回收方式，回收方式可归纳为伞降回收、空中回收、起落架滑跑着陆、拦阻网回收、气垫着陆和垂直着陆回收等类型。有些无人机采用非整机回收，这种情况通常是回收任务设备舱，飞机其他部分不回收。有些小型无人机在回收时不用回收工具而是靠机体某部分直接触地回收靶机，采用这种简单回收方式的无人机通常是机重小于10 kg、最大特征尺寸在3.5 m以下的无人机。

（1）起落架轮滑着陆。这种回收方式与有人机相似，不同之处是跑道要求不如有人机苛刻。有些无人机的起落架局部被设计成较脆弱的结构，允许着陆时撞地损坏，吸收能量。为缩短着陆滑跑距离，有些无人机在机尾加装尾钩，在着陆滑跑时，尾钩钩住地面拦阻绳，大大缩短了着陆滑跑距离，一般大型无人机才采用这种方式着陆。

（2）降落伞着陆。降落伞由主伞和减速伞（也称阻力伞）二级伞组成。当无人机完成任务后，地面站发出遥控指令给无人机，使发动机慢车，飞机减速、降高。到达合适飞行高度和速度时，开减速伞，使飞机急剧减速、降高，此时发动机已停车；当无人机降到某飞行高度和速度时，回收控制系统发出信号，使主伞开伞，先呈收紧充气状态，经过一定时间，主伞完全充气；无人机悬挂在主伞下慢慢着陆，机下触地开关接通，使主伞与无人机脱离。

（3）空中回收。使用大飞机在空中回收无人机的方式目前只有美国采用。采用这种回收方式，在大飞机上必须有空中回收系统。无人机除了有阻力伞和主伞外，还需有钩挂伞与吊索和可旋转的脱落机构。大飞机用挂钩挂住无人机的钩挂伞和吊索，用绞盘绞起无人机，空中悬挂运走。这种回收方式不会损伤无人机，但每次回收都要出动大飞机，费用高，对大飞机飞行员的驾驶技术要求也较高。

（4）拦截网回收。用拦截网系统回收无人机是目前世界上小型无人机普遍采用的回收方式之一。拦截网系统通常由拦截网、能量吸收装置和自动引导设备组成。能量吸收装置与拦截网相连，其作用是吸收无人机撞网的能量，避免无人机触网后在网上弹跳不停而受损。自动引导设备一般是一部置于网后的电视摄像机，或是装在拦截网架上的红外接收机，由它们及时向地面站报告无人机返航路线的偏差。

（5）气垫着陆。在无人机的机腹四周装上橡胶裙边，中间有一个带孔的气囊，发动机把空气压入气囊，压缩空气从囊孔喷出，在机腹下形成高压空气区——气垫。气垫能够支托无人机贴近地面，而不与地面发生猛烈撞击。气垫着陆的最大优点是，无人机能在未经平整的地面、泥地、冰雪地或水上着陆，不受地形条件限制。此外，不受无人机大小、重量限制，且回收率高，据说可以达到1分钟1架次的回收速度，而空中回收则是1小时1架次。

（6）垂直着陆回收方式。垂直着陆回收方式只需小面积回收场地，因不受回收区地形条件的限制而特别受到军方青睐。这种回收方式有两种类型：

① 多旋翼垂直着陆。这种着陆方式的特点是以旋翼旋转作为获取升力的来源，操纵旋翼的旋转速度，使无人机垂直着陆。

② 固定翼垂直着陆。这种垂直着陆方式的特点是以发动机推力直接抵消重力。该着陆方式又可分成两类，一类是在无人机上配备着陆时用的专用发动机，着陆时，发动机上的主发动机和专用发动机的油门加大，使其在主发动机推力的垂直分力和专用发动机推力的共同作用下，飞机减速、垂直着陆；另一类是在回收时成垂直姿态，在发动机推力的垂直分力作用下，飞机减速、垂直着陆。

2）滑跑降落操作

（1）降落场地的选择。在选择降落场地时，应确保在无人机的平面转弯半径内没有地面障碍物以及无关的人员、车辆等。同时，还应注意以下事项：

① 提前观察好理想的降落场地，不轻易改变，除非有紧急情况发生，如风向、风速的突然变化。

② 选择降落场地应本着便于回收、靠近公路的原则，既节省时间，又减少体力消耗。

③ 尽量避免降落在刚收割的庄稼地里，因为庄稼的茬口会刺破伞布，造成不必要的损失，而且也不易收伞。

④ 尽量降落在新修的公路、沙土地上，或是未耕种的土地里。

⑤ 在降落前要认真观察拟降场地里有无电线杆，看清电线杆走向，特别对高压线更要避而远之。

（2）降落操作方法。在即将进入降落航线时，收小油门，根据飞行速度来确定进入对头降落航线的距离。一般情况下，进入对头降落航线后，通常是将油门放到比怠速稍高的位置，这样可以有充分的时间来判断降落的速度从而确定是否需要复飞。进入降落航线后，根据降落地点的距离，对飞行高度进行适当的调整。既要低速飞行，又要确保不失速。通常来说，在对准航线、离降落点不远的时候就应将油门放到怠速，在即将触地的时候，稍拉杆，让飞机保持仰角着陆。

3）伞降操控

（1）伞降系统的工作过程。不同无人机伞舱所在的位置不同，开伞条件也不同，所以必须根据具体情况采用不同的开伞程序。对于小型无人机，通常直接打开主伞减速即可。对于大型无人机，回收系统一般由多级伞组成，减速伞首先打开，让无人机减速和稳定姿态；当飞机速度减小到一定值时，再打开主伞，让飞机以规定的速度和较好的姿态着陆。

（2）无人机伞降操作流程。无人机比较典型的伞降回收流程通常由以下几个阶段组成：

① 进入回收航线：调整飞行轨迹以及航向，让无人机按预定的航线进入回收场地。

② 无动力飞行段：飞机减速到预定速度时，发出停车指令关闭发动机，飞机做无动力滑翔。

③ 开伞减速段：发出开伞指令，降落伞舱门打开，带出引导伞，然后由引导伞拉出主伞包。主伞经过一定时间的延时收口后完后完成充气张满，无人机做减速滑行。

④ 飘移段：无人机以稳定的姿态匀速降落。

4）复飞操纵

（1）复飞，指的是无人机降落到即将触地着陆前，把油门调到最大位置（TO GA）并把机头拉起重新回到空中重新飞行的动作。

（2）导致复的因素有：天气因素；设备与地面因素；操作人员因素；其他因素，如紧急情况或其他原因导致必须复飞，操控人员对操纵无人机着陆缺乏信心。

（3）复飞操纵方法。复飞分为如下三个阶段：

复飞起始阶段，从复飞点开始到建立爬升点为止，这一阶段要求操纵人员集中注意力操纵无人机，不允许改变无人机的飞行航向。

复飞中间阶段，从建立爬升点开始，飞机以稳定速度上升直到获得规定的安全高度为止。中间阶段无人机可以进行转弯坡度不超过限制值的机动飞行。

复飞最后阶段，从复飞中间段的结束点开始，一直延伸到可以重新做一次新的进近（进近是指飞机下降时对准跑道飞行的过程，在进行阶段，要使飞机调整高度，对准跑道从而避开地面障碍物）或回到航线飞行为止。这一阶段可以根据需要进行转弯。

复飞的操作步骤如下：

（1）向拉杆的方向点碰一下升降舵，以防飞机触地。

（2）加大油门，使飞机恢复爬升，并重飞一圈着陆航线。

4.5　多旋翼无人机操控

本节以大疆 Phantom 4 Pro 四旋翼无人机为例，介绍多旋翼无人机的操控。

4.5.1　安装飞行器

1. 解云台锁扣

为保护好云台和镜头，大疆系列无人机出厂时一般都配备了云台锁扣，在无人机飞行之前须按箭头方向移除云台锁扣，如图 4.27 所示。

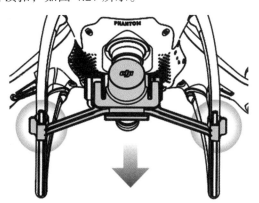

图 4.27　云台锁扣解锁示意图

2. 安装螺旋桨

旋翼无人机为保持平衡和飞行，螺旋桨需具备不同的旋转方向，大疆 Phantom 4 Pro 四旋翼无人机有两对不同方向的螺旋桨：一对有黑圈的螺旋桨和一对有银圈的螺旋桨。将印有黑圈的螺旋桨安装至带有黑点的电机桨座上，将印有银圈的螺旋桨安装至没有黑点的电机桨座上。将桨帽嵌入电机桨座并按压到底，沿锁紧方向旋转螺旋桨至无法继续旋转，松手后螺旋桨将弹起锁紧，如图 4.28 所示。使用完毕拆卸螺旋桨时应注意保存，以免损坏。

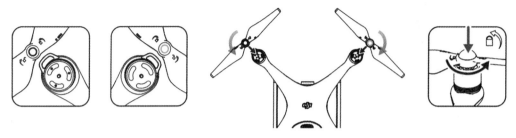

图 4.28　安装螺旋桨

3. 安装智能飞行电池

将电池以标示的方向推入电池仓，注意直到听到"咔"的一声，以确保电池卡紧在电池仓内。如果电池没有卡紧，有可能导致电源接触不良，会影响飞行的安全，甚至无法起飞。

4. 准备遥控器

准备遥控器的步骤，如图 4.29 所示。

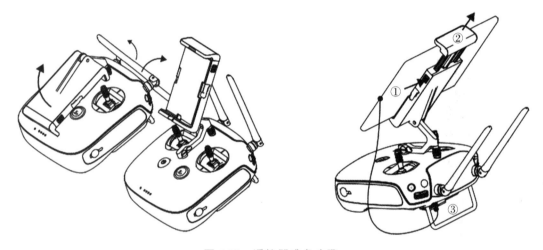

图 4.29　遥控器准备步骤

（1）展开遥控器上的移动设备支架或显示设备并调整天线位置。

（2）按下移动设备支架侧边的按键以伸展支架，放置移动设备，调整支架确保夹紧移动设备。

（3）使用移动设备数据线将移动设备与遥控器 USB 接口连接。

Phantom 4 Pro 遥控器须通过 USB 接口连接移动设备，所以需要将安装了 DJI GO 4App 的移动设备用数据线与遥控器背部的 USB 接口连接，将移动设备安装至移动设备支架上，调整移动设备支架的位置，确保移动设备安装牢固。

5. 无人机与遥控器部件说明

无人机部件说明如图 4.30 所示，遥控器部件说明如图 4.31 所示。

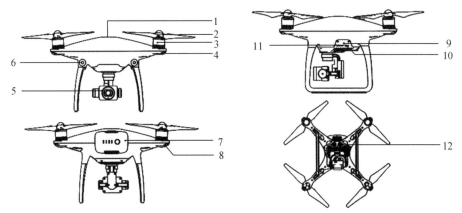

1—GPS；2—螺旋桨；3—电机；4—机头 LED 指示灯；5—一体式云台相机；6—前视障碍物感知系统；7—智能飞行电池；
8—飞行器状态指示灯；9—机相、对频状态指示灯/对频按键；10—调参接口；11—相机 Micro SD 卡槽；12—视觉定位系统。

图 4.30　无人机部件说明示意图

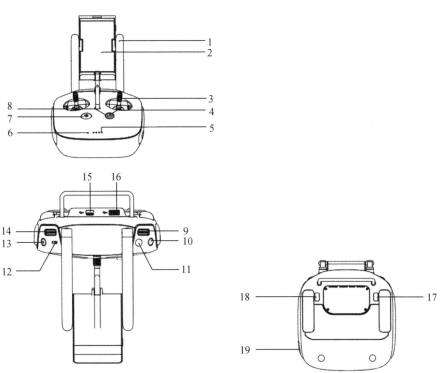

1—天线：传输飞行器控制信号和图像信号；2—移动设备支架：在此位置安装移动设备；3—摇杆：DJI GO 4 App 中可设置
美国手/日本；4—智能返航按键：长按返航按键进入智能返航模式；5—电池电量指示灯：显示当前电池电量；
6—遥控器状态指示灯：显示遥控器连接状态；7—电源开关：开启 1 关闭遥控器电源；8—返航提示灯：
提示飞行器返航状态；9—相机设置转盘：调整相机设置，选择回放相片与视频；10—智能飞行暂停按键：
退出智能飞行后飞行器将于原地悬停；11—拍照按键：实现拍照功能；12—飞行模式切换开关：
3 个挡位依次为：A 模式（姿态），S 模式（运动）以及 P 模式（定位）；13—录影按键：
启动或停止录影；14—云台俯仰控制拨轮：调整云台俯仰角度；15—Micro USB 接口：
预留端口；16—USB 接口：连接移动设备以运行 DJI GO 4 App；17—自定义功能按键 C1；
18—自定义功能按键 C2；19—充电接用于遥控器充电。

图 4.31　遥控器部件说明示意图

6. 指南针校准

长时间未使用的无人机或长距离运输的无人机，经常需要重新校准指南针。请选择空阔场地，根据下面的步骤校准指南针：

（1）打开无人机配套 App，进入指南针校准，飞行器状态指示灯黄灯常亮代表指南针校准程序启动。

（2）水平旋转飞行器 360°，飞行器状态指示灯绿灯常亮，如图 4.32 所示。

（3）使飞行器机头朝下，水平旋转 360°，如图 4.33 所示。

（4）完成校准，若飞行器状态指示灯显示红灯闪烁，表示校准失败，须重新校准指南针。

注意：请勿在强磁场区域或大块金属附近校准指南针，如磁矿、停车场、带有地下钢筋的建筑区域等，校准指南针时请勿随身带铁磁物质（如手机等）。

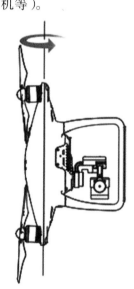

图 4.32　飞行器水平旋转 360°　　　　图 4.33　飞行器机头朝下水平旋转 360°

7. 遥控器最佳通信范围

操控飞行器，务必使飞行器处于最佳通信范围内。及时调整操控者与飞行器之间的方位、距离或天线位置，以确保飞行器总是位于最佳通信范围内。遥控器信号最佳通信范围如图 4.34 所示。

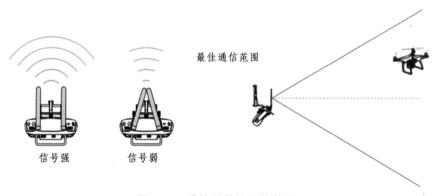

图 4.34　遥控器最佳通信范围

4.5.2　飞行操控

1. 飞行模式

随着 GNSS 的发展，飞行控制系统基本都植入了 GNSS，通常支持以下 3 种飞行模式。

1）P 模式（定位）

使用 GNSS 模块或多方位视觉系统可以实现飞行器精确悬停、指点飞行及其他智能飞行模式等功能。P 模式下，GNSS 信号良好时，利用 GNSS 可精准定位；GNSS 信号欠佳，光照条件满足视觉系统需求时，利用视觉系统定位。开启前视避障功能且光照条件满足视觉系统需求时，最大飞行姿态角为 25°，最大飞行速度为 14 m/s。未开启前视避障功能时最大飞行姿态角为 35°，最大飞行速度为 16 m/s。

GNSS 信号欠佳且光照条件不满足视觉系统需求时，飞行器不能精确悬停，仅提供姿态增稳，并且不支持智能飞行功能。

2）S 模式（运动）

使用 GPS 模块或下视视觉系统可实现精确悬停，该模式下飞行器的感度值被适当调高，务必格外谨慎飞行。飞行器最大水平飞行速度可达 20 m/s。

3）A 模式（姿态）

不使用 GNSS 模块与视觉系统进行定位，仅提供姿态增稳，若 GNSS 卫星信号良好可实现返航。

姿态模式下，飞行器容易受外界干扰，从而在水平方向将会产生漂移，并且视觉系统及部分智能飞行模式将无法使用。因此，该模式下飞行器自身无法实现定点悬停及自主刹车，需要用户手动操控遥控器才能实现飞行器悬停。

姿态模式下，飞行器的操控难度将大大增加，如需使用该模式，务必熟悉该模式下飞行器的行为，并且能够熟练操控飞行器。使用时切勿让飞行器飞出较远距离，以免因为距离过远而丧失对于飞行器姿态的判断，从而造成风险。一旦被动进入该模式，则应当尽快降落到安全位置，以避免发生事故。同时，应当尽量避免在 GNSS 卫星信号差及狭窄空间飞行，以免被动进入姿态模式，导致飞行事故。

2. 开关机

电池与通控器的开启、关闭方式相同，短按 1 次电源键后，长按设备电源 2 s，即可实现开启或关闭，如图 4.35 所示。

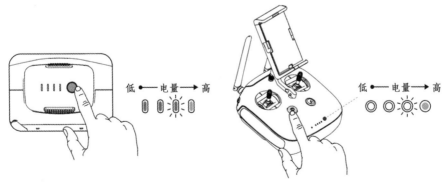

图 4.35　无人机及遥控器电源开关

注意：为保障无人机安全，防止无人机处于无遥控控制状态，无人机启动时，需先开启遥控器，后开启飞行器；关闭时，先关闭飞行器，后关闭遥控器。

1）启停电机

执行掰杆动作可启动电机。电机起转后，请马上松开摇杆，如图 4.36 所示。

（a）左右同时向内掰杆　　　　　　　　（b）左右同时向外掰杆

图 4.36　电机启动控制示意图

电机启动后，有两种停机方式。

方法一：飞行器着地后，先将油门杆推到最低位置，然后执行掰杆动作，电机立即停转，停转后松开摇杆。

方法二：飞行器着地后，将油门杆推到最低位置并保持 3 s 后，电机停转。

2）空中停机

空中停止电机方式：向内拨动左摇杆的同时按下返航按键。空中停止电机将会导致飞行器坠毁，仅用于发生特殊情况（如飞行器可能撞向人群）时需要紧急停止电机以最大程度减少伤害。

3. 操控飞行器

一般遥控器出厂时默认操控模式为美国手，因此本节以美国手为例介绍遥控摇杆操控方式。

（1）一般操控动作，见表 4.1 所示。

（2）智能返航。长按圆形按键直至蜂鸣器发出"嘀嘀"音激活智能返航，如图 4.37 所示。返航指示灯白灯常亮表示飞行器正在进入返航模式，飞行器将返航至最近记录的返航点。在返航过程中，用户仍然可通过遥控器控制飞行。短按一次此按键将结束返航，重新获得控制权。

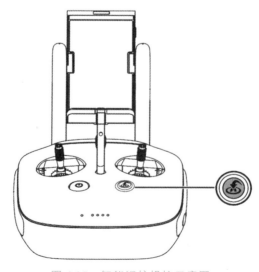

图 4.37　智能返航操控示意图

表 4.1 一般操控动作说明

遥控器（美国手）	飞行器（◀━为机头方向）	控制方式
		油门摇杆用于控制飞行器升降。往上推杆，飞行器升高。往下拉杆，飞行器降低。中位时飞行器的高度保持不变（自动定高）。飞行器起飞时，必须将油门杆往上推过中位，飞行器才能离地起飞（缓慢推杆，以防飞行器突然急速上冲）
		偏航杆用于控制飞行器航向。往左打杆，飞行器逆时针旋转。往右打杆，飞行器顺时针旋转。中位时旋转角速度为零，飞行器不旋转。摇杆杆量对应飞行器旋转的角速度，杆量越大，旋转的角速度越大
		俯仰杆用于控制飞行器前后飞行。往上推杆，飞行器向前倾斜，并向前飞行。往下拉杆，飞行器向后倾斜，并向后飞行。中位时飞行器的前后方向保持水平。摇杆杆量对应飞行器前后倾斜的角度，杆量越大，倾斜的角度越大，飞行的速度也越快
		横滚杆用于控制飞行器左右飞行。往左打杆，飞行器向左倾斜，并向左飞行。往右打杆，飞行器向右倾斜，并向右飞行。中位时飞行器的左右方向保持水平。摇杆杆量对应飞行器左右倾斜的角度，杆量越大，倾斜的角度越大，飞行的速度也越快
		按下遥控器上的"智能飞行暂停按钮"退出智能飞行后，飞行器将于原地悬停

（3）基础飞行。基础飞行的步骤：

① 把飞行器放置在平整开阔地面上，用户面朝机尾。

② 开启遥控器和智能飞行电池。

③ 运行 DJI GO4 App，连接移动设备与 Phantom 4，进入"相机"界面。

④ 等待飞行器状态指示灯绿灯慢闪，进入可安全飞行状态。执行掰杆动作，启动电机。

⑤ 往上缓慢推动油门杆，让飞行器平稳起飞。

⑥ 需要下降时，缓慢下拉油门杆，使飞行器缓慢下降于平整地面。

⑦ 落地后，将油门杆拉到最低的位置并保持 3 s 以上直至电机停止。

⑧ 停机后依次关闭飞行器和遥控器电源。

【习题与思考】

1. 简述飞行安全的定义。
2. 简述无人机飞行作业流程。
3. 简述无人机模拟器的构成。
4. 简述遥控器常用操作方式。
5. 简述固定翼无人机飞行操控过程。
6. 简述多旋翼无人机飞行操控过程。

第 5 章　无人机航空摄影测量

知识目标

理解无人机航空摄影的概念，了解无人机航摄的各种传感器；掌握无人机航空摄影及质量检查；了解无人机像片控制点的概念与分类；掌握像片控制点的布设原则与要求；理解无人机解析空中三角测量的概念；掌握无人机解析空中三角测量的方法与流程；了解无人机解析空中三角测量的精度；了解无人机影像 4D 产品生产流程和技术关键。

技能目标

能进行无人机航空摄影像片控制点的布设与施测；能进行无人机解析空中三角测量；能利用常见无人机影像处理软件进行无人机影像 DEM、DOM 和 DLG 的制作。

5.1　无人机航空摄影

无人机航空摄影是利用航空摄影机从无人机获取指定范围内地面或空中目标的图像信息，利用影像生成对应区域的测绘产品，为国民经济建设、国防建设和科学研究提供基础数据支持的技术。它一般不受地理条件限制，能获取广大地域的高分辨率像片。

5.1.1　无人机航空摄影流程

无人机航空摄影的全流程如图 5.1 所示。

1. 提出航空摄影技术要求

用户单位在确定航摄任务时应根据航摄规范、本单位的具体情况进行分析，一般可从以下几个方面考虑航空摄影规范约束之外的具体技术要求：规定摄区范围；规定摄影比例；规定航摄仪型号与焦距；规定航向重叠度和旁向重叠度的要求；规定任务执行的季节和时间期限；规定航空摄影成果应提供的资料名称和数量。

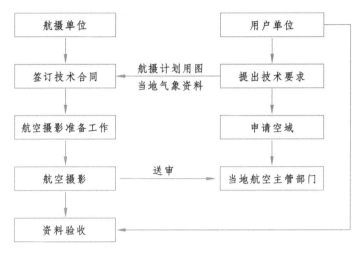

图 5.1　无人机航空摄影流程

2. 签订技术合同

用户单位明确航空摄影任务的具体技术要求后，应携带航摄计划用图和当地气象资料与承接方进行具体协商。双方应对航摄任务中提出的技术指标进行磋商，在平等、真实、自愿的基础上，经充分讨论确定之后，用户单位和承担航空摄影任务的单位签订航空摄影任务技术合同。

3. 空域申请

签订合同后，用户单位应向当地航空主管部门申请空域。在申请报告中应明确说明航摄高度、航摄日期等具体数据，还应附上标注经纬度的航摄区域略图。

4. 航空摄影准备工作

承担航空摄影任务的航摄单位在签订合同后，进行航摄的准备工作，包括航摄所需耗材的准备、航摄仪的检定、航摄分区图、航摄分区航线图、飞机与机组人员的调配等。

5. 航空摄影实施

航空摄影准备工作结束后，按照实施航空摄影的规定日期，选择天空晴朗少云、能见度好、气流平稳的天气，在中午前后的几个小时进入摄区进行航空摄影。无人机依据领航图起飞进入摄区航线，按规定的曝光时间和计算的曝光间隔连续地对地面摄影，直至第一条航线拍完为止；然后飞机盘旋转弯 180° 进入第二条航线拍摄，直至摄影分区拍摄完毕，如图 5.2 所示。如果测区面积较大、航线太长或地形变化大，可将测区分为若干分区，按区进行摄影。

飞行完毕后，应尽快进行影像处理，对像片进行检查、验收与评定，以此来确定是否需要重摄或补摄。

6. 送　审

申请空域和送审像片是各国在航空摄影时必须遵守的制度，航摄单位在完成航摄工作后，应将航摄像片送至当地航空主管部门进行安全保密检查。

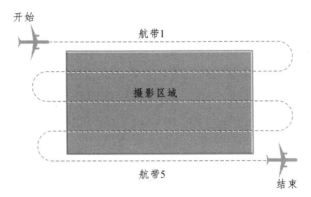

图 5.2 航测航行图

5.1.2 无人机测绘任务航线规划

无人机测绘任务航线规划要根据任务情况、地形环境情况、无人机飞行性能、天气条件等因素，设置航线规划参数，计算得到具体的飞行航线。

1. 测绘任务航线规划的参数

参考传统的航空摄影测量作业与无人机低空测绘作业的特点，可以将无人机任务飞行的参数分为以下几类。

1）成像参数

成像参数包括地面像元大小（比例尺）、影像旁向重叠度和航向重叠度。成像参数直接决定了后续数据处理和成图的质量。

2）任务飞行参数

任务飞行参数指在航摄任务飞行作业中无人机的各项飞行和执行测绘任务的要求。任务飞行参数的科学性、准确性将影响成像质量和作业效率。任务飞行参数包括：

（1）飞行高度（航高）。无人机任务飞行相对于平均地平面的高度。

（2）飞行速度。无人机任务飞行设定的突防速度和巡航速度。

（3）飞行方向。一般采用正东西或正南北的顺序以及逆序向。

（4）飞行摄线长。任务飞行方向作业区域长度。

（5）摄线数量。飞行在任务作业区域航摄线实际条数。

3）硬件参数

硬件参数主要指机载相机参数，包括相机分辨率、相机镜头焦距、相机存储容量、相机快门差等。其中，相机快门差是飞行控制系统中央门指令发出到实际曝光的时间差。

4）环境和其他影响因子

环境参数对飞行有很大影响，作为飞行适宜性和飞行轨迹的主要参考，包括地面平均高、地面高差、风向、风速等。

2. 测绘任务航线参数计算

1）计算流程

任务航线参数确定算法包括正算模型和反算模型两类。

（1）正算模型算法指直接通过成像参数和主参数计算出以任务飞行参数为主的计算参数的方法。正算模型的计算参数明确，计算速度快，是主要的计算方法，但最后得到的计算值有可能不完全符合飞行环境和飞行设置要求。

（2）反算模型算法指根据飞行环境确定计算参数，通过计算参数和主参数结合计算出成像参数，并评估成像参数是否符合成像要求的方法。反算模型适合复杂的飞行环境和飞行设置，但是需要多次计算完成。

2）计算方法

无人机测绘以完成测绘任务为目标，航线计算一般采用满足成像参数（目标参数）要求的正算模型算法，通过成像目标参数和主参数进行计算，其中包括目标像元大小 P、航向重叠度 A、旁向重叠度 D、数码相机传感器尺寸 C（$C_{航} \times C_{旁}$）、焦距 f、分辨率 R（$R_{航} \times R_{旁}$）和快门时间差 I。

无人机测绘过程一般采用横向拍摄，即相机长像幅与航线垂直的方法，飞行方向为像片的短边，垂直方向为像片的长边。

（1）航高的计算。

在无人机影像拍摄中，所使用的传感器一般是数码相机或摄像机，所拍摄的影像直接是数字影像，摄影比例尺主要由地面分辨率确定。

在地面分辨率要求一定的情况下，结合相机的性能指标，无人机摄影的计划飞行高度可按照式（5.1）计算：

$$H = f \times \frac{GSD}{\alpha} \tag{5.1}$$

式中　H——航高；

　　　f——镜头焦距；

　　　a——传感器像元尺寸；

　　　GSD——地面分辨率。

地面摄影像幅为 $K \times V$（即宽×高），其中像元大小为

$$P = \frac{K}{R_{航}} = \frac{V}{R_{旁}} \tag{5.2}$$

即飞行高度由焦距 f、目标像元大小 P、传感器尺寸 C 和分辨率 R 确定。

（2）摄影基线长的计算。

$$L_{基} = 2K - A \cdot K = (2 - A)P \cdot R_{航} \tag{5.3}$$

摄影基线由分辨率、航向重叠度和像元大小决定。

（3）航线间隔的计算。

由于航线和摄线是平行线，因此航线间隔与摄线间隔相同。航线间隔是两张像片中心的横向距离

$$L_{间} = 2V - D\frac{V}{2} \tag{5.4}$$

（4）转向线长和摄线长的确定。

摄线长由摄影区域和飞行路线确定，一般采用来回直线和转向弧线组合的方式，转向弧线由无人机飞行性能和航线间隔决定。

飞行速度与无人机飞行性能和航电系统有关。摄影基线长是由相机拍摄相隔时间决定的，摄影中控制系统和摄影快门有一时间差，必须进行修正，以提高拍摄位置的准确性。

摄影基线 $L_{基}$，飞行速度 S，每次拍摄相隔时间 $T = L_{基}/S$，快门时间差 $I < T$，则飞行速度 $S < L_{基}/I$。速度设定后，拍摄时间需要进行修正，则 $T = \dfrac{L_{基}}{S} + I$。

（5）像片数计算。

单条航线像片数为

$$\frac{L_{摄}}{L_{基}} + 1 \tag{5.5}$$

则总像片数

$$Q = \left(\frac{L_{摄}}{L_{基}} + 1 \right) \cdot n \tag{5.6}$$

（6）航线最大高差。

无人机飞行高度以主要地平面高度为主，在丘陵地带山丘比较多，会对飞行造成一定危险；另外高度不同会造成成像分辨率差别较大，数据处理困难。因此，飞行时飞行平均高度与航线中最高点的高差必须控制在一定范围内，根据高差分析其飞行适宜性。由于摄影像素差需要控制在四倍以内，同时要保证飞行安全，因此，一般航线高差不能超过飞行高度的 50%。如高差超过飞行设计高度的 50%，则不适宜进行低空飞行作业，或者需要更换更高像素的数码相机后调高飞行高度。

3. 测绘任务航线的布设

任务航线的布设是任务航线规划的中心工作，主要分为三种类型。

1）测绘点状目标

航线布设主要根据目标点的位置而定，布设的前线要保证无人机以平稳姿态过各目标点的正上空，可依次通过以小范围扫描，也可以在其上方布设盘旋航线，如图 5.3 所示。

2）测绘线状目标

测绘线状目标时，一般情况下，都是随着线状目标的中线上空布设巡航航线。线状目标呈带状分布且宽度较大时可以布设来回平行的航线，如图 5.4 所示。

3）测绘面状目标

测绘面状目标时航线的布设必须要保证足够的航向重叠和旁向重叠，实现无缝监测任务区域。一般采用扫描航线，可根据任务航线参数计算式分别计算出任务航高、摄影基线长和航线间隔等航线参数。为保证无人机转弯航线不在测绘任务区域范围内，实际的航线区域范围应大于测绘任务区域范围。所以，需要在航带的两端各延长一段距离作为无人机进入航带和离开航带的扩展航线，也就是说，每 2 条航带有 4 个航点，即进入航带航点、开始拍摄航点停止拍摄航点、离开航带航点。如图 5.5 所示，图中航点"1"为进入航带航点，航点"2"

为开始拍摄航点，航点"3"为停止拍摄航点，航点"4"为离开航带航点。一般采用无人机系统在给定条件下的最小转弯半径作为航带两端延长出的距离。

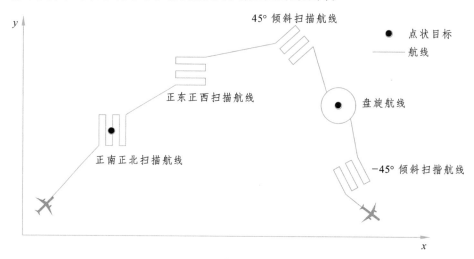

图 5.3　点状目标测绘航线

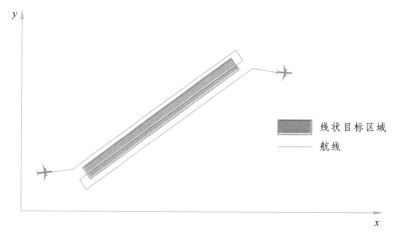

图 5.4　线状目标测绘航线

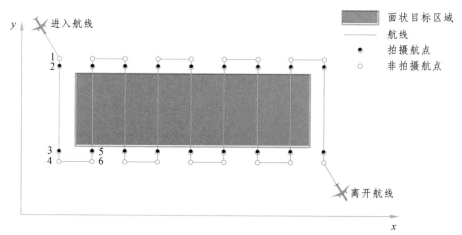

图 5.5　无缝覆盖目标区域的扫描航线

如果需要测绘的目标包括点状线状面状三类目标中的两种或两种以上，航线布设可以选择以上几种航线组合的方式。

5.1.3　无人机航摄质量检查

无人机航空摄影质量检查依据行业标准《低空数字航空摄影规范》（CH/Z 3005—2010）（以下简称《规范》）进行。

1. 无人机航空摄影飞行质量检查

无人机航摄所获取的数据，除了在现场检查饱和度、云和雾之外，还要从影像色调、像片重叠度、像片倾斜角、影像旋偏角、航高等方面进行检查。

1）像片重叠度

摄影测量使用的航摄像片，要求沿航线飞行方向两相邻像片上对所摄地面有一定的重叠度，称为航向重叠度。对于区域摄影，要求两相邻航带相邻像片之间也要有一定的影像重叠度，称为旁向重叠度。

按照《规范》，航向重叠度般为 60%～80%，个别最小不应小于 53%。相邻航线的像片旁向重叠度一般应为 15%～60%，个别最小不应小于 8%。根据相机曝光时刻的记录信息，利用软件按重叠度排列，确保整个航摄区域内没有出现漏摄，且所选数据的影像重叠均满足《规范要求》。

2）像片倾斜角

主光轴与铅垂线的夹角，称为像片倾斜角。像片倾斜角一般不大于 59°，个别最大不超过 120°，出现超过 8°的片数不多于总数的 10%。特别困难地区一般不大于 8°，最大不超过 15°，出现超过 10°的片数不多于总数的 10%。

3）像片旋偏角

相邻两像片的主点连线与同方向像片边框方向之间的夹角称为像片旋偏角。按照《规范》：对像片的旋偏角，一般要求小于 15°，在确保航向和旁向重叠度满足要求的前提下，个别最大不超过 30°；在同一条航线上旋偏角超过 20°的像片数不应超过 3 片。超过 15°旋偏角的像片数不应超过摄区总数的 10%。像片倾斜角和旋偏角不应同时达到最大值。

4）航　高

航高指摄影飞机在摄影瞬间相对某一水准面的高度，从该水准面起算向上为正号。根据所取基准面的不同，航高可分为相对航高和绝对航高。

（1）相对航高：指摄影机物镜中心相对于某一基准面的高度，常称为摄影航高。

（2）绝对航高：摄影机物镜中心相对于大地水准面的高度。

无人机在飞行过程中，受风力、气压等因素影响，实际飞行高度会偏离预设高度。航高变化直接影响影像重叠度及分辨率。按照《规范》规定：同一航线上相邻像片的航高差不应大于 30 m，最大航高与最小航高之差不应大于 50 m；摄影区域内实际航高与设计航高之差不应大于 50 m。利用飞机自带航迹文件，对测区内各航带最大航高差进行检查，确保所选数据航带内最大高差满足低空航空摄影规范要求。

飞行质量的检查是为了确保影像数据各项指标均满足相应规范要求，以达到后续的几何校正、航带整理等处理工作要求。飞行结束，应填写航摄飞行记录表，航摄飞行记录表格参照《规范》附录 B。若航摄中出现相对漏洞和绝对漏洞均应及时补摄，且应采用前一次航摄飞行的相机补摄，补摄航线的两端应超出漏洞之外两条基线。

2. 无人机影像质量检查

无人机影像质量应满足以下要求：

（1）影像应清晰，反差适中，色调柔和，应能辨认出与地面分辨率相适应的细小地物影像，能够建立清晰的立体模型。

（2）影像上不应有云影、烟、大面积反光、污点等缺陷。虽然存在少量缺陷，但不影响立体模型的连接和测绘，可以用于测制线划图。

（3）确保因飞机速度的影响，在曝光瞬间造成的像点位移一般不应大于 1 个像素，最大不应大于 1.5 个像素。

（4）拼接影像应无明显模糊、重影和错位现象。

5.2 无人机航测像片控制测量

无人机航测像片控制测量主要是通过踏勘已知点，根据像片上预选的控制点到实地选点并在像片上刺点，根据平高联测方案，进行选点、观测、计算及成果整理。

5.2.1 像片控制点的概念与分类

1. 像片控制点的概念

像片控制点（简称"像控点"）是指符合航测成图各项要求的测量控制点，是航空摄影空中三角测量和测图的基础，其点位的选择、点的密度和坐标、高程的测定精度直接影响摄影测量数据后处理的精度。

在航摄区域没有合适的像控点时，为提高刺点精度，保证成图精度，应在航摄前采用油漆刷成"十"字形或"L"形的方式提前布置像控点标志，如图 5.6 所示。布置成"十"形时，应在十字中心加喷直径为 5 cm 的圆点，以提高刺点精度。

（a）"十"字形布点 （b）"L"形布点

图 5.6 像控点标志

在航摄区域既没有合适的像控点，也没有适合刷油漆的硬化地面时，可以在测区布设一些木板、帆布或胶布像制作的像控标志，如图 5.7 所示。

2. 像控点分类

像片控制点分 3 种类型。

图 5.7　其他形式的像控点

（1）像片平面控制点：野外只需联测平面坐标，简称平面点。

（2）像片高程控制点：只需联测高程点，简称高程点。

（3）像片平高控制点：野外需同时测定点的平面坐标和高程，简称平高点。

生产中，为了方便确认控制点的性质，一般用 P 代表平面控制点，C 代表高程制点，N 代表平高控制点，V 代表等外水准点。

插图中以"○"表示平面控制点，"●"表示高程控制点，"◉"表示平高控制点，"⊗"表示水准点，"□"表示像主点。

5.2.2　像片控制点的布设原则与要求

1. 像片控制点布设的一般原则

（1）像控点一般按航线全区统一布设，像控点在测区内构成一定的几何强度。像控点布设要在整个测区均匀分布，选点要尽量选择固定、平整、清晰易识别、无阴影、无遮挡区域，如斑马线角点、房屋顶角点，方便内业数据处理人员查找（如无明显地标可用人工喷油漆或撒白灰的方式设置地标）。

如果是大面积规整区域，像控可按照"品"字形布点。如果区域面积很大，且精度要求较低时，可适当抽稀测区内部像控。如果是带状测区，布点需要在带状的左右侧布点，可以按照"S"或"Z"字形路线布点。

（2）像控点需选择较为尖锐的标志物，尽量选择平坦地方，避免树下、房角等容易被遮挡的地方，如果没有的话可以人工打点，人工像控点应该选择能够持久存在的东西，如果喷漆宽度不得低于 30 cm，并且棱角分明，如图 5.8 所示。

（3）像控点标志物尺寸应大于 70 cm，并且不易出现方向性错误，要明显显示是标志物的哪一部分。

图 5.8　地面像控标志

（4）像控点和周边的色彩需要形成鲜明对比，如果周边是深色，则标志以浅色为主，如果地面周边以白色为主，则可喷红色油漆。

（5）如果选择地物作为特征点，应该选择比较大的地物，并且提供现场照片 2～4 张说明像控点的位置，至少包含一张点的近景位置和一张周边景物位置，如图 5.9 所示。

（a）近景位置照片

（b）周边景物位置照片

图 5.9　地面像控点位置

（6）像控点布设的密度参照表 5.1。像控点布设首先要考虑测区地形和精度要求。如地形起伏较大，地貌复杂，需增加像控点的布设数量（10%～20%）。很多飞机有 RTK 或者 PPK 后差分系统，理论上可以减少地面控制点的数量，可以根据项目测试经验自行调整。

表 5.1　像控点密度

影像分辨率/cm	像控点密度/（米/个）	项目类型
1.5	100～200	地籍高精度测量
2	200～300	1∶500 地形图测量
3	300～500	1∶1000 地形图测量
5	500	常规规划测量设计

2. 像片控制点目标条件的要求

（1）像控点的目标应清晰、易于判制和立体量测，如选在夹角良好（30°～150°）的细小线状地物交点、明显地物拐角点，原始影像中不大于 3×3 像素的点状地物中心，同时应是高程起伏较小、常年相对固定且易于准确定位和量测的地方。

（2）控制点位目标应选在高程起伏较小的地方，以线状地物的交点和平山头为宜；狭沟、尖锐山顶和高程起伏较大的斜坡等，均不宜选作点位目标。

（3）当目标与其他像片条件发生矛盾时，应着重考虑目标条件。

3. 像片控制点在像片位置条件的要求

像控点在像片和航线上的位置，除各种布点方案的特殊要求外，应满足下列基本要求。

（1）像控点一般应在航向三片重叠和旁向重叠中线附近，如图 5.10（a）所示。布点困难时可分布在航向重叠范围内，在像片上应布在标准位置上，也就是布在通过像主点垂直于方位线的直线附近，如图 5.10（b）所示。

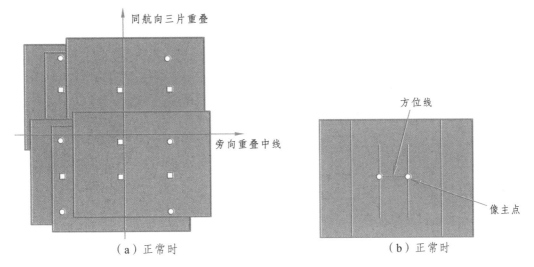

（a）正常时　　　　　　　　　　　　（b）正常时

图 5.10　像控点布设位置要求示意图

（2）像控点距像片边缘的距离不得小于 1 cm，因为边缘部分影像质量较差，且像点受畸变差和天气折光等所引起的移位较大；再者，倾斜误差和投影误差使边缘部分影像变形大，增加了判读和刺点的困难。

（3）点位必须离开像片上的压平线和各类标志（框标、片号等），以利于明确辨认。为了不影响立体观察时的立体照准精度，规定离开距离不得小于 1 mm。

（4）旁向重叠小于 15%或由于其他原因，控制点在相邻两航线上不能共用而需分别布点时，两控制点之间的垂直距离 h 应小于 1 cm，困难时应不大于 2 cm，如图 5.11（a）所示。

（5）点位应尽量选在旁向重叠中线附近，离开方位线的距离应大于 3 cm（18 cm×18 cm像幅）或 4.5 cm（23 cm×23 cm 像幅）；当旁向重叠过大而不能满足要求时，应分别布点，如图 5.11（b）所示。

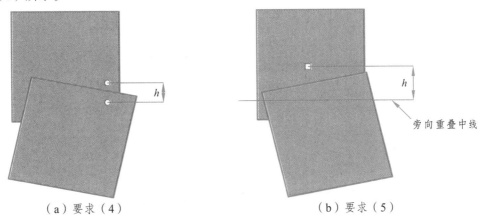

（a）要求（4）　　　　　　　　　　　（b）要求（5）

图 5.11　旁向重叠像控点布设

5.2.3　无人机航空摄影控制点布设方案

像片控制测量的布点方案是指根据成图方法和成图精度在像片上确定航外像片控制点的分布、性质、数量等各项内容所提出的布点规则，它是体现成图方法和保证成图精度的重要组成部分。

1. 低空无人机与传统航摄的区别

传统航摄像控点布设方式有全野外布点、航线网布点、区域网布点及特殊情况布点不但要求控制点多，工作量大，而且实施起来比较困难。无人机相对于传统航摄具有机动快速、操作简便、影像分辨率高等特点，在小范围的测绘中，信息获取快速，但在数据处理上又存在以下特点。

（1）无人机影像像幅小，基高比小，航线间距小，影像分辨率高，数据量大，加大了内业、外业工作量及数据处理难度。

（2）航迹不规则、无人机容易受到气流剧烈变化影响，易导致影像倾角过大，影像倾斜方向不规律；偏离预设航线飞行，造成航向重叠度和旁向重叠度不规则，对连接点的提取和布设增加了难度，使得影像匹配难度大，精度低。

因此，传统航摄采用的航向 3 条基线布设一个平高点，航区按四排平高点布设控制点，即在 6 片重叠区（航带内 3 片重叠，航带间 2 片重叠区）布设控制点的方式不适合无人机航测。无人机航摄按照控制点的布设方案分为全野外布点方案和非全野外布点方案两类。

2. 全野外布点方案

全野外布点是指正射投影作业、内业测图定向和纠正作业所需要的全部控制点均由外业测定的布点方案。这种布点方案精度要求较高、但外业工作量大，只在少数情况下使用。

全野外布点方案按成图方法不同，一般分为综合法布点方案和立测法（全能法）全野外布点方案。综合法全野外布点方案又分为隔片纠正布点法和邻片纠正布点法；全能法全野外布点方案又可分为单模型和双模型布点形式。

1）全野外布点方案使用情况

全野外布点方案常用于特殊要求或特殊地形，或小面积测图时，适用于下列情况：

（1）航摄像片比例尺较小，而成图比例尺较大，内业加密无法保证成图精度时。

（2）用图部门对成图精度要求高，采用内业加密不能满足用图部门需要时。

（3）用图时间紧迫，而航测外业在人力、物力、时间等方面又具有较快提供用图条件时。

（4）由于设备限制，航测内业暂时无法进行加密工作时。

2）用于像片纠正的布点方案

（1）隔片纠正布点：隔号像片的测绘面积的四角各布设一个平面控制点，如图 5.12（a）所示。

（2）邻片纠正布点：在测绘面积的四角各布设一个高程控制点，如图 5.12（b）所示。

3）用于立体测图仪作业的布点方案

（1）单模型测图：在测绘面积的四角各布设一个平高控制点，如图 5.13（a）所示。

（2）双模型测图：两个立体像对测绘面积的四角各布设一个平高控制点，如图 5.13（b）所示。

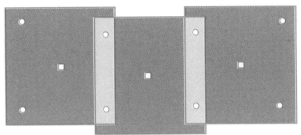

（a）隔片纠正布点图　　　　　　　　　　（b）邻片纠正布点图

图 5.12　用于像片纠正的布点方案

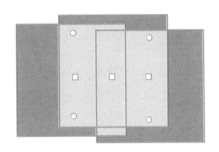

（a）单模型测图　　　　　　　　　　　（b）双模型测图

图 5.13　用于立体测图的布点方案

3. 非全野外布点方案

非全野外布点是指正射投影作业、内业测图定向和纠正作业所需的像片控制点主要由内业采用空三加密（解析空中三角测量）所得，野外只测定少量的控制点作为内业加密的基础。这种布点方案可以减少大量的野外工作量，提高作业效率，充分利用航空摄影测量的优势，实现数字化、自动化操作，是现在生产部门主要采用的一种布点方案。

采用非全野外布点时，外业只需测定少量的控制点作为内业进行加密的基础，内业在此基础上，通过加密作业可以求得内业测图所需的全部绝对定向点或纠正点的平面位置和高程。因此，作为加密基础的外业控制点必须精度高、位置准确、成果可靠，而且应满足不同加密方法提出的各项要求。

所谓加密，是指在控制点稀少、不能满足测图定向和纠正的情况下，内业采用某些仪器和计算手段，通过对立体模型的测量，精确地测定另一部分控制点，以满足测图定向纠正的需要。目前加密的方法主要是解析空中三角测量，又称电算加密。

非全野外布点方案通常有航线网布点与区域网布点两种方案。

1）航线网布点

航线网布点应满足航线网的绝对定向及航带网变形改正，有六点法与五点法布设形式。

（1）六点法：标准布点形式，适用于山地及高山地的测图，如图 5.14（a）所示。

（2）五点法：在航线首末各布设一对平高控制点，而在航线中央只布设一个平高控制点，位置可设在像片的上方或下方，如图 5.14（b）所示。

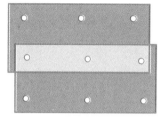

（a）六点法布点图　　　　　　　　　　（b）五点法布点

图 5.14　航线网布点方案

2）区域网布点

区域网布点方案一般适用于 1∶500 ～ 1∶2 000 大比例尺地形图测绘。

（1）当区域网用于加密平面控制点时，可沿周边布设 6 或 8 个平高控制点，如图 5.15 所示。

图 5.15　区域网布点图（平面控制点）

（2）当区域网用于加密平高控制点时，采用如图 5.16 所示的布点方案。

图 5.16　区域网布点图（平高控制点）

选择布点方案时主要应考虑地形类别、成图方法和成图精度，但也要考虑其他方面的实际情况，如航摄比例尺、航摄像片的质量情况、测区的地形条件、仪器设备及技术条件，以及内业、外业任务的平衡情况等，这样才能选出较好的布点方案。

5.2.4　像片控制测量的流程

随着航空摄影测量在各个测绘应用领域的普及，关于影像像片控制点的测量任务在各生产单位也日趋增多，而像片控制点在航测数字化成图过程中也起到非常重要的作用。像片控制测量的流程有以下三大步骤。

1. 根据航测区域确定像片控制点

像片控制点的精度和数量直接影响航测数据后处理的精度，所以像片控制点的布设和选择应当尽量规范、严格、精确。对于不带 RTK 或 PPK（Post-Processing Kinematic，GPS 动态后处理差分）功能的无人机，对像片控制点的要求很高，需要在航带附近布设较密的像片控制点，以保证其相对位置的精确性。而带 RTK、PPK 功能的无人机，对像片控制点的数量要求相对不带该功能的无人机就少了很多，RTK、PPK 功能使得飞机在作业的时候相对位置准确，有 POS 数据来支持其执行任务过程中的可靠性。

2. 野外布设像片控制点

布设像片控制点之前要做好准备工作，首先要查看航测区域的地质地貌条件，肉眼较好辨别的区域是农田、乡村小道居多，还是公路、水泥路居多，准备油性喷漆、标靶板。

像片控制点应选在影像清晰的明显地物点、地物拐角点、接近正交的线状地物交点或固定的点状地物上。当刺点目标与位置不能兼顾时，以目标为主。高程点选在局部高程变化较小且点位周围相对平坦地区。像片控制点应在相邻像片上均清晰可见。

如果是带状测区，则需要在带状区域的左右侧布点，可以按照"S"形路线布点。左右侧指航测区域的范围，并不是没有航线的地方。每一侧的临近点位距离按照 GSD 和实际情况而定。

3. 像控点测量

像控点测量是指根据像片上内业的布点方案，在实地根据影像的灰度和形状找到并确定像控点的位置，测量并记录该点平面坐标及其高程。像控点测量方法有如下几种。

1）用国家控制网作为像控点

国家控制网又称为基本控制网，即在全国范围内按照统一的方案建立的控制网。它是全国各种比例尺测图的基本控制网，它首先用精密仪器、精确方法测定，然后进行严格的数据处理，最后确定控制点的平面位置和高程。具体分为一、二、三、四这四个等级，而且是由高级向低级逐渐加以控制。

控制点也被认为是已知点，即已测定高程值的点。控制点分平面控制点和高程控制点，平面控制点又分为三角点、导线点、GNSS 点等多种类型，高程控制点按观测方法分有水准点和三角高程点，按等级分有一、二、三、四等和等外级。

2）采用仪器测量像控点

主要测量仪器有 RTK 及全站仪。这些仪器精度也是不同的，RTK 一般是厘米级精度，而全站仪可以达到毫米级精度。用 RTK 方法进行测量，通过 GNSS 进行定位，连接基准站（已知点）或者是 CORS 站实时坐标转换测得像控点，可以从任意固定点做起算，之后将 WGS84 坐标转换为 2000 坐标。

当前，利用多基站网络 RTK 技术建立的连续运行卫星定位服务综合系统（CORS）已成为城市 GNSS 应用的发展热点之一。CORS 系统是卫星定位技术、计算机网络技术、数字通信技术等高新科技多方位、深度结合的产物。CORS 系统由基准站网、数据处理中心、数据传输系统、定位导航数据播放系统、用户应用系统五个部分组成，各基准站与监控分析中心间通过数据传输系统连接成一体，形成专用网络。

3）使用传统测量方法或通过其他资源（LiDAR、旧的地图、网络地图）获得像控点

到相关测绘地理档案馆查阅已有资料，如 1∶10 000 地形图，在图上量取固定点做起算也可，但是此方法精度不高。

4）以独立坐标系定义采集像控点

以独立坐标系定义采集像控点后，还需要再联测国家控制网的已知点进行转换计算。

5.3 无人机解析空中三角测量

5.3.1 无人机解析空中三角测量概述

1. 解析空中三角测量的概念

解析空中三角测量，也称为摄影测量加密或者空三加密。它是利用空中连续摄取的具有一定重叠的航摄像片，依据少量野外控制点的地面坐标和相应的像点坐标，根据像点坐标与地面点坐标得三点共线的解析关系或每两条同名光线共面的解析关系，建立与实地相似的数字模型，按最小二乘法原理，用电子计算机解算，求每张影像的外方位元素及任一像点所对应地面点的坐标。

2. 解析空中三角测量的作用与特点

解析空中三角测量在摄影测量技术领域的主要作用是：

（1）为模型建立提供定向控制点和像片定向参数。

（2）测定大范围内界址点的统一坐标。

（3）单元模型中大量地面点坐标的计算。

（4）解析近景摄影测量和非地形摄影测量。

解析空中三角测量的作业特点反映以下 5 个方面：

（1）不受通视条件限制，把大部分野外测量控制工作转至室内完成。

（2）不触及被量测目标，即可测定其位置。

（3）可快速地在大范围内同时进行点位测定，以节省野外测量工作量。

（4）可引入系统误差改正和粗差检测，可同非摄影测量观测值进行联合平差。

（5）摄影测量平差时，区域内部精度均匀，且不受区域大小限制。

5.3.2 无人机解析空中三角测量的方法与流程

1. 光束法区域网空中三角测量

1）光束法区域网空中三角测量的基本思想

以一张像片组成的一束光线作为一个平差单元，以中心投影的共线方程作为平差的基础方程，通过各光线束在空间的旋转和平移，使模型之间的公共点的光线实现最佳交会，将整体区域最佳地纳入控制点坐标系中，从而确定加密点的地面坐标及像片的外方位元素。

2）光束法区域网空中三角测量的原理

光束法区域网空中三角测量是以投影中心点、像点和相应的地面点三点共线为条件，以单张像片为解算单元，借助像片之间的公共点和野外控制点，把各张像片的光束连成一个区域进行整体平差，解算出加密点坐标的方法。其基本理论公式为中心投影的共线条件方程式：

$$X = X_S + (Z - Z_S) \frac{a_1 x + a_2 y - a_3 f}{c_1 x + c_2 y - c_3 f}$$

$$Y = Y_S + (Z - Z_S) \frac{b_1 x + b_2 y - b_3 f}{c_1 x + c_2 y - c_3 f}$$

（5.7）

式中 f——相机焦距；

    Z——测区平均高程；

    (X_S, Y_S, Z_S)——相机投影中心的物方空间坐标；

    $(a_i, b_i, c_i)(i=1, 2, 3)$——影像的 3 个外方位角元素 (φ, ω, k) 组成的 9 个方向的余弦；

    (x, y)——像点坐标；

    (X, Y)——相应的地面点坐标。

由每个像点的坐标观测值可以列出两个相应的误差方程式，按最小二乘准则平差，求出每张像片外方位元素的 6 个待定参数，即摄影站点的 3 个空间坐标和光线束旋转矩阵中 3 个独立的定向参数，从而得到各加密点的坐标。

2. 无人机 POS 辅助空中三角测量

POS 辅助空中三角测量是将 CNSS 和 IMU 组成的定位定姿（POS）系统安装在航摄平台上，获取航摄仪曝光时刻摄站的空间位置和姿态信息，将其视为观测值引入摄影测量区域网平差中，采用统一的数学模型和算法整体确定点位并对其质量进行评定的理论、技术和方法。

无人机航摄数据通常带有定位定姿 POS 数据，即航摄影像的外方位元素。根据《IMU/GPS 辅助航空摄影技术规范》（GB/T 27919—2011）中直接定向法和辅助定向法的规定，无人机航摄数据空中三角测量可以采用直接定向法或辅助定向法。

1）利用 POS 数据直接定向

低空无人机飞行的不稳定性使其获取的外方位元素存在粗差及突变，在利用 POS 辅助平差前可对其进行定优化。首先利用飞机获取的外方位元素中的线元素进行同名像点匹配，并进行平差，得到新的外方位元素，剔除部分粗差，实现对原始 POS 信息优化。

在影像外方位元素已知的情况下，测量一对同名像点后，即可利用前方交会计算出对应地面点的地面摄影测量坐标。

2）辅助定向法

利用少量外业控制点或已有其他资料结合 POS 数据进行辅助空中三角测量，称为辅助定向法。控制点量测工作是区域网平差中的工作之一，无人机航摄的 POS 数据精度较低，但是 POS 数据提供了每张像片的外方位元素，利用 POS 数据可以实现控制点的自动展点，提高摄影测量区域间平差效率。外业控制点的精度高，利用高精度的外业控制点与 POS 数据提供的每张像片外方位元素的初始值共同参与空中三角测量，既能提高平差效率，又能提高平差速度。

在没有野外控制点，IMU 数据又不能满足要求的情况下，通过在正射影像数据、DEM 数据、数字地形图、纸质地形图等已知地理信息数据中选取已知特征点作为控制点的方法进行控制点采集，同样可以结合 POS 数据联合进行空中三角测量，可以满足应急保障和突发事件处理的测绘需求。

3. 无人机光束法区域网平差方法

目前，无人机航摄数据空中三角测量平差方法一般采用光束法区域网空中三角测量。一般直接把摄影光束当成它的平差单元，而且在整个过程当中都是以共线方程作为其计算的理论基础，利用每个光束在空中的位置变换，使模型间公共点的光线实现对对相交（每一对光线都相交）。在计算的过程当中，把整个测区影像纳入统一的物方坐标系，进行整个区域网的概算。这样做的目的是可以确定整个区域中所有像片外方位元素的近似值，同时也能够获得各个不同加密点坐标所具有的近似值，然后将其推广到整个区域范围中，进行统一的平差处理，最终得到每张像片的外方位元素和所有加密点的物方坐标，其原理如图 5.17 所示。光束法平差依然采用共线方程作为基础数学模型。像点坐标为未知数的非线性函数，对其进行线性化，通过对待定点坐标求偏微分来完成，把像点坐标视为观测值，可列出误差方程式。

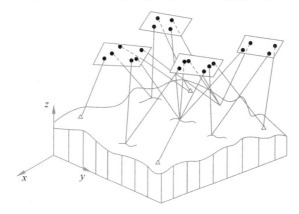

图 5.17　光束法区域网空三模型

为了充分利用 POS 数据，基于光束法区域网平差的数学模型，根据有无外业控制点数据及控制点数据所占的权重，光束法平差可分为自由网平差、控制网平差和联合平差。

1）自由网平差

自由网平差可以简单理解成将所有匹配点的像点坐标一起进行平差，其中像点坐标为等权观测，其实现过程如下：

（1）根据影像匹配构网生成的像片外方位元素和地面点坐标的近似值。

（2）建立误差方程和改化方程。

（3）依据最小二乘准则，解算出每张外方位元素和待定点地面坐标。

（4）根据平差后解算出的外方位元素和待定点的地面坐标，可以反算出每个物点对应的像点坐标，求得像点残差。

（5）给定像点残差阈值，将大于该阈值的像点全部删除后，继续建立误差方程和改化方程进行平差解算，以此循环迭代直到像点残差阈值满足给定的要求。

对于自由网平差中阈值限定的要求，传统的数字摄影测量，按《数字摄影测量空中三角测量规范》（GB/T 23236—2009）中规定：扫描数字化航摄影像最大残差应不超过 0.02 mm（1个像素），数码影像最大残差应不超过 2/3 像素；扫描数字化航摄影像连接点的中误差不超过 0.01 mm（1/2 个像素），数码影像连接点的中误差应不超过 2/3 像素。

2）控制网平差

控制网平差在此可以理解成将控制点和匹配点的像点一起进行平差，但是控制网平差中的像点坐标不是等权观测，会对控制点进行权重的设置。其实现过程和自由网平差类似，对于阈值的要求也是根据自由网平差中国家规范规定。所不同的是，平差解算出的外方位元素和待定地面坐标时，也会根据解算出的外方位元素求出对应的控制点地面坐标，此时与真控制点坐标有个差值。对于这个差值的要求，根据国家规定可以分别在《数字航空摄影测量空中三角测量规范》和《低空数字航空摄影测量内业规范》（CH/Z 3003—2010）中查询，因为这个残差是根据成图比例尺来确定的，不同的成图比例尺要求的控制点残差也不一样。

3）联合平差

联合平差可以简单地理解成对两种不同观测手段的数据在一起进行平差，在光束法区域网空中三角测量加密中，则是 POS 与控制点一起进行平差。根据 POS 和控制点在平差过程中所占的权重，联合平差又可分为"POS+控制点"和"控制点+POS"两种方式。

对于以上的三种平差方式，目前在实际生产中，自由网平差是整个空中三角测量流程中必不可少的一步，需要对所有的像点进行平差剔除；而对于控制网平差，是根据实际生产中是否提供外业控制点资料、是否按控制点方式进行空中三角测量。只有在引入控制点时才需要进行控制网平差，以及删除粗差点。控制网平差的解算方式是目前国内应用最广泛的加密方式；联合平差限于国内研究还较少的现状，应用不是很广泛。

4. 无人机空中三角测量流程

空中三角测量主要涉及资料准备、相对定向、绝对定向、区域网接边、质量检查、成果整理与提交等主要环节。空三加密流程如图 5.18 所示。

首先进行立体像对的相对定向，其目的是恢复摄影时相邻两张影像摄影光束的相互关系，从而使同名模型连接检查不成功光线对相交。相对定向完成后就建立了影像间的成功相对关系，但此时各模型的坐标系还未统一，需通过模型间的同名点和空间相似变换进行模型连接，将各模型控制点人工量测、编辑，统一到同一坐标系下。利用立体像对的相对定向区域网平差构建单航带自由网，确定每条航带内的影像在空间的相对关系。构建单航带后，利用航带间的物方同名点和空间相似变换方法对各单航带自由网检查解算结果，不满足要求的进行航带间的拼接，将所有单航带自由网统一到同一航测成果输出带坐标系下，形成摄区自由网。由于相对定向和模型连接过程中存在误差的传递和累积，易导致自由网的扭曲和变形，因此必须进行自由网平差，以减少这种误差。自由网平差后导入控制点坐标，进行区域网平差，目的是对整个区域网进行绝对定向和误差配赋（分配和赋值）。

1）相对定向

相对定向的目的是恢复构成立体像对的两张影像的相对位置，建立被摄物体的几何模型，解求每个模型的相对定向参数。相对定向的解法包括迭代解法和直接解法。其中，迭代解法解算需要良好的近似值，而直接解法解算则不需要。当不知道影像姿态的近似值时，利用相对定向的直接解法进行相对定向。相对定向主要通过自动匹配技术提取相邻两张影像同名定向点的影像坐标，并输出各原始影像的像点坐标文件。通过影像匹配技术自动提取航带内、航带间所有连接点，运用光束法进行区域自由网平差，输出整个区域同名像点三维坐标。通常利用金字塔影像相关技术和最大相关系数法识别同名点对，获取相对定向点，在剔除粗差的同时求解未知参数，从而增加相对定向解的稳定性。由于无人机的姿态容易受气流的影响，重叠度小的相邻影像间的差异可能很大，匹配难度增加，大的重叠度则可以减少相邻影像间的差异，使得同名点的匹配相对容易。

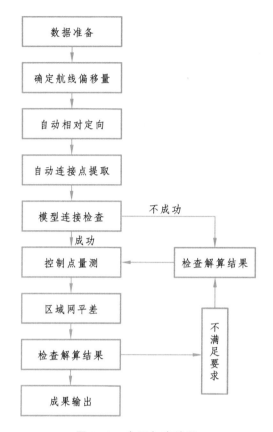

图 5.18　空三加密流程

2）绝对定向

绝对定向是无人机航空影像定位的重要环节，实现了相对定向后立体模型坐标到大地坐标转换。在实际定向解算中，需要求解两个坐标空间的 3 个平移参数、3 个旋转角参数、1 个比例参数。绝对定向后，即可依据无人机影像的像片坐标计算目标大地坐标。绝对定向参数求解的可靠性与精度直接影响定位的精度。绝对定向有如下 3 个步骤：

（1）进行平差参数设置，调整外方位元素的权和欲剔除粗差点的点位限差，通过区域网光束法平差计算，分别生成控制点残差文件、内外方位元素结果文件、像点残差文件等平差结果文件。

（2）看平差结果是否合格，如果不合格，继续调整外方位元素的权和粗差点的点位限差，直至平差结果合格为止。

（3）生成输出平差后的定向点三维坐标、外方位元素及残差成果等文件。

5.3.3　无人机解析空中三角测量的精度

在实际生产中，无人机解析空中三角测量的定位精度是重要精度指标。空中三角测量的精度可以从两个方面分析：第一，从理论上分析，将待定点（或加密点）的坐标改正数视为一个随机误差，根据最小二乘平差中的函数关系，结合协方差传播定律求出坐标改正数的方差协方差矩阵，以此得到平差精度；第二，直接将地面测量坐标值视为真坐标值，通过比较地面控制点的平差坐标值和地面测量坐标值进行校值分析，将多余的控制点坐标值视为多余观测值和检查点，进行精度分析。

理论精度一般反映了对象的一种误差分布规律，观测值的精度以及区域网的网形结构都会影响不同的误差分布，通过误差分布的规律，可以对网形及控制点的分布进行更合理的设计。而实际精度用来评价空中三角测量更为接近事实精度，理论上，在不存在不必要的误差影响下，理论的精度应与实际精度相同。但是实际生产中，两者都有不同的精度，不同的精度分析可以发现观测值或平差模型中存在不同的误差类型。因此，测量平差中对于多余控制点的观测是非常必要的。

1. 空中三角测量的理论精度

摄影测量中的空中三角测量的理论精度为内部精度，反映了区域网中偶然误差的分布规律与其余点位的分布有关。其理论精度都是以平差获得的未知数协方差矩阵作为测度进行评定的，通常采用式（5.6）表示第 i 个未知数的理论精度。

$$m_i = \sigma_0 \cdot \sqrt{Q_{ii}} \tag{5.8}$$

式中　Q_{ii}——法方程逆矩阵 Q_{XX} 二阵对角线上第 i 个对角线元素；

　　　σ_0——单位权观测值的中误差，可以用像点观测值的验后均方差表示，其计算式为

$$\sigma_0 = \sqrt{\frac{V^{\mathrm{T}}PV}{r}} \tag{5.9}$$

其中　V——像点观测值的改正数；

　　　P——权值；

　　　r——多余观测数。

空中三角测量的理论精度表达了量测误差随平差模型的协方差传播规律，与区域网内部网型结构有关，区域网为何种布设，误差传播规律在区域网内部的传播就变得不同，导致精度也不同，但各未知数的理论精度和像点的量测精度成正比。因此，理论精度可以认为是区域网平差的内部精度。

2. 空中三角测量的实际精度

实际精度与理论精度存在差异是由于在平差模型中可能含有残差的系统误差，当与偶然误差综合作用而产生差异。但是实际精度的定义公式很便捷，一般用多余控制点的真实坐标与平差坐标之间的较值来衡量平差的实际精度。空中三角测量实际精度估算式为

$$
\begin{aligned}
\mu_X &= \sqrt{\frac{\Sigma(X_{真实} - X_{平差})^2}{n}} \\
\mu_Y &= \sqrt{\frac{\Sigma(Y_{真实} - Y_{平差})^2}{n}} \\
\mu_Z &= \sqrt{\frac{\Sigma(Z_{真实} - Z_{平差})^2}{n}}
\end{aligned}
\tag{5.10}
$$

空三加密结果的精度由野外测量的检查点来评定通过计算摄影测量加密点坐标值与外业实际测量坐标的差值来完成。检查点的平面中误差和高程中误差均根据式（5.9）求解。

$$m_i = \pm \sqrt{\frac{\sum\limits_{i=1}^{n}(\Delta_i \Delta_i)}{n}} \tag{5.11}$$

式中　m_i——检查点中误差；

　　　Δ_i——第 i 个检查点野外实测点坐标与解算值的误差；

　　　n——参与评定精度的检查点的个数，一幅图应该有一个检查点。

3. 区域网平差的精度分布规律

（1）精度最弱点位于区域的四周。

（2）密周边布点时，光束法的测点精度接近常数。

（3）稀疏布点时，精度随区域的增大而降低，增大旁向重叠可提高平面坐标的精度。

（4）高程精度取决于控制点间的跨度，与区域大小无关。

4. 精度评价要求

无人机影像进行空三优化时，对空三优化结果的评价主要依赖像点坐标和控制点坐标的残差、标准差、偏差和最大残差等指标，同时还需考虑点位的分布、数量和光束的连续性等因素。残差反映了原始数据的坐标位置与优化后坐标位置的差；偏差源于输入原始数据的系统误差；最大残差是指大于精度限差点的残差；标准差反映了优化后的坐标与验前精度的比较，反映了数学模型优化的好坏。对无人机影像空三优化结果进行评价，应从以下 3 个方面进行考虑。

（1）对于连接点数量，一般要求每张影像上的连接点个数不能少于 12 个，且分布均匀。对于沙漠、林地和水体等特殊地区类型，可以降低要求，但也不能少于 9 个。每条航带间的连接点不能少于 3 个。

（2）对于空三结果精度报告的评价，一般要求连接点在 x 和 y 方向上的像坐标标准差值小于 3 像素；连接点在 x 和 y 方向的像坐标最大残差值小于 1.5 像素；每张影像的像坐标平面残差小于 0.7 像素。地面控制点与自由网联合平差计算时，控制点精度应符合成图要求，特殊地类、特殊影像可以适当放宽。

（3）对于应急响应的项目，空三优化可以放宽精度要求。连接点在 x 和 y 方向的像坐标标准差可以放宽到 0.6 像素以内，x 和 y 方向的像坐标最大残差值在 5 像素以内，每张影像的像坐标平面残差值在 1 像素以内。每张影像上连接点个数不低于 10 个，对于特殊地图类型的连接点个数不能少于 8 个，航带间的连接点个数不能少于 2 个。满足以上精度要求可以提交快速空三成果，生成应急正射影像图，但不能构建立体像对和生成数字表面模型（DSM）。

5. 影响解析空中三角测量精度的主要因素

1）像控点精度和影像分辨率

控制点的可靠性与精度直接影响定位的精度，乃至最终定位能否实现。影像的精度依赖于影像分辨率。根据成像比例尺公式可知，影像的分辨率除与 CCD 本身像元大小有关外，还与航摄高度有关，在焦距一定的情况下航高越低，分辨率越高。

2）测量精度

利用光束法对测量点进行加密的时候，首先对于测量的坐标观测值往往有一个非常高的精度要求，但是在具体的测量作业过程中，这种粗差往往是不可避免的。当粗差发生的时候，基本上都是在地面控制点以及各个人工加密点当中。它不仅使得误差增大，而且会导致整个加密数学模型的形变，对加密的精度是极具破坏性的。另外，如果控制点或连接点存在较大的粗差，而没有剔除就进行自检校平差，会将粗差当作系统误差进行改正，导致错误的平差结果。因此，有效剔除相差是提高加密精度的必然选择。

3）平差计算精度

光束法平差的方法主要是把外业控制点所提供的相应坐标值直接作为整个系统的观测值来使用，然后能够通过这个数值列出相应的误差方程。在这个方程中还需要赋予各个不同的元素以及合适的权重，然后和待加密点所具有的相应误差方程进行联立求解。在加密软件中，控制点权重的赋予是通过在精度选项中分别设定控制点的平面和高程精度来实现的。为防止控制点对自由网产生变形影响，不宜在开始就赋予控制点较大的权重。一方面，可避免为附合控制点而产生的像点网变形，得到的平差像点精度是比较可靠的；另一方面，绝大部分控制点都不会被当作粗差挑出，避免了控制点分布的畸形。

5.4 无人机影像新型基础测绘产品生产

无人机航摄测量的新型基础测绘产品应用非常广泛，无人机航摄获取地面影像数据，利用软件可制作数字成图产品，包括 DEM、DOM、DLG、DRG 等，其中 DRG 在工程中不常用，在地理信息数据处理和分析中的空间分析较为常用。每种数字产品都需要特定的工作步骤和流程，必须严格按照既定的工作流程逐步完成各种数字产品的生产。

5.4.1 新型基础测绘产品简介

新型基础测绘的主要产品包括地理实体产品和地理场景产品。地理实体产品是现实世界具有独立属性或功能的自然地物和人文设施的抽象表达基础测绘产品，是在地理场景产品基础上经过对象化或单体化处理后的深加工产品；地理场景产品是一定区域范围内连续成片地反映现实世界原始地理空间位置、形态和拓扑关系等信息的基础测绘产品。地理场景产品主要作为"底图"使用，能够形象、直观地反映区域范围内地理空间分布形态和地物间相互位置关系等，为用户提供 生动形象的可视化效果。

新型基础测绘中的地理场景产品包含 4D 产品（DLG、DRG、DEM、DOM）、DSM 和实景三维模型、可量测实景影像、激光点云等新型测绘产品。4D 产品是构建地理实体数据的基础数据源。

1. DEM/DSM 产品

数字高程模型（Digital Elevation Model，DEM）是一定范围内规则格网点的平面坐标（x，y）及其高程（z）的数据集，它主要是描述区域地貌形态的空间分布，是通过等高线或相似立体模型进行数据采集然后进行数据内插而形成的。DEM 是对地貌形态的虚拟表示，可衍生出等高线、坡度图等信息，可制作透视图、断面图，进行工程土石方计算、表面覆盖面积统计，用于与高程有关的地貌形态分析、通视条件分析、洪水淹没区分析。

数字表面模型（Digital Surface Model，DSM），是指包含了地表建筑物、桥梁和树木等高度的地面高程模型，通常利用软件处理先得到的是 DSM，必须通过一定的技术手段将地面上的建筑物、树木等过滤掉，才是真实的数字高程模型 DEM。

近年来常见的 DEM 数据，包括网上可以下载的免费 SRTM 卫星干涉雷达数据、机载LiDAR、无人机航测 DEM 数据等格式和类型。SRTM DEM 平面基准采用 WGS-84 坐标系统，高程基准采用 EGM96 大地水准面。SRTM DEM 包括 SRTM1（分辨率 30 m）和 SRTM3（分辨率 90 m），目前这两种数据都可以在网上免费下载得到。但主要存在两个问题：一是在垂直方向上存在较大的误差，包括一些水域都不平坦；二是存在大量的数据空洞和缝隙，特别是在高山地区，经过与实地测量成果比较，SRTM 数据的精度和可靠性较差。机载 LiDAR 技术是基于激光测距技术、全球定位系统 GPS 和惯性导航系统 IMU 的集成系统的一种新型测绘技术，它获取的激光点云数据是包含地物及地表的三维激光点数据。通常，采用机载 LiDAR 技术获取的 DEM 数据精度最高，但成本较高。通过航测方法尤其是目前常用的无人机航测的方法获取的 DEM 数据，可根据需要随时获取，精度可以达到目前有关低空航摄相关规范要求的高程精度，且时相较好，质量可靠，完全满足物探生产对高程精度的要求。

2. DOM 产品

数字正射影像图（Digital Orthophoto Map，DOM）是利用数字高程模型（DEM）对经扫描处理的数字化航空像片或高空采集的卫星影像数据，逐像元进行投影差改正、镶嵌，按国家基本比例尺地形图图幅范围剪裁生成的数字正射影数据集。它的信息丰富直观，具有良好的可判读性和可量测性，从中可直接提取自然地理和社会经济信息。

对于航空像片，利用全数字摄影系统，恢复航摄时的摄影姿态，建立立体模型，在系统中对 DEM 进行检测、编辑和生成，最后制作出精度较高的 DOM。

对于卫星影像数据，可利用已有 DEM 数据，通过单片数字微分纠正生成 DOM 数据。

3. DLG 产品

DLG（Digital Line Graphic，数字划线地图）是现有地形图上基础地理要素分层存储的矢量数据集。DLG 既包括空间信息也包括属性信息，可用于建设规划、资源管理、投资环境分析等各个方面以及作为人口、资源、环境、交通、治安等各专业信息系统的空间定位基础。

在数字测图中，比较常见的产品就是数字线划图，外业测绘的成果通常就是 DLG。该产品能够从多方面描述地表现象，目视效果与同比例尺一致但色彩更加丰富。本产品满足各种空间分析要求，可随机地进行数据选取和显示，与其他信息叠加，可进行空间分析、决策。其中部分地形要素可作为数字正射影像地形图中的线划地形要素。

数字线划地图是一种更为方便的放大、漫游、查询、检查、量测、叠加地图。其数据量小，便于分层，能快速生成专题地图，因此也被称为矢量专题信息（Digital Thematic Information，DTI）。

4. DRG 产品

数字栅格地图（Digital Raster Graphic，DRG）是根据现有纸质、胶片等地形图经扫描和几何纠正及色彩校正后，形成在内容、几何精度和色彩上与地形图保持一致的栅格数据集。可作为背景与其他空间信息相关，用于数据采集、评价与更新，与 DOM、DEM 集成派生出新的可视信息。

数字栅格地图是通过一张纸质或其他质地的模拟地形图，由扫描仪扫描生成一维阵列影像，同时对每一系统的灰度（或分色）进行量化，再经二值处理、图形定向、几何校正即形成一幅数字栅格地图，需要经过以下几个步骤：

（1）图形扫描：采用扫描分辨率不低于 500 dpi 的单色或彩色扫描仪扫描。

（2）图幅定向：将栅格图幅由扫描仪坐标变换为高斯投影平面直角坐标。

（3）几何校正：消除图底及扫描产生的几何畸变。可以采用相关软件对栅格图像的畸变进行纠正，纠正时要按公里格网进行，通过仿射变换及双线性变换实现图幅纠正。

（4）色彩纠正：用 Photoshop 等软件进行栅格图编辑轰动单色图按要素人工设色，对彩色图作色彩校正，为使色彩统一，应按规定的 RGB 比例选择所用的几种色调。

5.4.2 无人机影像 4D 产品生产技术流程

无人机航摄影像质量合格后，经内业数据处理生成 4D 产品。数据处理需采用无人机影像数据处理软件进行，如 ContextCapture、Pix4DMapper、MetaShape/PhotoScan、UASMaster、South-UAV、EPS、大疆智图、PixelGrid、DPGrid、VirtuoZO、Inpho 等，这些软件均可处理无人机影像数据。首先，将无人机航摄影像数据导入软件，读取 POS 数据，设定相机检验参数，进行影像预处理，包括畸变修正、像片旋转、图像增强和匀光等；其次，根据自动提取的同名像点和 POS 数据进行自由平差，得到测区影像相对定向模型；最后，根据外业像控点的 2000 国家大地坐标，进行空三加密与区域网平差，获得影像绝对坐标位置（即绝对定向），通过相对定向和绝对定向后，建立影像的绝对模型，根据实际需要进行测绘产品的生产和制作。

无人机影像 4D 产品生产技术流程如图 5.19 所示。

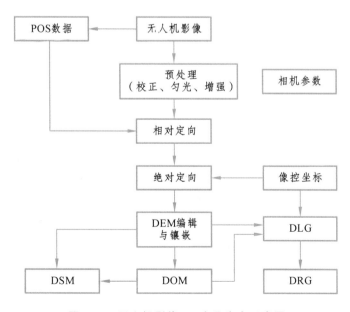

图 5.19　无人机影像 4D 产品生产示意图

5.4.3 无人机影像 4D 产品生产技术关键

无人机航摄测量数据经过内业处理后可生产 4D 产品的关键在于相对定向和绝对定向的处理。DSM 是 4D 产品的关键环节，可为 DOM 和 DEM 及 DLG 提供高程参考。通过相对定向建立的三维自由模型和经过空三加密平差后建立与地面联系的三维绝对定向模型，这两个模型精度必须严格控制，否则会影响最终成果精度。DEM 是在软件辅助下自动生产的，同时通过计算可生成点云，制作地面三维 DSM，用于构建景观或数字城市的三维模型；通过影像的微分纠正拼接处理可生产 DOM，为国土调查、地理国情普查、航测成图等应用提供基础影像；利用构建的立体模型进行立体测图可制作 DLG 产品。

1. DEM 生产技术关键

DEM 生产过程中比较关键的步骤有特征点线采集、数据编辑和质量检查。特征点线采集是 DEM 制作的基础数据来源，准确选择特征点线，可以提高 DEM 生产质量；数据编辑主要处理超限或冗余数据，优化点线数据，使数据接边和镶嵌工作得到更好的效果；数据质量检查是 DEM 质量控制的关键环节，控制高程精度和逻辑一致性，并完成元数据的记录和编写。

2. DOM 生产技术关键

DOM 制作应预先掌握产品的用途和精度要求，控制各个环节的质量，以达到最终成果要求。外业控制测量成果的精度直接影响空中三角测量加密的精度，进而通过空三加密立体模型生产 DEM，在此基础上进行数字微分纠正、镶嵌和裁切等处理后生产 DOM 数据成果，在此过程中，前一环节的质量问题都会导致后续工作的质量问题。因此，DOM 制作应采用生产过程质量控制方法，对每个环节进行严格控制，以得到更高精度的 DOM。

3. DLG 生产技术关键

DLG 是用点、线、面以及特定符号标示的数字地形图，制作过程需要全要素数据库的支持，否则很难完成特定任务。制作 DLG 需在 DOM 和像控点数据支持下完成，利用软件可自动生成 DLG 的等高线数据，然后对其他地物进行采集、编辑、接边处理，得到指定范围的 DLG。为了确保数据质量，需要室内检查以及现场核查，并通过实测数据和计算成果精度，记录到元数据中。

4. DSM 生产技术关键

DSM 是用于快速构建三维模型的基本方法，利用无人机航摄构建三维地形模型和三维可视化模型，效率高、精度好。DSM 制作过程与 DOM 制作流程相近，无人机获取地面影像数据后利用软件将地面控制点的坐标以及相机参数导入系统，完成内定向、相对定向、空三加密、绝对定向等一系列处理后，可自动生成 DSM。制作过程需要生产过程质量控制，以确保生产的 DSM 质量合格，满足规范和生产应用需要。

1. 简述无人机航空摄影的流程。
2. 简述无人机航空摄影质量检查的具体内容与要求。
3. 简述无人机测绘任务规划的具体内容与要求。
4. 简述无人机像控测量的布点方案、要求与作业流程。
5. 简述无人机解析空中三角测量作业流程。
6. 论述无人机影像 DOM 生成作业流程。
7. 论述无人机影像 DEM 生成作业流程。
8. 论述无人机影像 DLG 生成作业流程。

第6章 无人机倾斜摄影测量

知识目标

了解倾斜摄影测量技术，掌握倾斜摄影测量作业流程，了解倾斜摄影测量的关键步骤。

技能目标

能进行无人机倾斜摄影测量，并对航摄质量进行检查，能利用常用无人机影像处理软件进行无人机倾斜摄影数据三维实景建模，利用裸眼三维测图软件进行无人机倾斜实景三维模型 DLG 生产。

6.1 倾斜摄影测量概述

6.1.1 倾斜摄影测量技术

倾斜摄影技术是国际测绘遥感领域新兴的一项高新技术，融合了传统的航空摄影、近景摄影测量、计算机视觉技术，颠覆了以往正射影像只能从垂直角度拍摄的局限，通过在同一飞行平台上搭载多台传感器（目前常用的是五镜头相机），同时从垂直、前视、后视、左视、右视等不同角度采集影像，获取地面物体更为完整准确的信息。垂直地面角度拍摄获取的影像称为正片，镜头朝向与地面成一定夹角（一般 15° ~ 45°）拍摄获取的影像称为斜片。

如图 6.1 所示，为在测绘倾斜摄影中常用的 Leica RCD30、SWDC-5 两款 5 镜头相机。

图 6.1 两款 5 镜头相机

如图 6.2 所示，飞机搭载 5 镜头相机（1 个垂直方向和 4 个倾斜方向），从 5 个视角对同一物体进行影像数据采集。同时，如图 6.3 所示，飞机高速飞行过程中，镜头高速曝光，形成连续的满足航测航向重叠度、旁向重叠度的影像数据。

图 6.2　倾斜摄影 5 镜头影像获取示意图

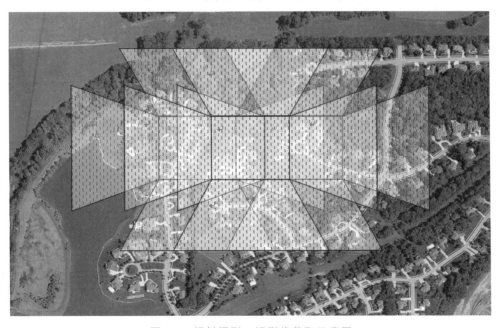

图 6.3　倾斜摄影 3 组影像获取示意图

倾斜摄影采集的多镜头数据，通过高效自动化的三维建模技术，可快速构建具有准确地理位置信息的高精度真三维空间场景，使人们能直观地掌握区域目标内的地形、地貌和建筑物细节特征，在原先仅有正片的基础上，提升数据匹配度，提升地面平面、高程精度，为测绘、电力、水利、数字城市等提供现势、详尽、精确、真实的空间地理数据。

6.1.2 倾斜摄影测量作业流程

1. 倾斜影像采集

倾斜摄影技术不仅在摄影方式上区别于传统的垂直航空摄影，其后期数据处理及成果也大不相同。倾斜摄影技术的主要目的是获取地物多个方位（尤其是侧面）的信息，并可供用户多角度浏览、实时量测、三维浏览等，方便用户获取多方面的信息。

1）倾斜摄影系统构成

倾斜摄影系统分为三部分：第一部分为飞行平台，包括小型飞机或者无人机；第二部分为人员，包括机组成员、专业航飞人员或地面指挥人员（无人机）；第三部分为仪器部分、包括传感器（多镜头相机）、GNSS 定位装置（获取曝光瞬间相机的位置信息，即 X、Y、Z 3 个线元素）和姿态定位系统（记录相机曝光瞬间的姿态，即 φ、w、k 3 个角元素）。

2）倾斜摄影航线设计及相机的工作原理

倾斜摄影的航线采用专用航线设计软件进行设计，其相对航高、地面分辨率及物理像元尺寸满足三角比例关系。航线设计一般采用 30% 的旁向重叠度、66% 的航向重叠度，目前如果要生产自动化模型，旁向重叠度需要达到 66%，航向重叠度也需要达到 66%。

航线设计软件会生成一个飞行计划文件，文件包含飞机的航线坐标及各个相机的曝光点坐标位置。实际飞行中，各个相机根据对应的曝光点坐标自动进行曝光拍摄。

2. 倾斜影像数据加工与测量

1）数据加工

数据获取完成后，要进行数据加工。首先，要对获取的影像进行质量检查，对不合格的区域进行补飞，直到获取的影像质量满足要求；其次，进行匀光匀色处理，因在飞行过程中存在时间和空间上的差异，影像之间会存在色偏，这就需要进行匀光匀色处理；再次，进行几何校正，同名点匹配、区域网联合平差；最后，将平差后的数据（3 个坐标信息及 3 个方向角信息）赋予每张倾斜影像，使得它们具有虚拟三维空间中的位置和姿态数据。

至此，倾斜影像数据加工完毕，影像上的每个像素均对应真实的地理坐标位置，可以进行实时测量。

2）数据测量

倾斜摄影测量技术通常包括几何校正、区域网联合平差、多视影像密集匹配、DSM 生成、真正射影像纠正和三维建模等关键内容，其基本流程如图 6.4 所示。

倾斜摄影获取的倾斜影像经过数据加工处理，通过专用测绘软件可以生成倾斜摄影模型。模型有两种成果数据：一种是单体对象化的模型；另一种是非单体化的模型数据。

单体化的模型成果数据，利用倾斜影像的丰富可视细节，结合现有的三维线框模型（或其他方式生产的白模模型），通过纹理映射，产生三维模型。这种工艺流程产生的模型数据是对象化的模型，单独的建筑物可以删除、修改及替换，其纹理也可以修改，尤其对于建筑物底商这种时常变动的信息，这种模型可体现出及时修改的优势。

非单体化的模型，简称倾斜模型，这种模型采用全自动化的生产方式，模型生产周期短、成本低，获得倾斜影像后，经过匀光匀色等处理步骤，通过专业的自动化建模软件产生三维模型。这种工艺流程一般会经过多视角影像几何校正、联合平差处理等流程，可运算生成基于影像的超高密度点云，用点云构建 TIN 模型，并以此为基础生成基于影像纹理的高分辨率倾斜摄影三维模型，因此也具备倾斜影像的测绘级精度。这种全自动的生产方式大大减少了建模的成本，模型的生产效率大幅提高。

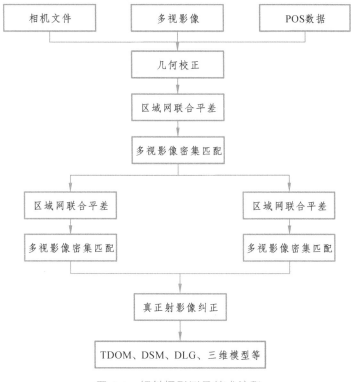

图 6.4　倾斜摄影测量技术流程

　　无论是单体化的还是非单体化的倾斜摄影模型，在如今的测绘地理信息行业都发挥了巨大的作用，真实的空间地理基础数据为测绘地理信息行业提供了更为广阔的应用前景。

6.1.3　倾斜摄影测量的特点

　　此前传统三维建模通常使用 3DS Max、AutoCAD 等建模软件，基于影像数据、AutoCAD 平面图或者拍摄图片估算建筑物轮廓与高度等信息，进行人工建模。这种方式制作出的模型数据精度较低，纹理与实际效果偏差较大，并且生产过程需要大量的人工参与；同时数据制作周期长，造成数据的时效性较低，因而无法真正满足用户需求。

　　倾斜摄影测量技术以大范围、高精度和高清晰的方式全面感知复杂场景，所获得的三维数据可真实地反映地物的外观、位置、高度等属性，增强了三维数据所带的真实感，弥补了传统人工模型仿真度低的缺点。同时，该技术借助无人机飞行载体可以快速采集影像数据，实现全自动化的三维建模。试验数据证明，传统测量方式需要 1～2 年的中小城市人工建模工作，借助倾斜摄影测量技术 3～5 月就可完成。

　　与传统的垂直航空摄影相比，倾斜摄影技术有一定的突破性。它不仅在数据的获取方式上有所不同，而且后期数据处理方法及获得的成果也不相同。倾斜摄影技术主要是从多角度、多方位地对地物进行信息采集，因而能从三维的角度获得更多的信息。

1. 倾斜摄影建模的优点

相比其他三维实景建模方式，倾斜摄影建模的优点有如下4点。

（1）反映地物周边真实情况。相对于正射影像，倾斜影像能让用户从多个角度观察地物，能够更加真实地反映地物的实际情况，极大地弥补了基于正射影像应用的不足。

（2）倾斜影像可实现单张影像测量。通过配套软件的应用，可直接基于实景影像进行包括高度、长度、面积、角度和坡度等的测量，扩展了倾斜摄影技术在行业的应用。

（3）可采集建筑物侧面纹理。针对各种三维数字城市应用，利用航空摄影大规模成图的特点，加上从倾斜影像批量提取及贴纹理的方式，能够有效地降低城市三维建模成本。

（4）数据量小，易于网络发布。相较于三维 GIS 技术应用庞大的三维数据，应用倾斜摄影技术获取的影像的数据量要小得多，其影像的数据格式可采用成熟的技术快速进行网络发布，实现共享应用。

2. 倾斜摄影建模的缺点

（1）高精度影像匹配的问题。倾斜航空摄影后期数据影像匹配时因倾斜影像摄影比例尺不一致、分辨率差异、地物遮挡等因素导致获取的数据中含有较多的粗差，严重影响后续影像空三精度。因此，如何利用倾斜摄影测量中包含的大量冗余信息进行数据的高精度匹配是提高倾斜摄影技术实用性的关键。

（2）三维建模完整表达的问题。倾斜摄影测量所形成的三维模型在表达整体的同时，某些地方存在模型缺失或失真等问题。因此，为了三维模型的完整准确表达。需要进行局部区域的补测。常用方法是人工相机拍照或者使用车载近景摄影测量系统进行补测，增加了工作量。

（3）建模并行处理的问题。倾斜摄影影像具有重叠度高、数据冗余大、影像倾角大、模型成果数据量大等特点，造成在建模中运算速度慢、空三解算失败、模型修正困难和数据应用困难等多方面问题。

随着科技的发展，无人机成为倾斜摄影测量实用的载体，但无人机的续航能力不强。因此，电池的续航能力成为无人机倾斜摄影测量推广的限制条件，研制体积小、长续航的电池迫在眉睫。

6.1.4 倾斜摄影测量的关键技术

1. 多视影像联合平差

多视影像不仅包含垂直摄影数据，还包括倾斜摄影数据，而部分传统空中三角测量系统无法较好地处理倾斜摄影数据，因此多视影像联合平差需充分考虑影像间的几何变形和遮挡关系。结合 POS 系统提供的多视影像外方位元素，采取由粗到精的金字塔匹配策略，在每级影像上进行同名点自动匹配和自由网光束法平差，得到较好的同名点匹配结果。同时，建立连接点和连接线、控制点坐标、DGPS/IMU 辅助数据的多视影像自检校区域网平差的误差方程，通过联合解算，确保平差结果的精度。

2. 多视影像密集匹配

影像匹配是摄影测量的基本问题之一，多视影像具有覆盖范围大、分辨率高等特点。因此，如何在匹配过程中充分考虑冗余信息，快速准确地获取多视影像上的同名点坐标，进而获取地物的三维信息，是多视影像匹配的关键。由于单独使用一种匹配基元或匹配策略，往往难以获取建模需要的同名点。因此，随着计算机视觉技术发展起来的多基元、多视影像匹配，逐渐成为人们关注的焦点。

目前，在该领域的研究已取得了很大进展，如建筑物侧面的自动识别与提取。首先，通过搜索多视影像上的特征，如建筑物边缘、墙面边缘和纹理，确定建筑物的二维矢量数据集；然后，将影像上不同视角的二维特征转化为三维特征；最后，在确定墙面时，可以设置若干影响因子并赋予一定的权值，将墙面分为不同的类，将建筑物的各个墙面进行平面扫描和分割，获取建筑物的侧面结构，再通过对侧面进行重构，提取出建筑物屋顶的高度和轮廓。

3. DSM 的生成

多视影像密集匹配能得到高精度、高分辨率的数字表面模型（DSM），该模型能充分地表达地形、地物起伏特征，已经成为新一代空间数据基础设施的重要内容。由于多角度倾斜影像之间的尺度差异较大，加之较严重的遮挡和阴影等问题，基于倾斜摄影自动获取 DSM 存在许多难点。生成 DSM 的步骤：

（1）根据自动空三解算出来的各影像外方位元素，分析与选择合适的影像匹配单元，进行特征匹配和逐像素级的密集匹配。可引入并行算法，提高计算效率。

（2）在获取高密度 DSM 数据后，进行滤波处理，将不同匹配单元进行融合，形成统一的 DSM。

4. 真正射纠正

多视影像真正射纠正涉及物方连续的数字高程模型（DEM）和大量离散分布粒度差异很大的地物对象，以及海量的像方多角度影像，具有典型的数据密集和计算密集特点。因此，多视影像的真正射纠正，可在物方与像方同时进行。在有 DSM 的基础上根据物方连续地形和离散地物对象的几何特征，通过轮廓提取、面片拟合和屋顶重建等方法提取物方语义信息，同时在多视影像上通过影像分割、边缘提取和纹理聚类等方法获取像方语义信息；再根据联合平差和密集匹配的结果建立物方和像方的同名点对应关系；继而建立全局优化采样策略和顾及几何辐射特性的联合纠正，同时进行整体匀光处理，实现多视影像的真正射纠正，根据真正射处理流程中遮挡检测与正射校正的关系，可将真正射影像纠正分为间接法和直接法两个大类。两种方法的基本流程如图 6.5 所示。

1）间接法

间接法的主要特点是在正射校正环节之外进行遮挡检测，首先通过对物方 DSM 进行可见性分析，标记出遮挡区域；然后依据遮挡检测结果，对未被遮挡区域进行正射校正，遮挡区域保持空白；最后在辅助影像上搜索遮挡区域的可见纹理，进行遮挡补偿。

间接法最大限度继承了传统正射影像处理方法，仅添加了遮挡检测与遮挡补偿两个环节，但遮挡检测计算量大、复杂、费时，遮挡补偿又需要对多张辅助影像进行遮挡检测以得到所需的可见区域，使得影像匀光、拼接与无缝镶嵌更加复杂，往往需要人工交互。

2）直接法

直接法首先对多视影像进行空三解算，密集匹配，生成高精度的地表点云 DSM，同时在多视匹配过程中记录同名像点及其与地面点的可视对应关系；然后在正射校正过程中利用记录结果，选取地面点在影像上的最佳像素进行灰度重采样，避开了间接法中在物方-像方之间复杂的遮挡检测与遮挡补偿；最后以像素为单位组合生成真正射影像，避开了传统的影像拼接与镶嵌过程。

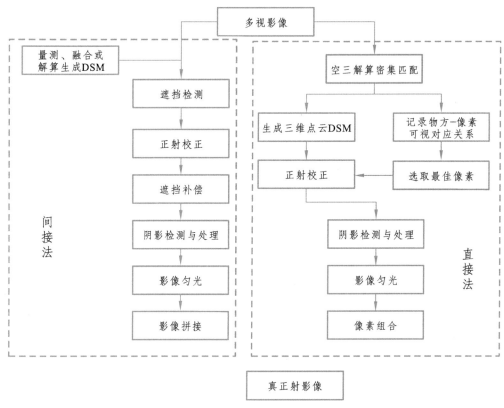

图 6.5　真正射影像纠正基本流程

直接法是目前最有前途的全自动处理方法，但存在如下局限：

（1）多视匹配对影像重叠度依赖性较强（在建筑物密集的城市区域，影像的航向重叠度和旁向重叠度一般要求至少达到 68% 和 75%）。

（2）DSM 点云缺乏矢量信息，容易导致结果影像中的地物边缘模糊。

（3）多视匹配与同名点记录计算量大，在实际生产时需要采用并行处理，对软硬件要求较高。

6.2　无人机倾斜摄影数据处理的内容与要求

无人机倾斜摄影数据处理过程中，存在模型分辨率不一致、精度不可靠、格式不匹配等问题。但目前国家和行业内还没有明确针对无人机倾斜摄影的技术标准，一般都是以数据质量、甲方的需求和数据软件自身能达到的性能为准。行业内一般认为应遵循传统低空摄影的相关技术规范。像片的获取满足《低空数字航空摄影规范》《无人机航摄系统技术要求》（CH/Z 3002—2010）、《无人机航摄安全作业基本要求》（CH/Z 3001—2010），数据处理满足空三加密、DOM、DEM、DLG 等产品生产标准，参照《低空数字航空摄影测量内业规范》。

6.2.1　倾斜航空摄影的质量要求

1. 像片重叠度的要求

航向重叠度一般应为 60%～80%，最小不应小于 53%；旁向重叠度一般应为 15%～60%，最小不应小于 8%。在无人机倾斜摄影时，旁向重叠度是明显不够的，无论是航向重叠度还是旁向重叠度，按照算法理论建议值都是 6.7%。可以分为建筑稀少区域和建筑密集区域两种情况。

1）建筑稀少区域

考虑到无人机航摄时的俯仰、侧倾影响，无人机倾斜摄影测量作业时，在无高层建筑、地形地物高差比较小的测区，航向重叠度、旁向重叠度建议最低不小于 70%。要获得某区域完整的影像信息，无人机必须从该区域上空飞过。以两栋建筑之间的区域为例，如果这两栋建筑的高度对这个区域能形成完全遮挡，而飞机没有飞到该区域上空，那么无论增加多少相机都不可能拍到被遮挡区域，从而造成建筑模型几何结构的粘连。

2）建筑密集区域

建筑密集区域的建筑遮挡问题非常严重。航线重叠度设计不足、航摄时没有从相关建筑上空飞过，都会造成建筑模型几何结构的粘连。为提高建筑密集区域影像采集质量，影像重叠度最多可设计为 80%～90% 当高层建筑的高度大于航摄高度的 1/4 时，可以采取增加影像重叠度和交叉飞行增加冗余观测的方法进行解决。例如，上海陆家嘴区域倾斜摄影，就是采用了超过了 90% 的重叠度进行影像采集，以杜绝建筑物互相遮挡的问题。影像重叠与影像数据量密切相关。影像重叠度越高，相同区域数据量就越大，数据处理的效率就越低。所以，在进行航线设计时还要兼顾二者的平衡。

2. 像片倾斜的要求

在《低空数字航空摄影规范》中，对测绘航空摄影的像片倾角有如下规定：倾角不大于 5°，最大不超过 12°。现有的航测软件处理能力已经有了很大的提高，可以在这个标准上，把倾角 15° 以上的都划到倾斜摄影的范畴。但像片倾角最大不能超过多少度，暂时还没有明确的规定。

此外，对摄区边界覆盖保证、航高保持、漏洞补摄、影像质量等方面的要求，与常规无人机摄影测量的要求相同。

6.2.2　像片控制点布设要求

像片控制测量是为了保证空三加密的精度、确定地物目标在空间中的绝对位置。在低空数字航空摄影测量内业、外业规范中对控制点的布设方法有详细的规定，这是确保大比例尺成图精度的基础。倾斜摄影技术相对于传统摄影技术在影像重叠度上要求更高，目前规范中关于控制点布设的要求不适用于高分辨率无人机倾斜摄影测量技术。无人机通常采用 GNSS 定位模式，自身带有 POS 数据，对确定影像间的相对位置作用明显，可以提高空中三角测量计算的准确度。

1. 常规三维建模

对常规三维建模，从最终空三加密特征点云的角度可以提供一个控制间隔，建议值是按每隔 20 000～40 000 个像素布设一个控制点。其中有差分 POS 数据（相对较精确的初始值）

的可以放宽 40 000 个像素，没有差分 POS 数据的至少每隔 20 000 个像素布设一个控制点。同时要根据任务区域大致地形、地物条件灵活地布设控制点，如地形起伏较大的大面积植被及面状水域特征点非常少，需要酌情增加控制点。

2. 应急测绘保障建模

发生地震、山体滑坡、泥石流等自然灾害后，为及时获取灾区可量测三维数据，不能按照传统的作业方式进行控制测量，可通过电子地图读取坐标、手持 GNSS 测量、RTK 测量等方式快速获取灾区少量控制点，生成灾区真三维模型，为灾后救援提供帮助。

3. 点位选择要求

影像控制点的目标影像应清晰，选择在易于识别的细小现状地物交点、明显地物拐角点等位置固定且便于测量的地方。条件具备时，可以先制作外业控制点的标志点，一般选择白色（或者红色）油漆画十字形标志，并在航摄飞行之前试飞拍摄几张影像，确保十字标志能在倾斜影像上被正确辨识。控制点测量完成后，要及时制作控制点点位分布略图、控制点点位信息表，准确描述每个控制点的方位和位置信息，便于内业刺点使用。

6.2.3　倾斜摄影数据处理技术要求

倾斜摄影的影像预处理、空中加密计算要求，与无人机普通摄影测量要求相同，但在空三加密精度要求方面稍有区别。在《数字航空摄影测量空中三角测量规范》中，对相对定向中像片连接点数量和误差有明显的规定，但在无人机倾斜空三加密中没有相对定向的信息，单个连接点的精度指标也未体现，不能完全按照传统空三加密挑选粗差点，可以从像方与物方两个方面来综合评价空三加密精度。物方的精度评定比较常用，就是对比加密与检查点（多余像片控制点不参与平差）的坐标差；像方的精度评定，通过影像匹配点的反投影中误差进行控制。空三加密常规的精度指标只能表现整体的精度范围，却不能看到局部的精度问题，通过外方位元素标准偏差更能全面地表现整体精度范围。

通俗来讲，空三加密运算的质量指标包括：是否丢片、丢得是否合理；连接点是否正确、是否存在分层、断层、错位；检查点误差、像控点残差、连接点误差是否在限差以内。

6.3　基于倾斜摄影的数字化产品生产

6.3.1　基于倾斜摄影的实景三维建模

当前，随着无人机航测技术的日益成熟，基于无人机倾斜摄影测量的三维建模方式正在智慧城市等领域发挥着巨大作用。无人机作为一个高效、机动的飞行平台，弥补了大飞机航测效率低、成本高等诸多不足，而倾斜摄影测量采用多相机系统进行拍摄，可以同时获取地面物体多个角度的影像以及精细的侧面纹理信息，再使用专业三维建模软件对影像进行处理，最终可生成带有真实纹理信息的实景三维模型，很大程度提高了三维模型的真实度、精度以及建模效率。

无人机倾斜摄影测量三维建模的主要步骤包括外业采集数据预处理、影像匹配、多视影像联合平差、多视影像密集匹配、点云构建、纹理映射、精度评价，如图 6.6 所示。

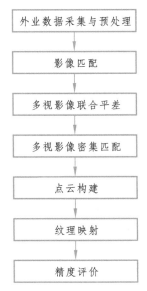

图 6.6　无人机倾斜摄影测量三维建模流程

1. 影像匹配

影像匹配是三维模型生成的基础，匹配精度将会影响后续成果的质量。在影像匹配方法中，基于特征的影像匹配精度较高并且适应力较强，当前主流的倾斜摄影三维建模软件均采用此算法进行影像匹配。该算法对同一地物影像的色彩特征有一定的依赖性，若将航飞时间间隔长或者光照条件差异大的影像放在同一个加密区进行匹配，则容易出现错误匹配的情况。为了提高影像匹配的正确率，在实际生产中可以通过以下方法来实现：进行外业数据获取时，严格控制航飞的时间，尽可能在一致的光照条件下对相邻地物影像进行采集；提高 POS 数据的精度；对原始影像数据的色彩进行均一化处理。

2. 多视影像联合平差

航摄时可搭载高精度的定位设备，如定位定姿系统来获得无人机平台的参数（航高、曝光时间、姿态角等）。通过对区域网进行平差计算，将连接点进行匹配，最后再剔除粗差点，直到所有连接点的重叠度、数量、像方误差、分布等满足规范要求，即可完成多视角联合空中三角测量，解算出各影像的外方位元素。在利用软件进行多视角影像平差时，为了提高平差的精度及平差效率，可采取以下措施：对于加密区的划分需考虑地形及航飞因素，并尽可能将地物特征少的区域划分在加密区的中间；若同一加密区内涉及多个航飞架次的数据，手动增加连接点以增强架次之间的连接性；先转刺加密区四角上的控制点，在完成一次平差后，再转刺剩余的控制点。

3. 多视影像密集匹配

选取最优的影像匹配单元，经滤波处理和多视影像密集匹配，获得高密度实景数字表面模型数据。在处理过程中，由于部分影像缺少足够的同名点或被遮挡，生成的模型会有匹配精度不高、拉花的现象，这些问题需要人工编辑修改。在匹配过程中难免还会出现匹配误差较大的粗差点，如大片水域区域、高层建筑物以及阴影长的区域，因此在实际生产中，在密集匹配阶段需要做部分人工干预的工作。在使用软件完成密集匹配的过程中，可通过以下方式降低匹配的错误率：通过分析测区的地形，确定测区内的最小高程及最大高程，限制匹配的高程范围；对易产生错误匹配的区域的影像进行人工筛查；在保证重叠度的情况下将部分影像从加密区中剔除。

4. 点云构建

倾斜摄影测量构建的三维模型本质为网格面模型，因此利用超高密度点云来进行网格面的点云构建。具体方法为：第一步，利用物体影像在不同方向上的信息，以非固定的匹配策略采用参考方式对地物影像进行逐像素匹配；第二步，基于多视影像的冗余信息来获取同名点的精确三维坐标，进而得到高密度点云数据；第三步，基于生成的点云数据经三角网优化和简化过程，最终生成逼真的三维实景白模模型。

5. 纹理映射

垂直影像和倾斜影像经匀光匀色处理、畸变差改正后，需要提取出对应位置的纹理信息，同时需要将该信息映射到三维白模的三角面片上，此过程称作纹理贴附，目的是生成逼真并且纹理清晰的三维实景模型。纹理映射的本质是将二维空间点的 RGB 信息值映射到三维空间物体的表面，进而得到符合人体感官视觉的实景三维模型。在纹理映射过程中，由于同一地物信息会在多张多视影像中显示，而纹理映射数据源需要目标清晰的影像，在软件自动处理的过程中，为了提高纹理映射的质量并减少倾斜模型的数据量，需要注意以下两点：纹理压缩率设置为75%，可在保证倾斜模型视觉效果的基础上减少倾斜模型的数据量；开启软件的自动色彩过渡功能，可以减弱不同架次间的纹理色差问题。

6.3.2 基于倾斜摄影的数字线划图生产

相较传统的航测及野外测量工作，倾斜摄影技术正逐步地优化作业程序，缩减任务艰巨的外业调绘作业时间，提高基础测绘的现势性数据更新效率。目前，基于倾斜摄影三维数据模型进行数据生成的成熟软件较多，主流三维测图软件有南方测绘科技公司的 SouthMap 3D、北京山维科技股份有限公司的 EPS3D、武汉天际航信息科技股份有限公司的 DP-Modeler 等。它们都可以实现利用倾斜摄影技术获取的影像数据进行高精度大比例尺地形数据的矢量采集工作。无须佩戴立体眼镜，可以根据影像所见即所得的定位地物要素的三维信息，同时赋予要素国标编码。矢量成果可导出多种数据格式，可以辅助国土信息进行不动产登记、二三维地籍规划等。以 SouthMap 3D 软件为例，作业流程如图 6.7 所示。

1. 加载数据

启动 SouthMap 3D，加载由无人机采集并完成建模的倾斜三维模型。必要时，加载倾斜像片和正射影像，辅助三维测图。

2. 三维测图

以裸眼方式，在倾斜三维模型中，联动采集点、线、面状要素，同步在二维窗口中生成矢量图形，如图 6.8 所示。按房屋、道路、植被、水系、独立地物、管线设施、高程点、等高线的顺序分类采集完成，并赋予基本属性。

図 6.7　基于倾斜摄影三维模型的数字线划图作业流程

图 6.8　二三维联动矢量采集

由于房屋、屋檐、门槛、树木等遮挡导致生成的三维实景模型局部变形，三维测图无法或不能准确采集这些要素点，以及少部分不明显特征点需要进行补测。

外业补测与调绘工作是对内业采集的所有要素进行定性，补测、补调隐蔽地物、新增地物和采集遗漏的地物，并纠正内业采集错误的地物，进行全面的实地检查、补测、地理名称调查注记、屋檐改正等项工作，要求做到图面和倾斜三维模型保持一致，保证其数学精度。

软件会自动赋予要素基本属性，如图 6.9 所示。

3. 图形编辑

三维测图内业采集，外业补测和调绘完成后。将依据作业要求，完成图形编辑。遵循以下原则。

（1）完整性原则：结合作业任务要求，线状地物不得因注记、符号等而间断，面状地物要完整封闭等。

（2）避让原则：等级道路、建筑物（简易房除外）和点状独立地物，应按实际情况采集，原则上不进行避让。兼顾地形图制图的需要，为使地形图图面清晰，在精度允许范围内，可按照"次要地物避让重要地物的原则"进行避让。

4. 图幅接边

编辑完成后，以手动或者自动的方式，完成的所有图幅要进行全面接边，以确保图与图之间编辑一致性。图幅接边应遵以下原则。

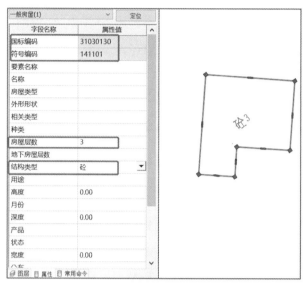

图 6.9   要素基本属性自动赋予

（1）各类地物的拼接，不得改变其真实形状和相关位置，直线地物在接边处不得产生明显转折。高程注记点同一块平地内较差（相比较得的差值）不得大于±0.2 m。地物接边差，不大于图上 1.0 mm。

（2）等高线接边差：平地不大于 0.5 m、山地不大于 1.0 m。当基本等高线图上间距小于地物接边限差时，按地物接边限差处理（植被覆盖的隐蔽地物等高线的接边误差按上述限差规定可放宽 0.5 倍）。

具体设置如图 6.10 所示。

图 6.10   图形接边设置

5. 数据检查

完成以上步骤的图形数据，要满足几何精度、图形质量、属性精度、逻辑一致性、完整性的基本要求，输出合格的 DLG 产品。

图形表示应正确并符合现行图式的规定：应满足图形正确、完整、美观、无遗漏、无明显变形的基本要求。属性完整性，属性数据按照作业任务标准要求，填写完整。

图形和属性数据一致性，图形数据和属性数据、属性数据和注记数据都要一一对应，如建筑物结构注记，是否与建筑物属于一致。

数据检查，可采用工具软件自动检查和人工检查相结合方式，如图 6.11 所示。

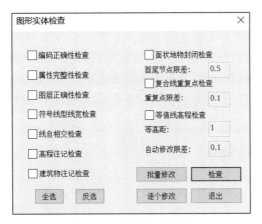

图 6.11　数据检查设置

6.3.3　基于倾斜摄影的真正射影像生产

传统的数字正射影像图（DOM）是在数字高程模型（DEM）的基础上进行生产的，影像图上的房屋、桥梁等建筑具有投影差。随着城市高层建筑、超高层建筑的增多，传统 DOM 中高大建筑物的顶面严重偏离其正确位置，偏离方向及偏离程度因摄影中心相对于地物目标的方位而定，表现为建筑物有时会向道路方向倾斜，有时会遮挡或压盖其他地物要素，严重影响了影像图的准确判读。倾斜摄影技术颠覆了以往正射影像只能从垂直角度拍摄的局限，通过在同一飞行平台上搭载多台传感器，同时从一个垂直、4 个倾斜，5 个不同的角度采集影像。相对于正射影像，倾斜影像能让用户从多个角度观察地物，更加真实地反映地物的实际情况，极大地弥补了基于正射影像应用的不足。

真正射影像（True Digital Orthophoto Map，TDOM）是将正射影像纠正为垂直视角的影像产品，对隐蔽部分（如各种地物、地形、植被等的倾斜投影）采用相邻像片修正，表现为地形、建筑物等要素没有投影差、建筑物间无遮挡的正射影像图，全面无遗漏地展现地面上的地物要素。图 6.12 所示为正射影像与真正射影像的对比。

（a）正射影像　　　　　　　　　　　　（b）真正射影像

图 6.12　正射影像与真正射影像

1. 真正射纠正原理

传统正射纠正通常是依据共线方程，通过迭代运算纠正倾斜影像产生的比例尺差异，但该方法仍存在以下问题：如图 6.13 所示，像点 P 对应的地面坐标可能有多个，即射线上的地面点 A、B、C、D、E 都应该映射在正射影像上，但由于 A 点高程大于其他点，像点 P 只保存了 A 点的灰度及梯度信息，出现信息不完整的遮盖现象；同时 A 点的像又在正射影像上多次出现，造成了重复映射问题；由于无人机飞行姿态不稳定，由点云生成的 DSM 可能存在大量游离点，生成的正射影像很有可能会出现变形，极大地影响地理数据的判读。

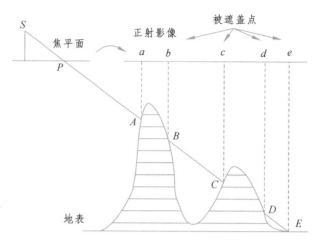

图 6.13　重复映射现象示意

不同于直接正射纠正自上而下的纠正方式，真正射纠正采用自下而上的投影方式。如图 6.14 所示，将 DSM 的某点反投影到影像上，其对应的平面坐标为 (x_n, y_n)，距离影像中心的距离为 d_n。建立一个用于纠正的深度分析矩阵并记录该点为 (x_n, y_n, d_n)，同时再建立一个可见分析矩阵，并在该矩阵中将该点标记为可见，随后分析同一光束的下一个映射点，比较格网到投影中心的距离，如果为 $d_A > d_B$，则距投影中心距离小的点为可见点，另一个为不可见点。在可见分析矩阵上进行更新与记录，判读完 DSM 所有格网之后，使用可见性矩阵来分析遮盖现象，并选用入射角最小的影像进行拼接，最后使用深度分析矩阵来完成原始影像到真正射影像的映射。该方法可以有效地避免出现纠正变形及双重映射问题，但该方法对 DSM 的格网尺寸较为敏感，因此制作精确的 DSM 是真正射纠正的关键。

2. 真正射影像制作关键技术

1）倾斜影像空三加密处理

倾斜影像空三加密处理属于多视角影像的空三加密。多视影像包含垂直的下视角和前后、左右倾斜摄影影像，其空三加密一般以摄影时获取的 5 个视角影像的 POS 系统为基础，获取 5 个视角影像的外方位元素和姿态参数，采取由粗到精的金字塔匹配技术，在每级影像上进行同名点自动匹配和自由网光束法平差，实现多视角影像的同名点匹配，同时建立 5 个视角影像的像点连接、像控制点转刺，进行联合平差解算。

2）建筑物立体模型快速获取

将空三加密后的倾斜影像进行点云生成处理，形成用点云表示的高精度数字地表模型（DSM）。从倾斜影像生成的点云中分类、提取建筑物的点云数据，对点云表达建筑物外轮廓局部缺失或表示错误区域，进行人工干预后，批量生成大面积的建筑立体模型。

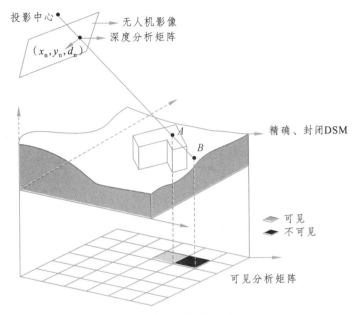

投影中心

无人机影像
深度分析矩阵

(x_n, y_n, d_n)

A
B

精确、封闭DSM

可见
不可见

可见分析矩阵

图 6.14 真正射影像纠正方法

3）遮挡区域的检测与修补

遮挡区域的检测与修补是真正射影像制作的重要环节和难点环节，目前常用的方法主要有两类：一是基于距离的检测法，即以投影点到目标的距离长度进行检测；二是基于角度的检测法，即以投影点到目标的角度大小进行检测。

3. 真正射影像与正射影像制作区别

正射影像（DOM）与真正射影像（TDOM）制作主要区别在以下方面：

1）空三加密

DOM 生产仅需要对下视角影像进行空三加密处理，目前国内外常规数字摄影测量软件均可以进行。TDOM 生产不仅需要对下视影像进行空三加密处理，还需要对左右、前后 4 个倾斜视角的影像进行处理，Street Factory、Context Capture、Inpho 等数字摄影测量软件都能够完成。

2）DEM 编辑、建筑物立体模型制作

DOM 生产中通常对自动生成的 DEM 等高线，在立体环境下与地形套合进行人工编辑修改；对居民区建筑物参照周边地形进行置平处理，然后生成 DEM。TDOM 生产中的 DEM 编辑中，除了常规的地形与等高线套合修改外，还需要对居民区的房屋、桥梁等建筑物进行三维立体建模处理。目前，大面积、大范围城市建筑物三维立体建模采用倾斜摄影方式，通过倾斜影像生成高密集的点云数据，构建建筑物立体模型。

3）DOM 拼接线编辑、TDOM 遮挡区域检测与修补

DOM 生产时，由于摄影过程中的太阳高度角、航摄时间、航摄方向等不同，导致图幅与图幅、航带与航带之间的地物存在投影差，尤其是较高建筑物，DOM 接边建筑存在接边缝，在进行影像拼接前需要对存在接边缝进行处理，以解决房屋接边时的错位、变形问题。

TDOM 生产解决了投影差问题，在影像图拼接过程中，不会因为图幅与图幅、航带与航

带接边出现建筑物错位、变形等问题，TDOM 接边建筑无接边缝。TDOM 遮挡区域检测与修补。通过对建筑物的真正射纠正，使原来被建筑物遮挡的区域展现出来，形成纠正后缺少影像覆盖的"黑洞"区域。

4. 真正射影像生产流程

TDOM 制作的主要流程为解算 POS 数据、导入 5 个视角的原始影像、像控点转刺和坐标引入，进行 5 个视角空中三角测量（倾斜影像空三加密），生成点云数据，进行山体 DEM 生成和建筑物三维立体模型生成，进行建筑物遮挡区域检测，利用其他视角影像修补遮挡区域，匀色调色处理，质量检查，输出成果。

从遥感影像的获取到真正射影像生成基本经历如下几个过程：

1）遥感影像的获取

真正射影像对航空摄影前期飞行要求有别于传统的正射影像。按照国家相关规范，平地地区，飞行航带的航向重叠和旁向重叠分别是 60% 和 25% 左右，而真正射要求至少分别达到 68% 和 75%，这样才能够生产出符合质量要求的真正射影像。总的原则，就是保证航向和旁向的基高比参数值（B/H）小于 0.3，减少因航摄角度偏大对 DSM 精度的影响。另外还要保证在航向和旁向分别至少要有三度重叠。

2）空三解算

空三解算通常采用光束法空中三角测量。传统的方式是外业布设具有一定密度的像控点，内业进行空三加密生成每张相片的 6 个内方位元素的方法。也可采用惯性导航测量技术（IMU/DGPS）直接生成相片的 6 个内方位元素，能大大缩短生产周期。

3）自动生成 DSM

通过匹配立体相对上的同名像点，利用共线方程计算该点的高程。对于高重叠度的相对，按照摄影测量学相关原理，立体相对的基高比越大，像点的高程精度越高；反之，立体相对的基高比越小，像点的高程精度越低。在生成真正射影像的前期航空摄影技术设计中，通常要求基高比（B/H）小于 0.3，相应地，生成点的高程精度也会降低。但是，高度重叠的影像同一地点拥有多个相对，利用多目视觉的原理，通过生成的多个相对生成的高程值，得到最后的高程。

4）手动编辑 DSM

计算机完成了大部分的计算任务，但是在个别区域，DSM 需要人工干预，进行 DSM 的编辑。最终 DSM 精度要满足相关规定要求。图 6.15（a）所示为一幅 DSM 的渲染图，从图 6.15（b）到图 6.15（c），是 DSM 和真正射影像之间的基本关系。在拐角处，DSM 和真实高度有一定的差异，这种差异取决于飞行的重叠度和地面采样间隔 GSD。

5）计算真正射影像

真正射影像是在 DSM 的基础上进行重采样，重采样的过程是对影像进行几何纠正的构成，由于 DSM 保留了建筑物、桥梁和树木等的高程信息，因此最终生成的影像，不但对地形进行了纠正，而且对地表建筑物等也进行了纠正，保持了垂直角度的地表景观，解决了大比例尺城区正射影像拼接困难以及拼接后影像接边区域不自然、高大建筑物对其他地表信息的遮挡等弊端，并能快速的生成地表三维、城市三维景观。

（a）DSM 彩色渲染图

（b）实际地形

（c）生成的 DSM 轮廓线

图 6.15　手动编辑 DSM

6.3.4　基于倾斜摄影的 720°全景图制作

1. 全景摄影简介

无人机全景摄影即是在旋翼无人机上挂载相机，通过调节云台角度，采用倾斜摄影方式实现全景摄影，经软件处理后制作为全景图。全景图（panorama）是一种广角图，可以以画作、照片、视频、三维模型的形式存在。现代的全景图多指通过相机拍摄并在计算机上加工而成的 360°或 720°图片和视频。常见的 720°全景图是 720°的视角，即横向 360°和纵向 360°都可以观看，视觉范围超过人眼，通过全景播放器的矫正处理能成为三维全景，能给人以三维立体的空间感觉，使观者犹如身在其中。

2. 全景摄影的特点

全景摄影具有以下 4 个特点：

（1）全方位。全面展示 720°球型范围内的所有景致，或大或小，或仰或俯，或左或右。

（2）真实感。真实的场景，给人以三维立体的空间感觉，犹如身临其境。

（3）互动性多媒体。人景互动，随心所欲，文字、声音、图像、视频动画等多元素结合。

（4）信息增益。对比三维建模来说具有更高的信息完整和可信度，让观众感觉在真实环境中。

3. 无人机全景摄影

无人机全景摄影有两种方式，一种是相机采用鱼眼镜头，一种是相机为普通镜头。

1）鱼眼镜头方式

鱼眼镜头是一种焦距为 16 mm 或更短的并且视角接近或等于 180°的镜头。它是一种极端广角镜头，"鱼眼镜头"是它的俗称。为使镜头达到最大的摄影视角，这种摄影镜头前镜片直径很短且呈抛物状向镜头前部凸出，与鱼的眼睛颇为相似。按图 6.16 所示进行鱼眼镜头拍摄，拍摄时要注意飞机位置保持不变（定点悬停），并保证相邻照片之间要有 40%的画面重合。

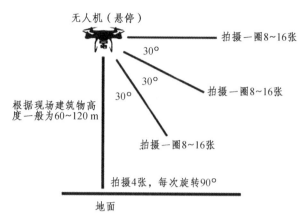

图 6.16　无人机全景拍摄角度设置

（1）首先把无人接飞到指定位置，根据现场建筑高度来确定悬停高度，一般为 60 ～ 120 m 悬停，调整好云台拍摄视角，此时角度为水平 0°，水平拍摄 1 圈 8 ～ 16 张照片，每一张照片最少 25%重合度。

（2）把云台向下 30°，同样的方法拍摄 1 圈 8 ～ 16 张素材。飞机位置保持不变，相邻照片直接要有 40% 的画面重合。

（3）再把云台向下 30°，此时为 60°，同样的方法拍摄 1 圈约 8 ～ 16 张素材。

（4）最后垂直俯视拍摄 4 张地面照片，每张照片旋转 90°。

2）普通镜头方式

采用普通镜头进行拍摄时，以常规大疆无人机为例，无人机的云台的最大仰角是 30°，但是即使采用大疆的全景拍照功能的最大仰角也只设置到 15°。因为当仰角到极限的 30°时，顶部区域会大面积地拍到桨叶。

对于大疆无人机云台的特点，有竖直优先和水平优先两种拍摄方式，如图 6.17 所示。水平优先是把云台在固定一个角度后，机身自身旋转一圈后拍摄下一个角度；竖直优先则是机身固定在一个水平角度后，云台运动到各个角度拍照。

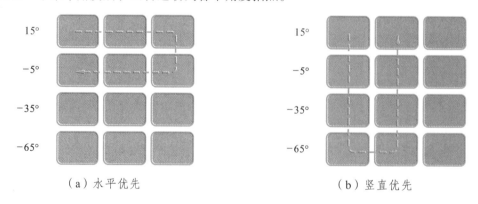

（a）水平优先　　　　　　　　　　（b）竖直优先

图 6.17　水平优先与竖直优先

无人机飞行拍摄时该选择水平优先还是选择竖直优先呢？假设都是拍摄 4×8 张照片（15°，-5°，-35°，-65°各 1 圈 8 张），水平优先机身旋转 4×8 次，云台运动 4 次；竖直优先机身运动 8 次，云台运动 4×8 次。云台的运动环境相对可控，把云台旋转到一个角度就可以了。而机身的偏航运动，需要产生一个水平的力，到达一个角度后还需要产生一个反向的力才能停下运动。所有运动的力都要通过多旋翼来产生，每一次机身运动都必然伴随着机身姿态调整的过程。由于云台有稳定系统，运动更稳定，代价更低，建议选择竖直优先。

4. 全景图制作

拍摄完全景相片后，经特征点匹配、图片匹配、图像均衡补偿和补天等处理后，即可生成一幅全景图。

（1）特征点匹配。找到素材图片中共有的图像部分。

（2）图片匹配。连接匹配的特征点，估算图像间几何方面的变换。

（3）图像均衡补偿。全局平衡所有图片的光照和色调。

（4）补天。因无人机云台都无法垂直90°拍摄天空，在合成最后会补充一些天空的细节。

可利用 PTGUI 软件进行全景照片的制作，此软件的优势为高度自动化，将拍摄完的照片全部载入软件后，软件会对所载入的图像进行自动对准，即完成特征匹配、图片匹配和图像均衡补偿；对准后自动生成效果预览，可通过手动添加连接点的方式改善生成的全景图像效果，创建全景图后导出全景照片。对导出的全景照片进行补天操作后，即可得到一幅完整的全景照片，通过全景播放器即可浏览720°全景图。

6.4 倾斜摄影测量案例一——数字线划图生产

为满足海南省某市的乡村建设规划、资源管理和农田环境分析，要求采用倾斜摄影航摄方法，对该市某镇进行正射摄影采集及倾斜摄影采集（地面分辨率 3 cm），基于航空倾斜摄影测量成果生产高精度三维实景模型数据、数字表面模型（DSM）数据及数字正射影像（DOM）数据，并在三维数据采集软件中采集地物要素，生产 1 : 500 数字线划图（DLG）。

6.4.1 设备配备

1. 硬件设备

项目采用的外业数据采集平台为某公司 SF700A 无人机，该无人机具备仿地飞行、PPK定位、毫米波雷达避障和下视激光雷达测距等功能配置，具有上手快、精度高、航程长等优势，搭载总像素 1.2 亿的 T53P 倾斜五镜头相机，完全满足此次项目精度要求，如图 6.18 所示。

（a） （b）

图 6.18 SF700A 无人机和 T53P 倾斜相机

2. 软件设备

照片数据预处理，使用一体化处理软件 SouthUAV 2.0，可以实现实时差分解析、后差分数据处理、POS 和照片分组对齐、相片重命名等操作。

倾斜三维模型生成，使用 ContextCapture 软件，可由简单的照片自动生成详细三维实景模型的软件。

基于倾斜模型生产 DLG，使用 SouthMap 3D 软件。该软件是一款集成测绘、CAD、GIS 三个领域实用技术的桌面信息化测绘系统，能提供空间和属性数据的浏览、查询、采集、编辑、管理、分析、制图输出等与测绘和 GIS 的核心功能，包括三维采集模块，支持用户在实景三维模型上，裸眼状态下进行地物采集并成图等工作，可以提供多种多样的量测和绘图工具，满足用户多样化的绘图要求。

6.4.2 数据处理

1. 像控点布设与采集

采用 SouthUAV 2.0 软件提前规划像控点，按照 150 m 间距均匀分布，然后将规划好的像控分布上传至云端服务器，为像控点采集做好准备，如图 6.19 所示。

图 6.19　像控点规划

通过像控之星 App，连接云端服务器，下载规划好的像控分布图，在现场布设采集像控。像控点采集完成以后，使用 SouthUAV 2.0 软件一键生成像控点点之记报告，并将像控点资料整理记录，生成的像控点点之记见表 6.1。

表 6.1　像控点点之记

测区	SJZ1		
点号	SJZPt1		
坐标系	平面	CGCS2000	
	高程	1985 国家高程基准	
坐标 （m/dd.dddd）	x 坐标	y 坐标	z 坐标
	××××	××××	××××
	纬度	经度	大地高
	××××	××××	××××
RTK 编号	S8657C117239698	手簿编号	00009454CE6696F5
天气描述	晴 29 ℃		
位置描述	某省某市		
刺点说明	无		

点位略图：

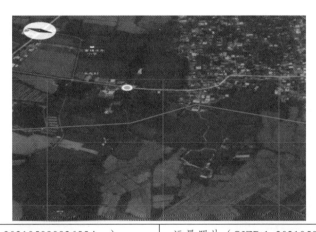

近景照片（SJZPt1_20210509092655.jpg）：	远景照片（SJZPt1_20210509092706.jpg）：

施测单位	××测绘科技有限责任公司		
刺点者	小张	刺点时间	20××-×-× 09：26：24
检查者	小南	检查时间	20××-×-× 20：49：55
备注	无		

2. 无人机外业数据采集

采用 SF700A 无人机搭载 T53P 倾斜相机进行航空影像采集，并使用 CORS 实时 RTK 和后差分 PPK 结合的方式获取高精度 POS 信息。采用 SouthUAV 2.0 软件进行航线规划，飞行高度 96 m，航向重叠 80%和旁向重叠度 70%，如图 6.20 所示。

图 6.20　航线规划

3. 照片数据预整理

无人机外业作业完成后，采用 SouthUAV 软件对差分数据和照片进行整理，如图 6.21 所示。

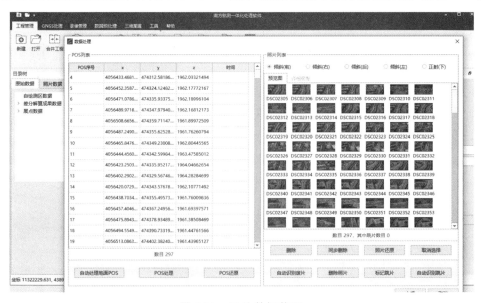

图 6.21　照片数据整理

4. 影像空三处理

使用 ContextCapture 软件进行影像空三处理，生成倾斜三维模型，如图 6.22 所示。并保证每个像控点刺点数量不能小于 18 张，每个像控点每个镜头的刺点数量不少于 3 张，且每个镜头不能在同一条航线上。

图 6.22　三维实景模型

5. DLG 数据生产

基于倾斜三维模型，采集地形要素的三维信息，使用软件 SouthMap 3D。先加载倾斜三维模型，然后在模型上直接采集居民地等地形要素，同步生成 DLG 图形，如图 6.23 所示。

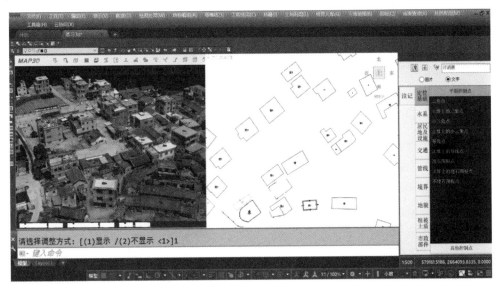

图 6.23　DLG 生产

6.5　倾斜摄影测量案例二——三维农房不动产登记

农村房屋不动产登记权籍调查要求全面查清集体所有土地上的未经登记的房屋等建筑

物、构筑物权籍情况和新增的宅基地及集体建设用地以及地上房屋的权籍情况。山西省某地是三维农房不动产登记的试点区域之一，面积约 0.3 km²，全村农业人口 630 人，农户数 229 户，耕地面积 895 亩。为解决在农村土地承包经营权确权项目实施中遇到的现场测绘难、核实数据难等问题，试点通过无人机倾斜摄影三维建模为农房确权登记提供技术支持。

1. 像控点布设与测量

试点像控点采用提前布设标识的方式，采用白色腻子粉和白色油漆在试验区布设 L 形标志，控制点靶标旁侧标明点号（见图 6.24）。控制点观测采用网络 RTK 利用 GSCORS 模式进行，采用对中杆架设仪器，每个点独立观测两次，每次观测历元不少于 10 个，两次成果校差小于 2.5 cm，求取平均值作为最终成果。

图 6.24　控制点靶标样式及观测方式

2. 飞行设计与实施

试点采用六旋翼无人机搭载五镜头进行航拍，地面分辨率设置为 1.5 cm，飞行高度 100 m，飞行了 3 个架次，共用时 4 h。为获得更多的房屋侧面纹理，航线飞行方位角与房屋长方向垂直，如图 6.25 所示。

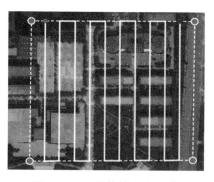

图 6.25　飞行航线方向示意

3. 影像数据处理

将上一步获得的质量合格的无人机倾斜照片作为数据源输入到重建大师软件中，通过摄影测量原理，对获得的倾斜影像数据进行几何处理、多视匹配、三角网（TIN）构建、自动赋予纹理、人工修复等环节，输出能准确、精细地复原出各个农房的真实色泽、几何形态及细节构成的三维实景倾斜模型，如图 6.26 所示。

图 6.26 三维模型成果示意图

4. 二维、三维房产地籍图生产

在 EPS 软件三维测图模块中加载上一步处理得到的三维实景倾斜模型数据，以二三维联动的方式进行房屋信息采集，从而转换成符合二维、三维房产一体化数据的房产地籍图，如图 6.27 所示。

图 6.27 二维、三维房产地籍图生产

5. 房产地籍图成果精度检验

在实景倾斜三维数据上随机抽取 30 个点位与农村宅基地使用权数据进行精度对比，同时抽取 30 条不同位置和方位的边长与宅基地使用权数据进行精度对比（见表 6.2），结果倾斜摄影成果平面位置中误差为 2.65 cm，能够满足农村房屋不动产登记权籍调查成果精度要求。

表 6.2　倾斜三维成果与宅基地使用权数据精度对比

阳泉郊区孔南庄村							单位/cm²
序号	倾斜三维成果坐标		外业检测坐标		坐标较差		$\Delta^2 = \Delta x^2 + \Delta y^2$
	x	y	x	y	Δx	Δy	
1	4213***.363	468***.396	4213***.345	468***.367	0.018	0.029	11.65
2	4213***.593	468***.318	4213***.573	468***.316	0.020	0.002	4.04
3	4213***.510	468***.488	4213***.535	468***.462	-0.025	0.026	13.01
…	…	…	…	…	…	…	…
30	4213***.397	467***.974	4213***.420	467***.949	-0.023	0.025	11.54
中误差（cm）	2.652		检查结果				210.980

6. 不动产登记建库与发证

依托三维模型动态单体化技术，有效地对农房进行落宗，在模型属性中挂接相应的不动产权籍调查信息。同时，输出相关的宗地图、房产户型图等数据资料，真正实现房地一体。房屋三维图可应用于不动产权证发证中，增加了证书的直观可读性，成为普通民众能看得懂的证书，如图 6.28 所示。

022街坊JC01101宗
土地使用者：×××

宗地代码：450203010022JC×××××
地址：××镇××村××屯××号

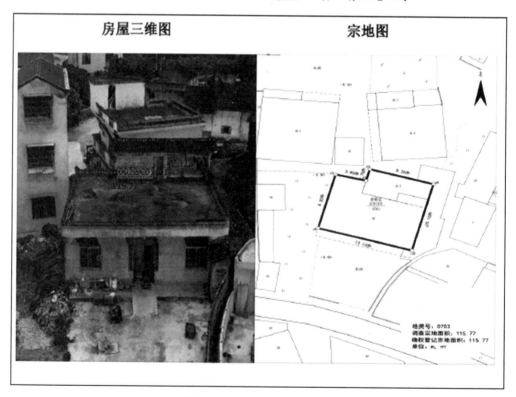

图 6.28　三维不动产权证

【习题与思考】

1. 简述倾斜摄影测量的作业流程。
2. 简述倾斜摄影测量的特点与关键技术。
3. 简述倾斜航空摄影的质量要求。
4. 简述倾斜摄影测量像片控制点布设要求。
5. 论述基于倾斜摄影的实景三维建模作业流程。
6. 论述基于倾斜摄影的数字线划图生成流程。
7. 论述基于倾斜摄影的真正射影像生成流程。

第 7 章　无人机贴近摄影测量

知识目标

理解无人机贴近摄影测量的概念、特点以及与其他摄影测量的区别；掌握无人机贴近摄影测量的方法与技术；了解无人机贴近摄影测量的应用领域。

技能目标

能够利用三维航线规划软件进行无人机贴近摄影航线设计，进行无人机贴近摄影测量。

近年来，无人机获得了空前快速的发展，无人机摄影测量变得空前火热，从固定翼到旋翼，从垂直摄影到倾斜摄影，进而到多视摄影，获取的影像越来越丰富和多样，通过众多影像信息可以恢复各种目标的三维信息，并且已经取得了瞩目的成绩，可以推测，无人机摄影测量的下一步发展必将是影像信息数据的精细化。贴近摄影测量（nap-of-the-object photogrammetry）是张祖勋院士团队针对精细化测量需求提出的全新摄影测量技术，它是精细化对地观测需求与旋翼无人机发展结合的必然产物。贴近摄影测量是面向对象的摄影测量（object-oriented photogrammetry），它以物体的"面"为摄影对象，通过贴近摄影获取超高分辨率影像，进行精细化地理信息提取。贴近摄影测量渊源于滑坡、高位危岩的地质调查与监测预警，并进行了初步应用试验，具有可高度还原地表和物体精细结构的特点，也可应用于城市精细重建、古建筑重建、水利工程监测等方面。

7.1　贴近摄影测量概述

7.1.1　贴近摄影问题的提出

"贴近摄影测量"实际上起源于滑坡、危岩崩塌的地质调查、监测与预警。近年来，我国滑坡、泥石流等地质灾害频发，给人民生命财产造成了巨大的损失，要做好灾害的监测和防范工作，就对相关的监测技术提出了挑战，地质行业也在迫切地寻找一种可以提高地灾监测精度和效果的技术。

三峡库区蓄水后水位抬升 100 多米，且每年涨落 30 m，库岸斜坡岩体长期劣化。巫峡箭穿洞危岩体，壁立于三峡库区巫峡左岸，区内属神女峰风景旅游区，其基座为泥质条带灰岩，在库水波动下，基座岩体劣化强烈，危岩体可能发生基座压裂滑移或倾倒破坏。每天有大量的船舶从危岩体前方航道通过，这些潜在的危险威胁到长江航道安全。为了保证安全，当地国土局每年采用人工悬绳的方式以"蜘蛛人"的姿态（见图 7.1）对长江两岸危岩体进行勘测，危险性大，操作难度高。

图 7.1   在悬崖峭壁上作业的"蜘蛛人"

《重庆市高位山体地质灾害专项调查技术大纲》提到，在地质灾害监测预警中，摄影测量还仅仅是作为监测的一种辅助手段。这让多年来一直专注于摄影测量领域的张祖勋院士敏锐地察觉到：一种能获取滑坡高精度影像的摄影方式在滑坡调查、监测预警方面具有极大的应用前景。同时，他也开始重新审视现阶段倾斜摄影测量技术的应用能力与摄影效率问题。现今无论是单相机的正直摄影还是五相机的倾斜摄影测量，这种"对地观测"的摄影测量系统都不能满足"岩崩、滑坡"地质工作者的要求，必须"独辟蹊径"寻找新的影像信息获取途径。

7.1.2   贴近摄影的概念

2019 年初，张祖勋院士团队在已获得应用实效的数字摄影测量网格（DPGrid）的基础上，经过成员们多次讨论，并参考了直升机的"贴地飞行"这一名词，提出了"贴近摄影测量（nap-of-the-object photogrammetry）"这一概念，并陆续用该技术进行了不仅仅局限于地质灾害调查的精细化摄影测量初步应用实验，获取了宝贵的实践经验。在 2020 年 3 月份于敦煌举办的数字文化遗产发展研讨会上，张祖勋院士做了《基于无人机贴近摄影测量的古建筑精细化重建》报告，介绍了贴近摄影测量技术在古建筑精细化重建中的应用。在此之前，张院士的团队已经利用贴近摄影技术对山西的悬空寺和应县木塔进行了自动贴近飞行，并得出了精细化重建结果。

贴近摄影测量是面向对象（object）的摄影测量（object-oriented photogrammetry），它以物体的"面"为摄影对象，利用旋翼无人机贴近摄影获取超高分辨率影像，进行精细化地理信息提取，因此可高度还原地表和物体的精细结构。

按照贴近摄影测量原理，当 xyz 空间有一个剖面拟合滑坡体，相机对准这个剖面摄影，三维重建的模型也正射投影到这个剖面，这样就能获得最优的结果，如图7.2所示。

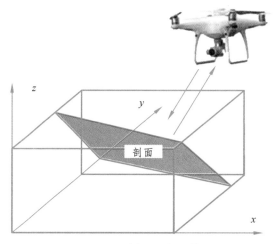

图 7.2　剖面正交影像

在巫峡箭穿洞危岩体监测任务中，将相机直接对着坡面（滑坡的面）照相，即以物体的"面"（三维空间任意坡度、坡向的面）为摄影对象，这个"平面"也是正射影像的输出平面（相当于建筑的"立面"图），经影像精细三维重建和地理信息提取即可得到危岩体的变形监测信息。

7.1.3　贴近摄影的特点及与其他及摄影测量的区别

1. 贴近摄影的特点

贴近摄影测量，是针对精细化测量需求提出的全新摄影测量技术，也是精细化对地观测需求与旋翼无人机发展结合的必然产物。贴近摄影具有以下特点：

（1）近距离摄影（最近距离可达5 m），可获取超高分辨率影像（毫米级别）。

（2）相机朝向物体表面：根据物体形状动态调整，要求摄影设备具备较高的灵活性。

（3）需要已知物体初始形状：通过常规摄影或者手控摄影的影像重建。

2. 贴近摄影测量与其他摄影测量的区别

贴近摄影测量被称为"第三种测量方式"，在采集的影像分辨率、摄影对象空间特征、与其他摄影测量存在以下区别。

1）采集的影像分辨率的区别

传统摄影测量，因为地形的差异，相对航高变化比较大，对于落差大的地形采集到的影像数据的影像分辨率差异比较大；贴近摄影是贴近拍摄物体表面进行数据采集测，相对航高比较固定，采集到的影像分辨率相近，如图7.3所示。

2）摄影对象空间特征的区别

垂直航空摄影测量是对二维空间的水平面进行摄影，倾斜摄影测量是对 xyz 三维空间（或称2.5维——三维空间的表面）进行摄影，贴近摄影测量则是针对三维空间任意坡度、坡向的"面"进行摄影。

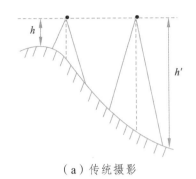（a）传统摄影

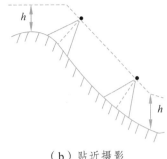（b）贴近摄影

图 7.3　贴近摄影与其他摄影测量的区别

3）摄影机姿态的区别

贴近摄影测量则是根据三维空间的"斜面"的倾斜角度而调整摄影机姿态，使相机朝向物体表面摄影。垂直航空摄影中的仿地飞行能根据 DSM 的高程改变飞行高度，但不会顾及地形或地物坡度不同而改变摄影机姿态。

4）获取被摄物体精度的区别

贴近摄影测量利用贴近物体表面（距离一般小于 20 m）进行摄影测量，能获取被摄物体的精确坐标、精细形状，精度能达到亚厘米甚至毫米级。其他摄影测量方式一般都需要较高的航高，获取到的影像一般能达到厘米级精度。

7.1.4　贴近摄影测量的研究现状

贴近摄影测量是一个新的摄影测量方式，对于摄影测量技术的摄影方式来讲有垂直和倾斜两个方式，贴近摄影测量的提出标志着第三种摄影方式的诞生。应用无人机搭载设备贴近被摄物体立面进行数据的采集，能够高效安全地获取数据并且获取的影像能够达到亚厘米级。通过对高分辨率的影像进行实景三维建模，能够得到高精度的三维模型及模型上点的精确坐标，为地质、数字城市建设等领域提供有效手段。

贴近摄影测量一经提出就在地质、城市测绘、水利、文物重建等领域进行实验应用。张祖勋院士首先对贴近摄影测量在实际工作中进行应用，主要是对滑坡、岩体及古建筑进行贴近摄影测量。对滑坡岩体裂缝通过贴近摄影测量得到了巫峡箭穿洞、金沙江白格滑坡的剖面图，能够更加真实地反映实际情况并能够在局部细节上更加清晰直观地识别岩体及裂缝，对滑坡领域的监测和预警提供了前期规划信息。对于古建筑通过贴近摄影测量得到了山西悬空寺、应县木塔的精细化三维模型，建筑物细节和纹理良好。杨景梅等人在土方验方上应用贴近摄影测量获取高分辨率影像对目标建筑物进行实景三维模型构建，再通过 EPS 等软件对土方进行计算，并探究贴近式无人机测量技术在土方验方中的优势。梁景涛等人将贴近摄影测量高分辨率和"多角度"探测技术优势应用于高位崩塌早期识别，应用无人机贴近摄影测量对康定县郭达山进行贴近高位崩塌立面进行影像数据获取，对贴近摄影测量技术在实际工作中的工作步骤进行总结，得到的三维模型能够识别岩体亚厘米级裂缝，使该技术能够在地质灾害的崩塌识别和监测上得到很好的发展。张军等人为了保障飞行安全及得到可靠分辨率的影像数据，研究基于高精度三维 DSM 进行航线规划的方案，有助于推动贴近摄影测量技术的发展。

贴近摄影测量刚被提出来还有很多地方没有成熟，目前来说贴近摄影测量技术针对面拍摄得到目标地物的立面图已经可以应用到实际工作中，但是想要将贴近摄影测量得到的高分辨率影像与倾斜摄影测量等方式得到的低分辨率影像进行融合建模，还没有一个规范的流程。贴近摄影测量还需要靠更多的实践来推动发展，使其能够在更多的领域有更多的发展应用。

7.2　无人机贴近摄影测量的方法与技术

7.2.1　无人机贴近摄影方法

无人机贴近摄影测量通过设计无人机的三维飞行航线，不断地改变飞行高度，使得无人机与地物的垂直距离始终保持不变，以 5~50 m 最佳，此时的数字图像中的地面分辨率 GSD 会保持一致，且由于距离较近，此时的 GSD 也会较小，使得图片中的细节更丰富。贴近摄影的搭载平台无人机相对于定点的近景摄影更加灵活，角度多变，其次，贴近摄影的一个重要特点在于相机的光轴是垂直于拍摄的"面"。如图 7.4 所示，由于贴近摄影与地物的距离较近，所以应当先进行粗略的人工踏勘和常规的摄影测量勘测，获取低分辨率的无人机图像，了解障碍物、调查目标的分布。根据任务的需求，确定调查范围的大小、无人机飞行的航线数量、航迹点的位置。需注意的是航线与目标的垂直距离应基本保持不变，因此无人机的航线可能不是一个平面，且不同的航线之间会具有一定的飞行高度差异。

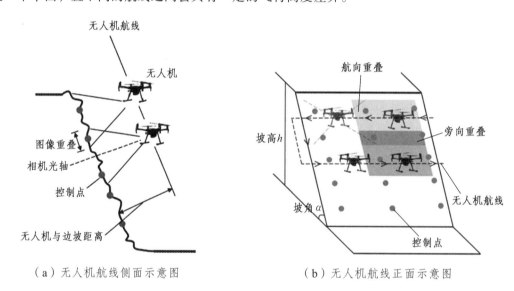

（a）无人机航线侧面示意图　　　　　（b）无人机航线正面示意图

图 7.4　无人机贴近摄影方法

7.2.2　贴近摄影测量的技术支撑

1. 无人机云台姿态控制能力

无人机通过云台控制相机的俯仰角和旋偏角。云台是无人机用于安装和固定摄像机等任务载荷的支撑设备，主要作用是满足相机的多角度调节，如水平、倾斜或俯仰等，并能抑制机身的主动倾侧、被动干扰等影响航拍效果的扰动。

无人机云台一般能允许空间内的三轴旋转调节，"三轴"分为俯仰、偏航、滚转，分别由一台电机进行控制。云台组件能以高达 10 Hz 的频率将当前姿态、校准状态、校准偏移量、工作模式以及云台是否处于机械停止状态等信息推送回移动设备，以保证无人机云台的姿态控制能力。

大疆无人机云台具有 FPV（第一人称视角）模式、偏航跟随模式和自由模式等三种工作模式，定义云台如何跟随飞行器运动，以及有多少轴可用于控制。在 FPV 模式下，只有俯仰可控，偏航和滚动被固定；偏航跟随模式下，俯仰和滚动可控，偏航跟随无人机航向；自由模式下，俯仰、横滚和偏航都可控，这意味着云台可以独立于无人机的偏航运动。

无人机在进行贴近摄影时，云台在 FPV 模式下在有效角度范围内精确控制相机俯仰角，以实现对三维空间"面"对象的拍摄，如图 7.5 所示。

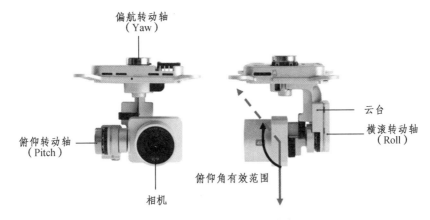

图 7.5　云台控制相机的姿态

2. 无人机高精度定位技术

大疆 Phantom 4 RTK 无人机（见图 7.6）采用双备份 GNSS 系统，将厘米级导航定位系统和高性能成像系统结合，集成在小巧便携的机身中，能提升航测效率与精度，降低作业难度和成本。大疆 Phantom 4 RTK 无人机高精度 GNSS 系统采用实时差分定位技术，GPS/北斗/GLONASS 3 系统 6 频点 RTK 为飞行器提供厘米级定位，备份高灵敏度 GNSS 系统，在弱信号下仍能稳定飞行。用户还可选择网络 RTK 或自行架设基站，应用实时定位差分技术。系统提供卫星原始观测值与相机曝光文件，支持 PPK 后处理，不受限于通信链路与网络覆盖，作业更加灵活高效。

图 7.6　大疆 Phantom 4 RTK 无人机

3. 由粗到细的智能航线规划

贴近摄影测量要求无人机贴近对象表面飞行，为了安全有效地实施贴近摄影测量，采用由粗到细的智能航线规划。粗的过程就是应用常规的无人机飞行来获取低分辨的影像，对低分辨率影像进行处理能够得到初始地形信息。细的过程就是应用初始地形信息进行面的拟合从而计算出无人机贴近飞行的三维航线规划之后再对贴近飞行的图像进行三维建模，如图 7.7 所示。

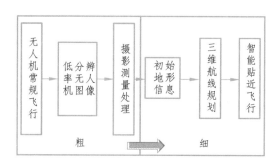

图 7.7　由粗到细的智能航线规划

4. 计算机视觉突破了摄影测量传统的要求

基于图像的三维重建作为当今热门的虚拟现实和科学可视化的基础，它被广泛应用于检测和观察中。SFM（structure-from-motion）算法是一种基于各种收集到的无序图片进行三维重建的离线算法。顾名思义是从运动中（不同时间拍摄的图片集）恢复物体的三维结构，这需要估计出图片的相机外参矩阵，结合相机内参重建稀疏点云，如图 7.8 所示。SFM 算法通过相机的移动来确定目标的空间和几何关系，能通过大量照片重建 3D 模型，对于无人机航空摄影获取的大量遥感影像，当然也可以利用 SFM 算法重建 3D 模型。

图 7.8　SFM 利用大量照片重建 3D

7.2.3　贴近摄影测量航线参数计算

贴近摄影测量的核心在于三维航线的规划。航线规划平面与物体表面平行，航线的形式为"弓"字形，包括水平航线和垂直航线两部分。

1. 水平航线参数计算

要重建影像间的几何关系，首先要保证影像有足够的重叠度。重叠度包括航向重叠度及旁向重叠度。航向重叠度是指沿航线方向相邻照片重叠部分与相片长度的比值；旁向重叠度是指相邻航线之间相邻照片重叠边长与相片宽度的比值。相机的视场角为相机的固定值，决定了相机的视野范围。对应的地面成像范围如式（7.1）所示。

$$G = 2d \times \tan\frac{fov}{2}$$ （7.1）

式中　　G ——对应的地面成像范围；

　　　　d ——摄影距离；

　　　　fov ——相机的视场角。

由此可得图像水平方向的覆盖范围，如式（7.2）所示。

$$G_x = 2d \times \tan\frac{fov_x}{2}$$ （7.2）

式中　　G_x ——图像水平方向的覆盖范围；

　　　　d ——摄影距离；

　　　　fov_x ——相机的水平视场角。

水平方向上重叠边长计算如式（7.3）所示。

$$L_x = p_x \times G_x$$ （7.3）

式中　　L_x ——水平方向上重叠边长；

　　　　p_x ——航向重叠度；

　　　　L_x ——图像水平方向的覆盖范围。

水平方向上两个曝光点间的距离计算如式（7.4）所示。

$$\Delta S_x = G_x - L_x = (1 - p_x) \times 2 \times \tan\frac{fov_x}{2}$$ （7.4）

式中　　ΔS_x ——水平方向上两个曝光点间的距离；

　　　　G_x ——图像水平方向的覆盖范围；

　　　　L_x ——水平方向上重叠边长；

　　　　p_x ——航向重叠度；

　　　　d ——摄影距离；

　　　　fov_x ——相机的水平视场角。

在轨迹规划平面内，沿 A' 到 B' 方向，间隔 ΔS_x 距离，依次计算出曝光点的水平坐标。无人机在水平方向航线规划如图 7.9 所示。

2. 垂直航线参数计算

与水平方向的航线规划不同，垂直方向上根据无人机与地面的安全距离是否大于观测面高度可分为两种情况。一种是无人机最低安全飞行高度小于观测面高度；另一种是无人机最低安全飞行高度大于观测面高度。

当无人机最低安全飞行高度 H_0 小于观测面高度 H_v 时，如图 7.10 所示，类似于水平方向的规划，从 H_0 开始，飞机飞行高度每次增加 Δh，计算相机的覆盖范围，直到某次覆盖范围超出观测面高度时停止，相机镜头始终与观测面保持垂直，其中，Δh 的计算如式（7.5）所示。

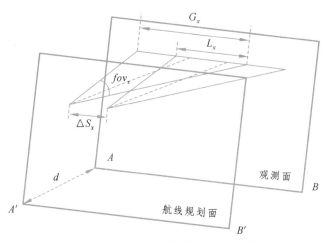

图 7.9　水平方向航线规划示意图

$$\Delta h = (1 - p_y) \times 2d \times \tan\frac{fov_y}{2} \tag{7.5}$$

式中　Δh——无人机相邻航线间高度；

　　　p_y——旁向重叠度；

　　　d——摄影距离；

　　　fov_y——相机的垂直视场角。

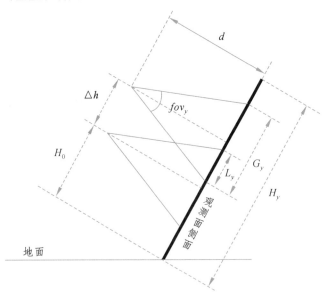

图 7.10　垂直方向航线规划示意图（$H_0 < H_v$）

同理，由式（7.5）可得到图像垂直方向上的覆盖范围，如式（7.6）。

$$G_y = 2d \times \tan\frac{fov_y}{2} \tag{7.6}$$

式中　G_y——图像垂直方向上的覆盖范围；

　　　d——摄影距离；

fov_y——相机的垂直视场角。

垂直方向上相邻相片重叠边长如式（7.7）所示。

$$L_y = p_y \times G_y \qquad (7.7)$$

式中　L_y——垂直方向上相邻相片重叠边长；

　　　p_y——旁向重叠度；

　　　G_y——图像垂直方向上的覆盖范围。

垂直方向上两个曝光点间的距离如式（7.8）所示。

$$\Delta S_y = G_y - L_y = (1 - p_y) \times 2d \times \tan\frac{fov_y}{2} \qquad (7.8)$$

式中　ΔS_y——垂直方向上两个曝光点间的距离；

　　　G_y——图像垂直方向上的覆盖范围；

　　　L_y——垂直方向上相邻相片重叠边长；

　　　p_y——旁向重叠度；

　　　d——摄影距离；

　　　fov_y——相机的垂直视场角。

在轨迹规划平面内，沿垂直方向，间隔 Δh 距离，依次计算出曝光点的高程值。当无人机最低安全飞行高度 H_0 大于观测面高度 H_v 时，如图 7.11 所示。为保证拍摄范围能够覆盖建筑物底部，需要调整镜头方向，此时，无人机镜头方向不再垂直于观测面，而是与观测面成一个锐角 α_0 最后将水平位置、高程位置、无人机机身朝向、无人机镜头角度进行综合，获得最终的航迹规划结果。由式（7.6）、式（7.7）、式（7.8）可依次计算得到图像垂直方向上的覆盖范围 G_y、垂直方向上相邻相片重叠边长 L_y、垂直方向上两个曝光点间的距离 ΔS_y 等参数。

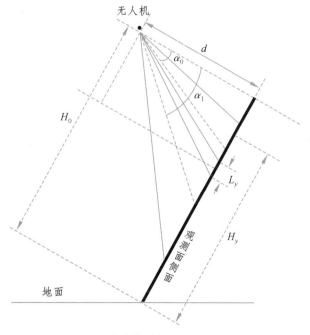

图 7.11　垂直方向航线规划示意图（$H_0 > H_v$）

7.2.4 贴近摄影测量的技术路线

贴近摄影测量是继垂直摄影、倾斜摄影以来的第三种摄影方式，它通过对"面"进行摄影，得到精细三维模型，带来新的产品形态，可大大扩展摄影测量服务领域。贴近摄影测量是一个由粗到细的逐步精细化的过程，基本思想是"从无到有""由粗到细"和人机协同，其中，人机协同为自动贴近飞行+局部手持补拍。贴近摄影测量在实际应用中的工作流程包含两方面：①"从无到有"的策略，当拍摄目标不存在初始场景信息时，需要先通过常规飞行或人工控制无人机拍摄目标场景少量的低分辨率无人机图像数据，并经摄影测量处理重建目标的初始地形信息。②"由粗到细"的思想，当拍摄目标有老的场景数据时，需要先将老数据的坐标转到 WGS84 参考椭球下，并以此作为拍摄目标的初始地形信息。然后根据初始地形信息，对拍摄目标进行贴近三维航线规划；最后让无人机根据规划的三维航线智能贴近飞行，自动高效地获取覆盖物体表面的高分辨率、高质量的影像。对于局部不能贴近飞行的区域则可采用局部"手持"补拍；将智能贴近飞行和局部"手持"补拍获得无人机图像进行摄影测量处理，然后再绘制成线图。贴近摄影测量的技术路线如图 7.12 所示。

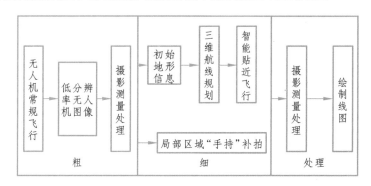

图 7.12 贴近摄影测量的技术路线

7.3 无人机贴近摄影测量应用领域

贴近摄影测量立足于精细化三维重建和信息提取的需求，利用无人机自动高效地采集非常规地面或人工物体表面高分辨、高质量的影像，并进行高精度空中三角测量处理，为目标的精细化重建奠定基础。无人机贴近摄影测量是精细化对地观测需求与旋翼无人机发展结合的必然产物，有助于推动无人机摄影测量与精细化三维建模的发展，在地质调查、灾害应急、水利工程、文物与古建筑保护、建筑物精细三维建模等方面有较大的应用前景。

7.3.1 地质调查

目前，地质灾害的调查往往只能依靠人工，不仅艰苦而且危险；其监测和预警手段也主要依靠 GNSS 监测站或其他类型的监测仪进行点状监测，而将摄影测量仅作为一个辅助手段。无论是当前的航天、航空或无人机摄影测量，都习惯将成果向 xy 平面投影生成 DOM。图 7.13 显示了三峡库区 1∶2 000 的 DOM，在该区域有一个重点地质调查对象（箭穿洞），但它在图中就只有一个点，对地质调查来说，意味着必须要"实地调查"。

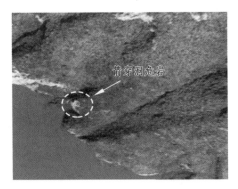

图 7.13　危岩地质现有底图数据

　　而从贴近摄影测量的角度出发，可以将重建的结果向贴近拍摄的面进行投影，形成"剖面正交影像图"，获取目标的最优结果。图 7.14 为对箭穿洞进行贴近摄影（包括正对和交向拍摄）后重建的三维模型以及生成的剖面正交影像图。与传统的 DOM 相比，地质调查工作者可以直接在图上判读地质要素，并根据需要应用于专业领域的其他工作。

（a）三维模型

（b）剖面正交影像图

图 7.14　箭穿洞贴近摄影测量成果

7.3.2　灾害应急

　　在地质灾害发生后，往往需要获取现场的情况，以方便进行救灾指挥工作。而无人机以其快速机动、灵活易用的特点在灾害应急中有众多的应用。因此，贴近摄影测量也能有效用于应急灾害领域。

　　金沙江白格滑坡位于西藏与四川交界处，其滑坡前后缘落差达 800 m，曾堵塞金沙江形成堰塞湖，对下游造成严重威胁，所以对它的治理和监测尤为重要。由于无人机有 500 m 的最高飞行限制，所以只对三个重点滑坡区域进行了拍摄。首先手控无人机拍摄影像，重建滑坡体初始场景信息，然后对三个区域进行贴近摄影测量，拍摄距离 50 m。相比于利用固定翼无人机按照竖直摄影拍摄并生成的 DOM，贴近摄影测量输出图的分辨率更高，且不会出现物体被压缩的情况。从生成的剖面正交影像图（见图7.15）中，可以清晰地看到滑坡体上的裂隙，有利于滑坡体的变化监测。通过贴近摄影测量的方法，可以为灾害应急的现场指挥和后期治理提供有效的指导和帮助。

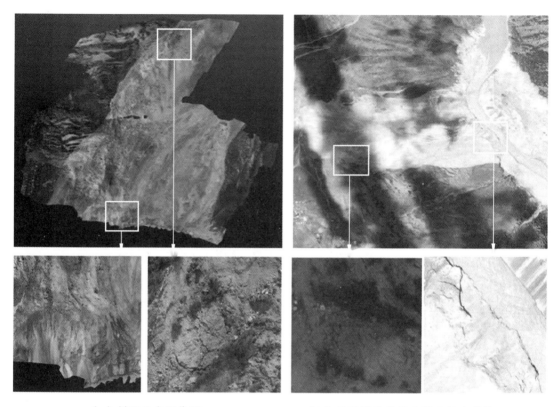

(a) 剖面正交影像图　　　　　　　(b) 利用固定翼无人机飞行生成的 DOM

图 7.15　白格滑坡贴近摄影测量生成的剖面正交影像图与传统 DOM 的对比

7.3.3　水利工程

水利工程中的大坝、高边坡也有监测的需求。相对于传统近景摄影测量的方法而言，以无人机为载体的贴近摄影测量方法具有更高的效率，且对拍摄场地的要求低。贴近摄影测量的第一次实际工程应用是对湖北恩施某水电站大坝进行拍摄，图 7.16（a）中无人机正在进行贴近摄影测量。该大坝位于山区，坝面长度 300 m、坝高 230 m，两侧是崖壁。若进行常规航空摄影，则容易受到雾的影响。通过贴近摄影测量的方法，拍摄距离 20 m，不受雾引起的能见度的影响。图 7.16（b）所示是重建生成的 DSM，可以清晰地看到坡体上的 GNSS 监测站点和马道以及路墩。

此外，在南水北调工程河南渠首段的高边坡进行贴近拍摄。图 7.17 显示的是生成的剖面正交影像图，其中护坡上的裂缝清晰可见，因此可用无人机进行定期巡护，及时发现护坡中可能出现的问题。

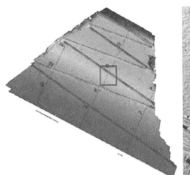
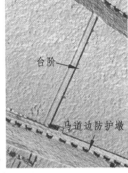

（a）无人机正在工作　　　　　　　　　　　　（b）重建生成的 DSM

图 7.16　对水利大坝进行贴近摄影测量

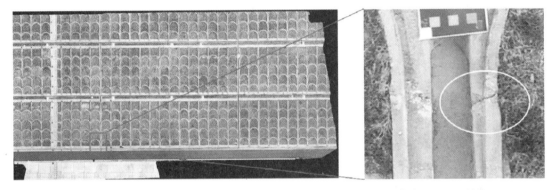

图 7.17　南水北调工程高边坡剖面正交影像图：放大图中的黄色圆圈是裂缝

7.3.4　文物与古建筑保护

文物古建筑保护是无人机的一个热点应用领域。文物的数字化对文物的保护具有重要的历史和现实意义，可以拉近人们对文物的了解和欣赏的距离，也是走向公众参与教育和价值观建构、走向世界参与文明互鉴的基础。然而岩画、洞窟等大型户外文物数字化的实现是困难的，一方面受限于空间障碍，另一方面受限于数字采集技术。与其他方法对比而言，贴近摄影测量的优势在于无须人工控制，可以自动贴近、正对目标进行拍摄，获取高清影像，恢复文物古建筑的精细结构。如图 7.18 所示，通过贴近摄影测量的方式，对山西悬空寺的重建结果和根据模型绘制的线图，可以有效地恢复古建筑的细节，并形成资料进行保存。

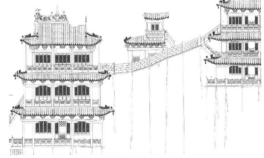

（a）重建的模型，可以放大看到宫殿的名字　　　　　　（b）绘制的部分线图

图 7.18　悬空寺贴近摄影测量成果

图 7.19 形象地表示了前文中所说的"人机协同"的策略。在对类似木塔这种有向外延伸的檐的建筑进行拍摄时，需要镜头向上旋转以拍摄檐下的细节。此外，在自动飞行不能覆盖目标底部时，还可以通过手持无人机的方式进行拍摄。通过人机协同的策略，对檐下的牌匾也可以有很好的重建效果。

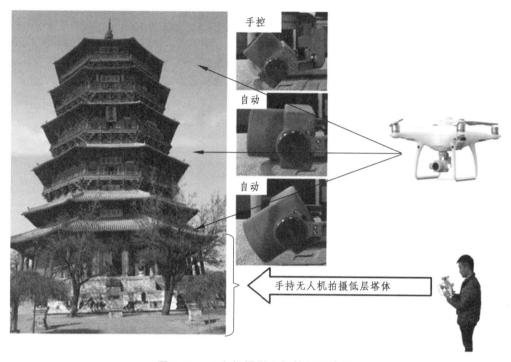

图 7.19 无人机摄影人机协同示意图

与常规的竖直或倾斜摄影测量相比，贴近摄影测量可以获取文物、古建筑更精细的结构信息。与近景摄影测量相比，贴近摄影测量的工作方式更灵活、效率更高，受拍摄环境因素的影响更小。

7.3.5 建筑物精细三维重建

目前，建筑物精细三维重建的需求旺盛，而这也正是贴近摄影测量的一个重要应用领域。贴近摄影测量利用拍摄设备贴近物体表面摄影，获取（亚厘米级）高清影像，并进行摄影测量处理，从而恢复被摄对象的精确坐标和精细形状结构来重建精细三维模型，弥补了其他摄影测量无法达到的精度要求。对于立面测量而言，贴近摄影测量只需对建筑物单个立面进行拍摄，此时它与基于无人机的"近景摄影测量"类似，但因不需要人工控制而有更高的数据获取效率。对于精细建筑物三维重建而言，需要按照规则目标对建筑整体进行贴近摄影测量。

建筑物三维重建的方法还有倾斜摄影测量。图 7.20 所示是无人机倾斜摄影测量和贴近摄影测量对武汉大学教学实验大楼的重建结果。结果发现，无人机倾斜摄影测量的重建效果[见图 7.20（a）]与贴近摄影测量的结果[见图 7.20（b）]相比而言，其结果较差，模型边缘不够平整，窗台与空调挂机有明显的粘连。

（a）无人机倾斜摄影重建结果　　　　　　　　（b）贴近摄影测量重建结果

图 7.20　教学实验大楼重建结果

图 7.21 所示是对武汉大学教学实验大楼重建结果中一些其他的细节，可以发现，与其他几种方法相比，贴近摄影测量在建筑物精细化重建中有较大的优势。

图 7.21　教学实验大楼重建结果中的细节

7.4　贴近摄影测量案例——岩画数字化

宁明花山地处广西崇左市宁明县左江明江河段，海拔高 340 m，岩画大致分布于离江面高 8~35 m 的白色岩体表面，画面长 220 m，宽约 80 m，遗产区面积 6 621 hm²，已有 2 000 多年历史，画面雄伟壮观，为国内外罕见，具有很强的艺术价值和重要的考古科研价值，为保护好这一文化遗产，需运用贴近摄影测量技术来实现花山岩画的数字化。

花山岩画面临 140 m 宽的江（见图 7.22），整个岩画中心处在与河道成 50°~60°的拐弯处，岩画下方有景区的绿化树、廊道等地物，岩画对岸种植有高达 10~15 m 的木棉树，树枝遮挡多，悬崖上有草丛，岩石面不平整，地理环境复杂。作业区域的崖面临江而立，崖体呈南北弧形内凹状，宽 250 m，高 150 m。江边不规则分布竹丛及高 7~8 m 的杂树，悬崖上有灌木和草丛，航飞条件复杂。高耸内凹的垂直崖面对无人机 GPS 信号的接收影响大，有可能造成无人机接收不到卫星信号，导致无人机失控撞崖炸机的风险。

7.4.1　设备配备

1. 硬件设备

拍摄所备的硬件设备：大疆经纬 M3OOR+禅思 P1 航测相机 1 套、精灵 Phantom 4 RTK 1 套。这两款大疆无人机具有飞控稳定、功能强大、RTK 定位精确等优势。同时，为及时处理现场数据，还配备了两台高性能的移动 PC 工作站。

图 7.22　花山岩画测区现场

2. 软件准备

此次拍摄所采用的软件有大疆智图和航迹大师（WayPoint Master）。大疆智图是一款提供自主航线规划、飞行航拍、二维正射影像与三维模型重建的 PC 应用软件，可一站式帮助用户全面提升航测内外业效率，将真实场景转化为数字资产。航迹大师是一款针对大疆无人机倾斜摄影测量的专业级航线定制软件，特有的交叉如环绕航线、仿地航线、仿面航线、变坡航线、立面航线、Lidar 航线、电力航线等可以满足多种场景需求。

7.4.2　航测数据获取及数据处理

1. 初始地形模型建立

结合花山岩画的实际情况和规范要求，使用大疆精灵 4 RTK 无人机进行初始地形信息影像数据获取，设置飞行任务的地面分辨率设置为 0.02 m，航向重叠度为 80%，旁向重叠度为80%，飞行速度 12 m/s，平均航高 350 m。初始地形航线设计所采集到的影像数据检查无误后，用大疆智图软件现场处理数据，建立起初始地形信息模型，如图 7.23 所示。模型中花山岩画区域无空洞，能够反映研究区的地形数据，为精细化模型获取航线规划提供参考。

2. 精细航线规划

精细航线规划使用航迹大师软件进行规划。为了更真实地展示花山岩画，选用大疆经纬M3OOR 搭载禅思 P1 航测相机离崖面 8 m 等距拍摄。为了确保航飞安全又能实现模型分辨率的计划要求，经现场进行航线探测，对关键的危险航点逐一精确手控飞行探测。所有的关键点均能正常且稳定地接收到卫星信号，在消除其他的飞行安全隐患后进行航线规划。此次精细航线规划设置相机镜头俯仰角为-5°，其目的是让相机的曝光更准确，如果相机 0°拍摄白色崖面容易造成图像过曝，损失细节的纹理，而将相机以-5°微俯拍摄到的画面细节更丰富，色彩也更加饱和。航迹大师软件自动规划航线会根据崖面的凹凸情况计算出每个航点的准确距离，以及根据设计的航向和旁向重叠度准确地计算出曝光的时间点。无人机在距离崖面 8 m 的正前方做自上而下的"弓"形自主飞行，航向重叠度 80%，旁向重叠度 70%，航线速度设为 1 m/s，其航线如图 7.24 所示。

图 7.23　花山岩壁及周边粗模成果

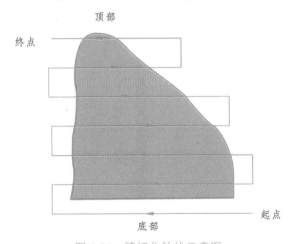

图 7.24　精细化航线示意图

3. 贴近航线飞行及手动补拍

（1）贴近航线飞行。经纬 M300RTK 遥控器理论上可以实现 999 个航点导入，为了减少遥控器的运算载荷，航迹大师自动将航线规划成 7 个航线任务来完成。航线依次自上到下来执行，导出的任务文件加载到无人机遥控器便可以进行一键式智能自主飞行。面对复杂的飞行环境，在航线飞行过程中必须做好发生各种意外的准备。

（2）手动补拍。为避开江边树木等障碍物以确保飞行安全，采用"飞手+观察员"双人组合的方式进行补拍。飞手在观察员的安全指引下沿崖面谨慎飞行补拍。经过两天的飞行，此次共采集照片 3 000 余张，基本实现崖面多角度多方位全覆盖。

4. 数据处理

采集到的各种数据经空三计算 1 h 左右完成，空三成果完整，模型生成 12 h 完成。生成模型的水面有漏洞和凹陷的问题，因此要进行模型修补和水面置平，最终得到的花山岩画白模和精细三维模型如图 7.25 所示。

（a）花山岩画白模　　　　　　　　　　　（b）花山岩画三维精细模型

图 7.25　花山岩画三维模型成果

5. 三维实景应用分析

此次三维重建一次通过。模型精度质量报告显示模型分辨率为 1.12 mm，和航线设计的要求基本一致。整个崖面的模型完整，没有凹陷、空洞等问题，崖面影像曝光准确、光亮适中，岩画色彩丰富细腻，岩石表面细小裂缝清晰可见，如图 7.26 所示，可应用于岩石表面裂缝监测。

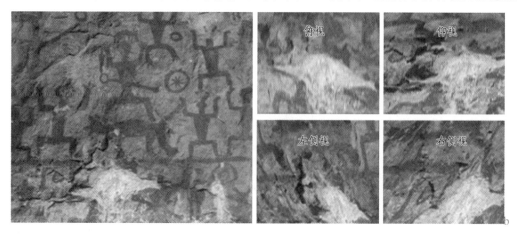

图 7.26　岩石剥落多角度图

【习题与思考】

1. 简述贴近摄影测量的原理和特点。
2. 简述贴近摄影测量与其他摄影测量方式的区别。
3. 简述贴近摄影测量的特点与关键技术。
4. 简述贴近摄影测量的方法与技术路线。
5. 简述贴近摄影测量航线参数计算方法。
6. 简述贴近摄影测量的应用领域。
7. 论述基于贴近摄影测量的实景三维建模流程。

第8章 无人机机载激光雷达测量

知识目标

了解激光雷达的概念、分类和测距原理；了解机载激光雷达测量系统的组成、工作原理、技术特点和应用领域；了解机载激光雷达点云数据、处理方法和处理流程。

技能目标

能够利用无人机机载激光雷达进行地形测量，并能用常用激光雷达数据处理软件进行点云数据处理、DEM 和 DLG 生产。

无人机具有机动灵活、作业高效迅速、可快速获取三维数据以及飞行安全性高、外业人工作业风险性及成本大幅降低等特点，在小区域大比例尺测图领域具有明显的优势。无人机搭载激光雷达模块采集点云数据，获取地表高精度三维坐标，具有成本低廉、操作性强、空间分辨率高、能快速获取高精度点云数据等优点。相对于机载激光扫描数据，无人机激光雷达则提供了更高的点云密度，在郁闭度较低的林区也可以精确获取林下三维信息，同时基于无人机技术的特点使得研究人员可以在短时间内多次对研究区林地进行更大范围的覆盖扫描。无人机激光雷达全自动建模生产的实景三维数据加上高密度的激光点云数据，可满足大比例尺测图要求，同时可以真实反映地物的外观、位置、高度等属性，可输出点云数据、TDOM、DLG 等多种成果形式，服务于高层决策和设计。

8.1 激光雷达概述

8.1.1 激光雷达简介

激光雷达技术是近几十年以来摄影测量与遥感领域中具有革命性的成就之一，是继 GNSS 发明以来摄影测量与遥感领域的又一里程碑。激光雷达（Light Detection and Ranging，LiDAR，即激光雷达探测及测距）是一种通过发射激光束来探测远距离目标的散射光特性以获取目标物体的精确三维空间信息的光学遥感技术，是传统雷达技术和现代激光技术、信息技术相结合的产物。并且伴随超短脉冲激光技术，高灵敏度、高分辨率的弱信号探测技术和高速大量数据采集系统的发展应用，激光雷达以其高测量精度、精确的时空分辨率以及大的探测跨度而成为一种非常重要的主动式遥感工具。

激光雷达能够穿透薄的云雾，获取目标信息，其激光点直径较小，且具有多次回波特性，能够穿透树木枝叶间的空隙，获取地面、树枝、树冠等多个高程数据；穿透水体，获得海、河底层地形，精确探测真实地形地面的信息。

激光雷达集激光、大气光学、雷达、光机电一体化和电算等技术于一体，几乎涉及物理学的各个领域，其具有体积小、精度高及抗干扰性强等优点。LiDAR 系统具有全天时、全天候、主动、快速、高精度、高密度等测量特点。

激光雷达利用相位、频率、振幅或者偏振来承载目标信息，主要使用的是近红外、可见光及紫外等电磁波段，波长范围从 250 nm ~ 11 μm，比传统雷达使用的微波和毫米波要高出两到四个数量级。又因激光束发散角小、波束窄、能量相对集中，光束本身具有良好的相干性，这样就可以达到非常高的距离分辨率、速度分辨率和角分辨率，使得更小尺度的目标物也能产生回波信号，能够探测微小自然目标，包括大气中的气体浓度和气溶胶等。

激光器、接收器、信号处理单元和旋转机构是激光雷达的四大核心部件，无论是哪种类型的激光雷达基本由上述四种部件构成，其基本工作原理如图 8.1 所示。

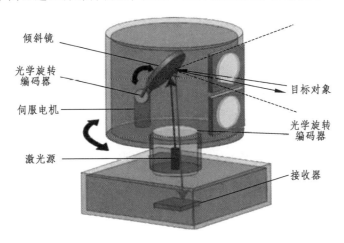

图 8.1　激光雷达基本工作原理

8.1.2　激光雷达分类

随着激光雷达的应用和需求不断增大，激光雷达的种类也变得琳琅满目，按照使用功能、探测方式、载荷平台等激光雷达可分为不同的类型。

1. 按功能分类

1）激光测距雷达

激光测距雷达是通过对被测物体发射激光光束，并接收该激光光束的反射波，记录时间差，来确定被测物体与测试点的距离。

2）激光测速雷达

激光测速雷达可对物体移动速度测量，通过对被测物体进行两次有特定时间间隔的激光测距，从而得到该被测物体的移动速度。

3）激光成像雷达

激光成像雷达可用于探测和跟踪目标、获得目标方位及速度信息等。它能够完成普通雷达所不能完成的任务，如探测潜艇、水雷、隐藏的军事目标等。在军事、航空航天、工业和医学领域被广泛应用。

4）大气探测激光雷达

大气探测激光雷达主要是用来探测大气中的分子、烟雾的密度、温度、风速、风向及大气中水蒸气的浓度，以达到对大气环境进行监测及对暴风雨、沙尘暴等灾害性天气进行预报的目的。

5）跟踪雷达

跟踪雷达可以连续跟踪一个目标，并测量该目标的坐标，提供目标的运动轨迹，不仅用于火炮控制、导弹制导、外弹道测量、卫星跟踪、突防技术研究等，而且在气象、交通、科学研究等领域的应用也在日益扩大。

2. 按工作介质分类

1）固体激光雷达

固体激光雷达峰值功率高，输出波长范围与现有的光学元件与器件以及大气传输特性相匹配，容易实现主振荡器-功率放大器（MOPA）结构，再加上效率高、体积小、重量轻、可靠性高和稳定性好等优势，固体激光雷达优先在机载和天基系统中得到应用。

2）气体激光雷达

气体激光雷达以 CO_2 激光雷达为代表，它工作在红外波段，大气传输衰减小，探测距离远，已经在大气风场和环境监测方面发挥了很大作用，但体积大，使用的中红外 HgCdTe 探测器必须在 77 K 温度下工作，限制了气体激光雷达的发展。

3）半导体激光雷达

半导体激光雷达能以高重复频率方式连续工作，具有长寿命，小体积，低成本和对人眼伤害小的优点，被广泛应用于后向散射信号比较强的 Mie 散射测量，如探测云底高度。

3. 按线数分类

1）单线激光雷达

单线激光雷达主要用于规避障碍物，其扫描速度快、分辨率强、可靠性高。单线激光雷达比多线和 3D 激光雷达在角频率和灵敏度反应更加快捷，所以在测试周围障碍物的距离和精度上都更加精确。但是单线雷达只能平面式扫描，不能测量物体高度，有一定局限性。

2）多线激光雷达

多线激光雷达主要应用于汽车的雷达成像，相比单线激光雷达在维度提升和场景还原上有了质的改变，可以识别物体的高度信息。多线激光雷达常规是 2.5D，而且可以做到 3D。目前在国际市场上推出的主要有 4 线、8 线、16 线、32 线和 64 线雷达。

4. 按扫描方式分类

1）MEMS 型激光雷达

MEMS 型激光雷达可以动态调整自己的扫描模式，以此来聚焦特殊物体，采集更远更小物体的细节信息并对其进行识别，这是传统机械激光雷达无法实现的。MEMS 整套系统只需一个很小的反射镜就能引导固定的激光束射向不同方向。

2）Flash 型激光雷达

Flash 型激光雷达能快速记录整个场景，激光束会直接向各个方向漫射，避免了扫描过程中目标或激光雷达移动带来的各种麻烦，只要一次快闪就能照亮整个场景。随后，系统会利用微型传感器阵列采集不同方向反射回来的激光束。

3）相控阵激光雷达

相控阵激光雷达搭载的一排发射器可以通过调整信号的相对相位来改变激光束的发射方向。目前，大多数相控阵激光雷达还处于实验室阶段。

4）机械旋转式激光雷达

机械旋转式激光雷达是发展较早的激光雷达，目前技术比较成熟，但机械旋转式激光雷达系统结构十分复杂，且各核心组件价格也都颇为昂贵，其中主要包括激光器、扫描器、光学组件、光电探测器、接收 IC 以及位置和导航器件等。

5. 按探测方式分类

1）直接探测激光雷达

直接探测型激光雷达工作时，由发射系统发送一个信号，经目标反射后被接收系统收集，通过测量激光信号往返传播的时间而确定目标的距离。

2）相干探测激光雷达

相干探测型激光雷达有单稳与双稳之分，在所谓单稳系统中，发送与接收信号共用一个光学孔径，并由发送-接收开关隔离。而双稳系统则包括两个光学孔径，分别供发送与接收信号使用，不再需要发送-接收开关，其余部分与单稳系统相同。

6. 按激光发射波形分类

1）连续型激光雷达

从激光的原理来看，连续激光就是一直有光出来，就像打开手电筒的开关，它的光会一直亮着（特殊情况除外）。连续激光是依靠持续亮光到待测高度，进行某个高度下数据采集。由于连续激光的工作特点，某一时刻只能采集到一个点的数据。

2）脉冲型激光雷达

脉冲激光输出的激光是不连续的，而是一闪一闪的。脉冲激光的原理是发射几万个的激光粒子，根据多普勒原理，从这几万个激光粒子的反射情况来综合评价某个高度的风况，这个是一个立体的概念，因此才有探测长度的理论。

7. 按载荷平台分类

1）机载激光雷达

机载激光雷达是将激光测距设备、GNSS 设备和 INS 等设备紧密集成，以飞行平台为载体，通过对地面进行扫描，记录目标的姿态、位置和反射强度等信息，获取地表的三维信息，并深入加工得到所需空间信息的技术。其在军民用领域都有广泛的潜力和前景。

2）车载激光雷达

车载激光雷达又称车载三维激光扫描仪，可以通过发射和接受激光束，分析激光遇到目标对象后的折返时间，计算出目标对象与车的相对距离，并利用收集的目标对象表面大量密集点的三维坐标、反射率等信息，快速复建出目标的三维模型及各种图件数据。

3）地基激光雷达

地基激光雷达可以获取林区的 3D 点云信息，利用点云信息提取单木位置和树高，它不仅节省了人力和物力，还提高了提取的精度，具有其他遥感方式所无法比拟的优势。

4）星载激光雷达

星载雷达采用卫星平台，运行轨道高、观测视野广，可以触及世界的每一个角落。为境外地区三维控制点和数字地面模型的获取提供了新的途径，无论对于国防或是科学研究都具有十分重大意义。

8.1.3　激光雷达测距原理

1. 三角测距法

三角测距法的原理如图 8.2 所示，激光器发射激光，在照射到物体后，反射光由线性 CCD 接收，由于激光器和探测器间隔了一段距离，所以依照光学路径，不同距离的物体将会成像在 CCD 不同的位置上。按照三角公式进行计算，就能推导出被测物体的距离 D（式 8.1）。

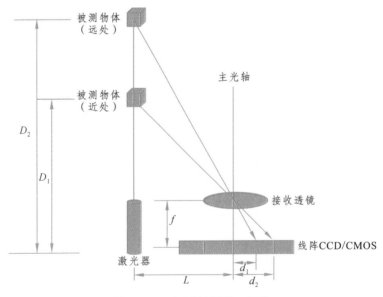

图 8.2　三角测距原理示意图

$$D = \frac{f(L+d)}{d} \tag{8.1}$$

式中　f——接收透镜的焦距；
　　　L——发射光路光轴与接收透镜主光轴之间的偏移（即基线距离）；

d——在接收 CCD（Charge Coupled Device，电荷耦合器件，它是一种半导体成像器件，在摄像机、数码相机和扫描仪中应用广泛）上的位置偏移量。

2. TOF 法

TOF 法（Time of Flight，飞行时间法）的基本原理是激光器连续发射出脉冲激光信号，激光信号打到被探测物体表面后再返回到接收器，通过测量脉冲信号发射到回收的时间，来反推激光器到被探测物体的距离。

TOF 法根据调制方式不同可分为脉冲调制法和相位法。

1）脉冲调制法

脉冲调制法（Direct Time of Flight，DTOF）直接测量飞行时间。脉冲法测距示意图如图8.3 所示。脉冲激光具有峰值功率大的特点，这使它能够在空间中传播很长的距离，所以脉冲激光测距法可以对很远的目标进行测量。目前人类历史上最远的激光测量距离是地球和月球之间的距离，采用的就是脉冲激光测距法。自 2019 年 6 月以来，我国天琴计划团队已经多次成功实现地月距离的测量，通过对脉冲飞行时间的精确计时，得到地月距离在 351 000 ~ 406 000 km（椭圆轨道）波动。

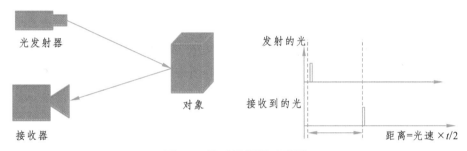

图 8.3　脉冲法测距示意图

2）相位法

相位法，是通过求解发射波和接收波的相位差来反推被测物体与激光之间的距离。

而且这个相位并非光的原始相位，而是被调制的光强的相位。具体来讲，就是对发射光波的光强进行调制，通过测量相位差来间接测量时间，较直接测量往返时间的处理难度降低了许多。测量距离可表示为式（8.2）：

$$2L = \phi \cdot c \cdot \frac{T}{2\pi} \tag{8.2}$$

式中　L——测量距离；

　　　c——光在空气中传播的速度；

　　　T——调制信号的周期时间；

　　　ϕ——发射与接收波形的相位差，如图 8.4 所示。

在实际的单一频率测量中，只能分辨出不足 2π 的部分而无法得到超过一个周期的测距值。对于采用单一调制频率的测距仪，当选择调制信号的频率为 100 kHz 时，所对应的测程就为 1 500 m，即当测量的实际距离值在 1 500 m 之内时，得到的结果就是正确的，而当测量距离大于 1 500 m 时，所测得的结果只会在 1 500 m 之内，此时就出现错误。

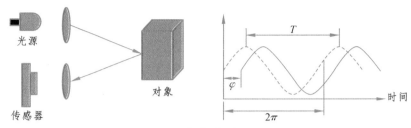

图 8.4　相位法测距原理

　　所以，在测量时需要根据最大测程来选择调制频率。当所设计的系统测相分辨率一定时，选择的频率越小，所得到的距离分辨率越高，测量精度也越高。即在单一调制频率的情况下，大测程与高精度是不能同时满足的。

　　相位法通常适应于中短距离的测量，测量精度可达毫米、微米级，也是目前测距精度最高的一种方式，大部分短程测距仪都采取这种工作方式。但是由于相位式测距发射的激光为连续波，这使得它的平均功率远低于脉冲激光的峰值功率，因而无法实现远距离目标的探测。生活中常用的手持式激光测距仪大多采用相位激光测距的方法。

8.2　机载激光雷达测量系统

　　机载激光雷达是一种以无人机或有人机为载体，通过对地面进行扫描，记录目标的姿态、位置和反射强度等信息，获取地表的三维信息，并深入加工得到所需空间信息的技术。机载激光雷达集成了 GPS、IMU、激光扫描仪、数码相机等传感器，通过时间同步模块将整个系统各传感器时间调整一致。飞机飞行过程中，搭载于飞机底部的激光雷达发射脉冲信号，信号接触到被测物体反射回来再次被激光的接收器接收，结合激光器的高度，激光扫描角度，就可以准确地计算出每一个地面光斑的三维坐标 x、y、z，如图 8.5 所示。

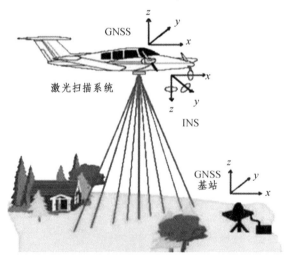

图 8.5　机载激光扫描样式

8.2.1　机载激光雷达测量系统组成

机载激光雷达测量系统集成了多种功能的电子设备。机载雷达测量系统主要集成了三个部件：雷达扫描仪、机载 GPS 系统、机载惯性导航系统。其中，机载 GPS 系统需要与地面 GPS 系统配合，确定飞机的位置。机载激光雷达系统组成示意图如 8.6 所示。

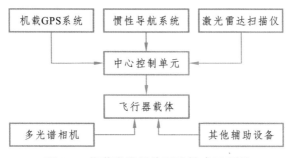

图 8.6　机载激光雷达系统组成示意图

1. 激光雷达扫描仪

LiDAR 系统搭载在各种移动系统（汽车、飞机、无人机等）上，对空气和植被（空中激光）甚至水（测深激光）发出脉冲激光。雷达扫描仪接收返回的激光脉冲，记录测量距离和角度。扫描速度会影响 LiDAR 系统测得的点和回波的数量。

光学元件和扫描仪的选择会极大影响 LiDAR 系统的分辨率和范围。雷达扫描仪的主要原理是激光测距。激光测距原理为式（8.3）：

$$D = \frac{1}{2}ct \tag{8.3}$$

式中　D——待测距离；

　　　t——到达目标的往返时间；

　　　c——光在真空中传播的速度，3×10^8 m/s。

激光测距系统组成如图 8.7 所示。

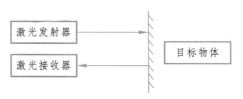

图 8.7　激光测距系统组成

机载激光雷达扫描方式有如下三种类型：第一种扫描方式为线扫描，线扫描扫描线的轨迹为 Z 字形，或者是平行线形。此种扫描方式的扫描镜通常是旋转式或者摆动式的。第二种扫描方式是圆锥扫描，此种方式的扫描镜通常是倾斜式的。发射的激光束与扫描镜有 45°的夹角，由于飞机的运动，在地面扫描线是一系列重叠的椭圆形。第三种扫描方式为光纤扫描，光纤扫描点呈直线排列，地面上扫描线的轨迹为平行线或者 Z 字形。在飞机的运动方向上激光点之间的间距较大，在扫描方向上点距较小。随着扫描仪的摆动扫描线的轨迹呈 Z 字形。搭载激光雷达的载体沿着运动方向移动，扫描仪在垂直运动方向上扫描，如果载体与被测物体距离相对，那么较小的扫描角度即可满足测量需求，机载激光雷达的视场角的范围一般为 10°～75°。激光雷达扫描线轨迹如图 8.8 所示。

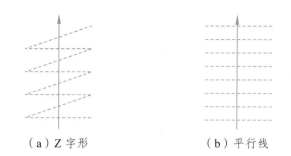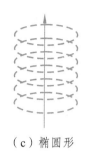

| （a）Z 字形 | （b）平行线 | （c）椭圆形 |

图 8.8　激光雷达扫描线轨迹

2. 定位和导航系统

全球导航卫星系统（GNSS）提供有关传感器位置（纬度/经度/高度）的准确地理信息。无论将 LiDAR 传感器安装在飞机，汽车还是 UAS（无人航空系统）上，确定传感器的绝对位置和方向对于确保数据安全和仪器安全至关重要。

惯性测量单元（IMU）通过加速度计和陀螺仪记录在此位置，传感器的精确方位（俯仰角/横滚角/偏航角），然后将这两个设备记录的数据用于生成数据转换成静态点。机载激光雷达定位原理如图 8.9 所示，假设空中机载平台的位置为 O 点，O 点的三维空间坐标（x_o, y_o, z_o）可以由 GNSS 测得。地面上待测点 P 的坐标为（x_p, y_p, z_p）。O 点和 P 点的距离 S 可以由激光测距仪测得。惯性测量单元（IMU）测得 O 点俯仰角 ϕ，横滚角 ω，和偏航角 φ，机载平台观测方向与法线夹角为 θ。可根据激光雷达对地定位原理为

$$\begin{cases} x_p = x_o + \Delta x \\ y_p = y_o + \Delta y \\ z_p = z_o + \Delta z \end{cases} \quad （8.4）$$

式中　$\Delta x = f_x(\phi,\omega,\varphi,\theta,S)$，$\Delta y = f_y(\phi,\omega,\varphi,\theta,S)$，$\Delta z = f_z(\phi,\omega,\varphi,\theta,S)$。

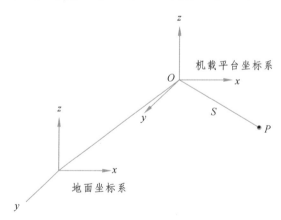

图 8.9　机载激光雷达定位原理

3. 中心控制平台

机载平台搭载微机系统，处理各种设备的获取及发送的信息，以使 LiDAR 系统配合，正常完成工作。机载平台控制中心完成数据采集，实现各组成设备的精确同步，同时记录存储

采集的大量雷达点云数据。除了正常搭载的 IMU 和 GPS 设备外，机载平台还可以携带多光谱相机采集图像信息。GPS 基站与机载 GPS 配合判断平台的航行轨迹是否与预设的航线重合。微机进行 GPS 和 IMU 数据解压和处理，通过外方位信息的计算，根据激光雷达定位原理，进行点云生成和点云数据输出。LiDAR 点云生成流程如图 8.10 所示。

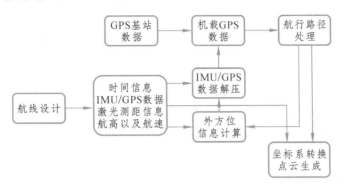

图 8.10　LiDAR 点云生成流程

8.2.2　机载激光雷达工作原理

机载激光雷达是将激光技术、高速信息处理技术、计算机技术等高新技术相结合的产物。机载激光雷达工作原理为：首先向被测目标发射一束激光，然后测量反射或散射信号到达发射机的时间、信号强弱程度和频率变化等参数，从而确定被测目标的距离、运动速度以及方位。除此之外，还可以测出大气中肉眼看不到的微粒的动态等情况。激光雷达的作用就是精确测量目标的位置（距离/角度）、形状（大小）及状态（速度/姿态），从而达到探测、识别、跟踪目标的目的，如图 8.11 所示。

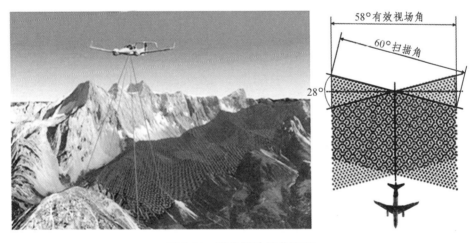

图 8.11　激光雷达工作原理

8.2.3　机载激光雷达的技术特点

1. 优　点

机载 LiDAR 技术作为一种新的测绘探测技术，与其他技术手段相比，具有一定的优势。

1）主动获取数据的能力

机载激光雷达技术是一种主动探测方法，通过主动照射激光脉冲，获取目标的反射信号并进行处理，从而获得地表目标的空间信息。因此，机载激光雷达技术具有不受天气和照明条件影响的优势。例如，在汶川地震灾后救援中，机载激光雷达技术能够在恶劣复杂的环境中获得高度准确的地面空间信息。

2）穿透能力

机载激光雷达技术发射的激光脉冲信号对植被有一定的穿透作用，大大减少了因植被枝叶造成的信息损失，可以获得林区的实际测量地形数据。

3）外业工作量少

机载 LiDAR 技术具有快速、高效、安全的操作性。由于机载 LiDAR 技术通过飞机飞行和激光脉冲扫描完成探测工作，可以在短时间内获得大面积、大范围地表的空间信息，工作效率高。与传统的人工测量技术相比，该技术可以大大减少工作量，缩短现场测量时间，提高探测工作的效率。使用无人驾驶飞行器可以探测许多危险区域，确保安全作业。

4）高精度

机载 LiDAR 技术可以在大范围内快速获取地面目标的空间定位坐标，精度高，保证数据的可用性。在 1 km 以内的飞行高度，用机载 LiDAR 获取的点云数据可以达到 $15 \sim 20$ cm 的高程精度和 $30 \sim 100$ cm 的平面精度。

5）可以获得丰富的数据信息

机载 LiDAR 技术不仅可以获得地面目标的三维空间坐标，还可以记录地面目标的信号强度信息，有些 LiDAR 系统还可以记录回波计数信息。丰富的信息为 LiDAR 数据的使用提供了更多的可能性，这也是 LiDAR 技术的一大特点和优势。

6）快速处理

机载 LiDAR 技术是直接获取三维点云数据，然后去噪后获取 DSM 数据，滤波后获取 DEM 数据的系统。这些过程都是高度自动化的，可以在很短的时间内完成，而且只需要少量的人工编辑，基于三维点云的建模和空间分析也可以快速进行。

2. 缺　点

另一方面，机载 LiDAR 技术也存在以下缺点。

1）机载 LiDAR 技术收集的数据具有一定的盲目性

虽然 LiDAR 技术可以获取大量的采样数据，但在数据采集中存在一定的盲目性，比如照射的激光点光不一定能打到地形的关键点上，这可能导致地形的关键信息缺失。此外，当照射的激光点云打到飞鸟、行人、深井等上时，会产生点云数据的粗差，在使用点云数据之前，有必要检测并去除粗差。

2）机载激光雷达技术更加复杂和专业

机载激光雷达是一个集成装置，包括许多先进的技术设备，如果操作者没有相应的技术能力，将无法合理操作。

3）机载激光雷达数据产品比较少

目前机载激光雷达数据产品比较单一，没有充分发挥 LiDAR 点云数据的优势，在具体的行业应用中，经常需要专门设计对应的产品类型、指标和流程，程序比较烦琐，且产品质量不稳定。

8.2.4 机载激光雷达应用领域

1. 机载激光雷达在测绘行业的应用

机载激光雷达硬件的发展产生了各种各样的平台和型号，以满足不同测绘行业的不同需求，包括大规模测绘、工程测量和监测。在软件方面，数据处理速度的提高，数据量的增加，以及更广泛的数据产品类型，预计将给测绘行业带来巨大的经济效益。

2. 机载激光雷达在林业的应用

机载 LiDAR 技术提高了多源数据采集和多源数据处理能力，具有直接获取单棵树的位置、高度、冠幅三个垂直结构参数的特点，可以在一定程度上提高树种识别能力，而且林木树种的精细识别可以方便估算森林碳储量和监测森林生物。因此，机载 LiDAR 的发展可以成为森林碳储量估算和森林生物多样性研究的基础，对中国的林业也是一个质的提升。

3. 机载激光雷达在水利行业的应用

机载 LiDAR 得益于其数据产品丰富、自动化程度高、数据采集精度高、生产周期短等优点，常被应用于水利枢纽工程，以减少野外测量的工作量，提高工作效率，减少成品产量。无人机机载 LiDAR 系统也可应用于水利行业的防汛抗旱、抢险救灾、水土保持监督、河道监督、永冻土监测、山洪灾害调查、水温分析等诸多方面，应用前景良好。

4. 机载激光雷达在电力行业的应用

我国电力设备众多，电力线路所处环境复杂，人工巡检存在周期长、强度大、容易出事故等问题。国家电网公开的数据显示，使用无人机巡检的效率是人工巡检效率的 8~10 倍。机载激光雷达巡检可以根据采集点云数据，构建电力走廊环境的三维模型。在模型基础上进行危险点判断，如树木障碍，外表破损，还可以对电力线进行数字建模，评估输电线路的最大风偏、最大弧垂。预测可能出现故障的线路，避免事故的发生，减少经济损失。

5. 机载激光雷达在建筑保护的应用

机载激光雷达技术在古建筑的保护、宣传和研究领域发挥了重要作用。2019 年 4 月，巴黎圣母院大火，造成塔尖折断倒塌，屋顶部分损毁严重，整体结构尚存。想要重建巴黎圣母院并不容易。2015 年，美国瓦萨学院教授安德鲁·塔隆，通过激光雷达扫描的方式，在 50 个采样点采集了 10 亿个数据点，构建巴黎圣母院完整的三维模型，为巴黎圣母院的重建工作提供了重要参考。

8.3 机载激光雷达点云数据处理

8.3.1 机载激光雷达点云数据

1. 激光雷达点云数据组成

机载激光雷达所形成的数据是三维空间呈现随机离散的数据"点云"，点云数据是指在三维空间系统中一个个点的坐标。不同的机载激光雷达设备获取的数据并不是完全相同，但是通常有以下三个部分信息。

三维坐标数据。机载激光雷达设备通过分析 GPS（全球定位系统）和 INS（惯性导航系统）的数据，结合激光返回时间，激光扫描角度等信息，得到采集数据的精确的（x, y, z）坐标。不同坐标系下大地坐标表示的方式不相同，应用时选择合适的坐标系。

雷达回波信息。机载激光雷达发射的激光脉冲遇到地面或者地面上的物体会发生反射。激光脉冲在传播过程中可能会遇到多个反射表面，每遇到一次反射表面，就会发生一次回波，如图 8.12 所示。例如建筑物的屋顶和高大树木顶部通常是第一次回波，可能存在二次回波。地面也是第一次回波，但是这种情况只会检测到一次回波。根据第几次回波可以推断出一些信息。比如中间回波可能是植被结构，最后的回波可能是地表上的物品。

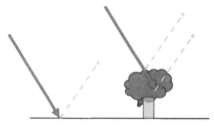

图 8.12　激光雷达回波信息示意图

回波强度信息。由于反射面的材质以及几何特征不同，激光雷达的回波强度信息，可以用来表征目标物体对激光信号的辐射能力强弱，回波强度信息与反射物体具有一定的相关性。根据激光雷达的辐射传输方程为

$$P_S = \frac{P_i D_r^2}{4\pi R^4 \beta_t^2} \lambda_{sys} \lambda_{atm} \sigma \tag{8.5}$$

式中　P_i——激光雷达发射信号功率；

P_S——接收到物体反射激光回波信号的功率；

R——目标与激光雷达之间的距离；

D_r——激光雷达接收孔径；

β_t——激光发散角；

λ_{atm}——信号在大气传输过程中的影响因子；

λ_{sys}——激光雷达系统参数；

σ——后向散射截面。

点云数据的回波次数信息如图 8.13 所示，点云强度信息如图 8.14 所示。

2．机载激光雷达点云数据格式

激光雷达常用的数据格式有 LAS，是美国遥感与摄影测量协会下属 LiDAR 委员会制作的标准点云数据格式。点云数据具有多属性离散的特点，使用 LAS 格式可以更好进行存储。从本质上来说 LAS 数据是一种二进制文件，是一种开放的格式标准，便于硬件和软件开发商进行文件统一。目前 LAS 格式已经成为 LiDAR 工业界公认的标准数据格式。

最新的 LAS1.4 数据中包括四个部分：公共头文件区域、可变长度记录点云数据、扩展可变长度记录，如图 8.15 所示。公共头文件区域记录文件名、版本号、xyz 最值以及 xyz 比例因

子等。可变长度记录区紧随在公共头文件区域后，记录工程的具体信息。在读取 LAS 文件软件必须使用公共头文件区域中的"点集数据偏移量"字段来查找第一个点数据记录的起始位置，查找点云数据区。扩展可变长度记录主要存储扩展信息。

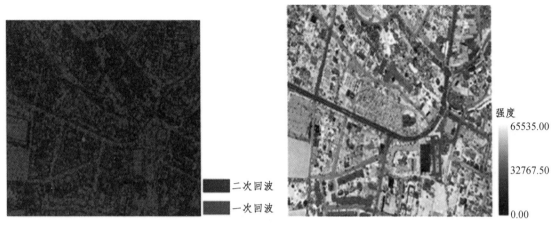

图 8.13　点云数据的回波次数信息　　　　　图 8.14　点云数据的强度信息

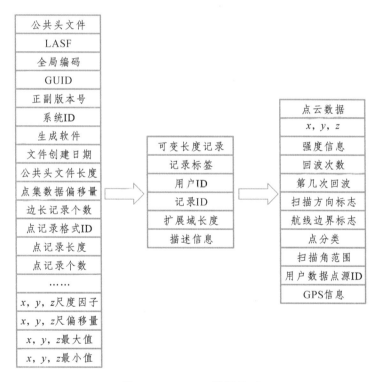

图 8.15　LAS1.4 数据格式

　　点云数据的实例见表 8.1。C-class（类别）、F-flight（航线号）、T-time（GPS 时间）、I-intensity（回波强度信息）、R-return（第几次回波）、N-number of return（回波次数）、A-scan angle（扫描角度）、RGB-red green blue（颜色信息）。

表 8.1　点云数据

C	F	T	X	Y	Z	I	R	N	A	R	G	B
1	5	405 652	656 970	4 770 455	127	5.6	First	1	30	180	71	96
3	5	405 652	656 968	4 770 455	130	2.8	First	1	30	113	130	122
3	5	405 653	656 884	4 770 424	143	0.2	First	2	11	120	137	95
1	5	405 652	656 883	4 770 421	132	5.2	Last	2	11	176	99	110

点云数据除了用 LAS 格式表示外，还有 TXT、OBJ、STL、PLY、PCD 等形式。OBJ 格式是 Alias Wavefront 公司开发的一种标准 3D 模型文件格式，是一种文本文件格式，适合 3D 软件之间互导。OBJ 格式以 ASCII 编码或者二进制编码，文件格式公开。OBJ 格式文件中包含四种数据几何顶点 V、纹理坐标 V_t、顶点法向量 V_n、面 F。几何顶点通常用 $(x, y, z, [w])$ 表示，可以在 xyz 后面添加颜色信息，颜色范围 0~1.0。STL 用三角网格来表示 CAD 模型，由 3D systems 软件公司创立，多用于 3D 打印、计算机辅助制造（CAM）和 3D 打印等领域。PLY 格式全名多边形档案（Polygon File Format），20 世纪 90 年代由 Stanford 大学创建，主要用于存储立体扫描结果，使用多边形面片来表述三维物体。其中 PCD 格式是为 PCL 点云处理库专门设计的，满足 n 维点处理的扩展需求。

3. 机载激光雷达点云数据特点

机载激光雷达点云是目标物体表面光谱特征和空间分布，在同一空间坐标系下的集合。机载激光雷达系统获取的点云数据，包括位置、时间、强度、方位等信息。在实际使用中经常用到的有激光点坐标，以及激光点对应的强度和回波信息。与常用的图像信息不同，激光雷达点云有自身的特点。

（1）离散不规则。机载激光雷达点云由于采用扫描线的方式，在同一扫描线中，不考虑地形因素在圆锥扫描的方式中，中间区域数据稀疏两侧密集。在光纤扫描方式中，在扫描线方向上点云的密度，大于垂直扫描线方向上的点云密度。离散表示在三维空间中分布不规则。图像数据为完整的矩阵形式，相邻数据之间间隔相同。三维点云在相同平面坐标可以对应多个高程值，有利于表征地形变化信息。

（2）数据缺失。由于激光的穿透性有限。机载激光雷达点云通常只能获取目标物体的表面信息，几乎没有内部信息。例如，水体对红外波段的激光散射能力较弱，水面区域采集的点云数据较少。机载雷达发射激光线存在一定的倾斜角，房屋背面的区域接收不到激光信息也会造成数据缺失。

（3）机载激光雷达点云数据中具有一定的光谱特性。地面激光雷达系统通常融合摄影测量和激光测量，获得包含颜色信息彩色激光雷达点云。机载雷达系统获得的信息通常包含回波强度信息，可以表征目标物体的辐射特性。

机载激光雷达会识别到很多不可避免的错误点，这些错误点就形成噪声点。点云噪声的物理因素有很多类，当阳光照射被测物体时，通过扫描会把反射光等多余信息将数据传给雷达数据传感器；当被测物体扫描时被其他物体遮挡后，雷达会收到一些错乱点，这些点不能描述物体表面信息；还存在自然环境因素对雷达收集数据会造成影响。这些点的存在都是由扫描装置自身产生。

在数据采集处理过程中，产生的噪声点主要由下列原因所引起：

（1）存在自然因素和人为因素的影响，激光雷达在扫描物体时，当有树木遮挡或穿插而过的小车而妨碍了数据获取时，雷达得到的数据会存在噪声点。

（2）对扫描仪表的直接影响。包括扫描检查仪器设备的准确度、扫描角度、图像分辨率以及机械振动等。

（3）在处理流程中产生的偏差。比如，在近邻检索阶段，由于近邻点的划分，计算会将一些不属于自身邻域的点划分进同一领域内。不同的噪声遇到的处理时出错的点将其分为孤立点、混杂点、漂移点。孤立点是距离密度高区域外的点或者在边界点以外的个别点。混杂点是几个点糅杂在一起的点。漂移点是离开包围盒外的稀疏分散点。

（4）多余点，即扫描范围之外的所有剩余点数。

8.3.2 机载激光雷达点云滤波

机载激光雷达点云数据中，有些点位于真实地形表面，有些点位于人工建筑物（房屋、烟囱、塔、输电线等）或自然植被（树、灌木、草）。从激光点数据点云中提取数字高程模型，需要将其中的地物数据脚点去掉，这就是激光雷达数据的滤波。

滤波的基本原理是基于邻近激光点间的高程突变（局部不连续），此类高程突变一般不是由地形的陡然起伏所造成的，通常较高点是某些非地表的地物点。即高程突变是由地形变化引起的，就整个区域来讲，其表现形态也不会相同，陡坎只引起某个方向的高程突变，而房屋所引起的高程突变在四个方向都会形成阶跃边界。

在同一区域一定范围大小内，地形表面激光点的高程和邻近地物（房屋、树木、电线杆等）的激光点高程变化显著，在房屋边界更为明显，局部高程不连续的外围轮廓就反映了房屋的形状。当激光雷达扫描到枝叶繁茂的参天大树时，激光点间的高程也会出现局部不连续的情况，其表现形态却与前者有显著差异。两邻近点间的距离越近，两点高差越大，较高点位于地形表面的可能性就越小。因此，判断某点是否位于地形表面时，要对比该点到参考地形表面点的距离。随着两点间距离的增加，判断的阈值也应放宽。

1. 数学形态学方法

形态学是基于集合论的处理图像算法，它的基本思想是采用具有一定形态的结构元素度量和提取图像中的对应形状，以达到对图像分析和识别的目的，即由局部到整体。

为了将形态学算法应用于 LiDAR 数据滤波，进行如下定义。设 LiDAR 观测值序列为 P（x，y，z），则 P 点的膨胀运算定义为

$$d_p = \max_{(x_p, y_p) \varepsilon \omega}^{(z_p)} \tag{8.6}$$

式中，(x_p, y_p, z_p)——P 点的邻域点；

ω——窗口大小，也称为结构元素的尺寸，其可以是一维的直线，也可以是二维的矩形或其他形状。

膨胀算法的结果是邻域窗口中的最大高程值。

同理，腐蚀算法的定义为

$$d_p = \min_{(x_p, y_p) \varepsilon \omega}^{(z_p)} \tag{8.7}$$

腐蚀算法的结果是邻域窗口中的最小高程。将膨胀和腐蚀进行结合，即可得到直接用于 LiDAR 滤波的开运算和闭运算。开运算是对数据先腐蚀后膨胀，而闭运算反之。

由于 LiDAR 数据的特点，在对离散点云数据进行滤波之前，一般要进行规则格网化，即将数据经内插或重采样获得规则格网数据。规则格网化步骤如下：

（1）对离散点云进行计算。① 将离散点作为中间像元，开辟和结构元素大小相同的邻域进行腐蚀算法运算。在邻域中，选择高程最小的点代替窗口高程进行保存。② 对腐蚀后的数据进行膨胀算法运算，结构元素大小不变，选择膨胀后的最大高程代替邻域的高程进行保存。③ 将膨胀后的高程与原始高程进行比较，若差值大于阈值，则为非地面点。

（2）规则化后滤波处理。用规则化后的数据进行滤波处理，假定结构元素和阈值条件，进行开运算，并计算运算后的高程与原始高程的插值，若插值小于阈值，则保留为地面点。然后逐渐扩大窗口尺寸，调整阈值，进行上述运算，直至窗口尺寸大于建筑物尺寸为止。

2. 移动窗口法

TopScan 公司的商用软件采用移动窗口的方法进行激光点数据的滤波。移动窗口法过滤是利用一个范围合适的移动窗口找最低点计算出一个粗略的地形模型，过滤掉所有高差（以第一步计算出的地形模型为参考）超出给定阈值的点，计算出一个更精确的地形模型。重复几遍类似操作，在重复计算的过程中，移动窗口不断缩小。窗口最后的大小以及阈值的大小会影响最终结果。窗口过小，有可能导致一些属于大型建筑物的点被判定为地面点；窗口过大，又可能平滑或去掉一些小的地形不连续的部分。最后一步，接收为地面点的阈值设得过大，将导致许多植被点划分为地面点；阈值设得过小，又可能平滑或去掉一些小的地形不连续的部分。显然，这些过滤参数的设置取决于测区的实际地形状况，对于平坦地区、丘陵地区和山区，应该设置不同的过滤参数值。

3.迭代线性最小二乘内插法

迭代线性最小二乘内插法滤波最初由奥地利维也纳大学的 Kraus 和 Pfeifer 等提出。在该方法中，DEM 内插以及数据过滤同时进行。其核心思想就是基于地物点的高程比对应区域地形表面激光点的高程高，线性最小二乘内插后，每个激光点的高程的拟合残差（相对于拟合后地形参考面）不服从正态分布，P 为权值，g 为参数，v 为残差，如图 8.16 所示。

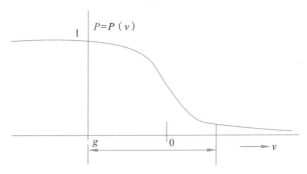

图 8.16 激光点高程拟合残差分布情况

高出地面的地物脚点的高程的拟合残差都为正值，且残差较大，该方法需要迭代进行。为了保留倾斜地形的地面点，在滤波的过程中，需要不断调整滤波参数，以适应不同类型的地形特征。计算时，整个测区被分成若干块，对于不同的块，参数 g 的取值应该是自适应的。该方法需进行多次迭代，迭代次数般为 3~4 次。该方法在地形陡然起伏的地方不适用；大面积穿透率低的灌木丛可能被处理为真实地面；大型建筑物不能被过滤掉；会出现负的粗差。

4. 基于坡度变化的滤波算法

根据地形坡度变化确定最优滤波函数，为了保留倾斜地形信息，要适当调整滤波窗口尺寸的大小，并增加筛选阈值的取值，以保证属于地面点的激光点不被过滤掉。邻近两个激光点的高程差异很大时，由地形急剧变化产生的可能性很小，更可能的是其中一点属于地物点。也就是说，相邻两点的高差值超过给定阈值时，两点间距离越小，高程值大的激光点属于地面点的可能性就越小。造成相邻两点间高程变化明显的原因可能是两激光点分别位于地形表面和植被，或地形表面和其他地物，或树的不同部位，或陡坎的不同部位。

8.3.3　机载激光雷达点云分类

机载激光雷达点云数据经过前面的滤波或过滤，只是分离出地面点和地物点。如果要提取地物，必须在此基础上进一步进行地物点云的分类（区分人工地物和自然地物）；有时地面点云系列也要进行进一步的分类，如要进行道路提取。利用激光雷达测量数据自动提取地面目标，如房屋或植被，首要的关键任务就是对该数据进行分类。

目前，绝大多数机载激光雷达数据分类算法是先将原始数据直接内插成规则格网的距离图像，在此基础上提出了各种点云分类算法，简要举例如下。

1. 基于高程纹理的点云数据分类

在机载激光雷达测量系统中，不同的物体或同一物体不同的部位，其局部高程的变化形成的高程起伏是识别地物的重要特征。利用这种高程起伏自动分割密集的激光数据，可识别出如房屋、独立树、地面植被以及道路等地物。局部范围系列数据点间的高程变化就形成一定的"高程纹理"，这种局部高程纹理能反映出物体某些重要的特征信息。激光雷达测量数据局部高程变化形成的高程纹理本身就可作为分割信息源，根据不同的纹理特性可区分人工地物和自然地物。

纹理主要反映图像面元灰度级属性以及它们之间的空间关系。下面给出几种常用的定义高程纹理的方式。

（1）原始高程数据：原始高程数据主要考虑分割一边是高的物体，如房屋、树，另一边是平坦地面或街道的情形。如果测区为山区，先将原始高程数据通过高通滤波。

（2）高程差：为各像素周围一定窗口范围内高程的最大值和最小值之差值，如果地物为屋顶或街道，那么其值一般接近于零；如果地物是树等植被，那么其值相差悬殊。

（3）高程变化：描述一定窗口范围内高程值的变化规律，这种高程纹理与高程差形成的高程纹理有相似之处。

（4）地形坡度：针对每个像素邻域，其最大坡度由 x、y 轴分量方向的坡度决定，坡度影像可作为区分倾斜屋顶和水平屋顶、街道和树等地物的重要信息源。

2. 融合激光回波信号强度和激光点高程进行分类

激光雷达测量系统不仅能提供数据点的高程信息，而且越来越多的系统同时能提供激光回波信号的强度信息。激光脉冲打到相同的物质表面时，其回波信号的强度较为接近。每种物质对激光信号的反射特性是不一样的，根据数据的这一特性，能非常容易地区分树和房屋的边界。特别是当树和房屋靠近时，用常规的基于高程变化的数据很难将两者分开，而借助于激光强度信息可以将它们分开，利用激光回波信号的强度数据形成的图像能识别出道路和草地及农场等。

目前，越来越多的激光雷达测量系统能同时提供激光回波信号的强度信息，该强度信息与激光信号作用的介质属性有着密切的联系。由于激光回波信号的强度与多种因素有关，在融合强度信息进行分类时，首先要进行强度信息标定。所谓标定，就是确定同一航带相邻区域不同介质表面对激光散射强度的量化指标。表 8.2 给出几种典型地物的实际标定结果。

表 8.2　不同介质的激光回波信号强度

激光回波强度	介质	可能的地物分类
$50 \sim 150$	沥青、混凝土	道路、桥梁、某些房屋
$150 \sim 250$	泥土、沙石	裸露地或浅色房屋屋顶
$250 \sim 350$	植被（稀疏）、金属	灌木丛、草地、农作物（长势不好）、路上行驶车辆
$350 \sim 500$	植被（稠密、健康）	草地、长势好的农作物、路上行驶的车辆

3. 利用激光脉冲两次回波的高差变化进行分类

脉冲式激光雷达测量系统通过测量激光脉冲回波信号的上升边界和下降边界，经波形分析后可得到激光脉冲的首次回波信号时刻和尾次回波信号时刻，从而对于同一束激光能同时获得两个距离观测值。并且在飞行作业时，能将系统设定为只量测激光脉冲首次回波信号的测距信息，或只量测激光脉冲尾次回波信号的测距信息。目前，有些系统能够记录同束发射激光的不同回波信号可达 4 次，只要回波脉冲彼此的间距大于 2 m，系统即能区分出不同的反射信号。

目前，已有不少系统能同时记录首次回波信号和尾次回波信号。在同一测区，连续进行两次飞行，一次记录激光脉冲首次回波信号的激光点，一次记录激光脉冲尾次回波信号的激光点。利用激光脉冲首次回波信号的激光点获取未经滤波处理的数字高程模型 M1，植被区域会出现局部高程变化较大的现象。而对于道路、房屋屋顶等人工地物，局部高程变化较小，对应的未经滤波处理的数字高程模型局部变化较小且表现出一定的规律性。类似地，还可利用激光脉冲尾次回波信号的激光点获取未经滤波处理的数字表面模型 M2。如果能保证一定的穿透率，植被区域的表面高程局部变化仍然较大。在分别获得的 M1 和 M2 间求差，如果是植被区域，两次获得的高差差异较大，而如果对应区域是道路或平面屋顶时，两次获得的高程差异会很小或接近于零。根据上述原理，就能区分出森林植被区域。

8.3.4 机载激光雷达点云数据处理流程

机载激光雷达点云数据处理是一个很复杂的过程，概括地说，整个机载 LiDAR 点云数据处理可分为 6 个步骤：

（1）通过 DGPS/IMU 组合系统的数据精确确定遥感平台的飞行航迹。

（2）通过对激光测距数据、IMU 姿态数据、DGPS 数据以及扫描角数据进行相应的处理，计算出激光点的三维坐标信息。一般都由机载 LiDAR 系统生产商提供的软件进行自动处理，得到激光点云数据。

（3）应用一定的数学算法对点云数据进行滤波、分类、建筑物边缘提取以及建筑物三维重建等数据后处理。

（4）机载 LiDAR 系统在完成对整个区域的扫描过程中，采用分航带的方式进行飞行，航带间保证一定的重叠度。在数据后处理过程中通过航带间的重叠部分将点云数据进行拼接，组成一个完整的目标区域。

（5）将点云数据坐标系统转换成用户需求的坐标系统。

（6）将滤波、分类获得的地面点，通过相应的操作生成 DEM、DSM 和 DOM 等最终的测绘产品。

LiDAR 数据处理流程如图 8.17 所示，数据预处理中包括少量的外业控制点与坐标变换；由于激光扫描多次回波的特性，通过点云分类可以同时得到数字地面模型（DEM）与数字地表模型（DSM）；在激光雷达情况下进行空中三角测量，可以实现点云与影像的精确配准，可以利用点云作为控制，从而减少控制点。

由上可以看出，LiDAR 可以高效地生产 DEM、DSM、DOM，同时也可以生产地形图（DLG），其效率要优于常规的摄影测量。

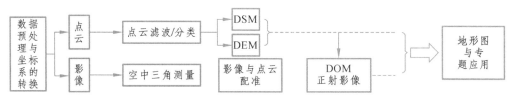

图 8.17　LiDAR 数据处理流程

8.4　无人机机载激光雷达测量案例一——高精度地形测量

项目作业区域位于广西，测区范围总面积约 10.2 km²，需按相关规范及技术要求进行测区范围内无人机航飞影像及激光点云数据采集、像控点布设和数据处理（DOM 生产、点云分类、DLG 采集）。项目区域分 4 个区块。以无人机平台搭载激光 LiDAR 和全画幅航测相机，通过低空激光扫描获取点云数据和搭载高分辨航测相机系统获取影像，最终通过后期内业数据处理获取项目区域的原始激光点云数据、数字正射影像图及数字线划图，技术路线如图 8.18 所示。

8.4.1　设备配备

1. 硬件配置

项目采用南方智航 SF1650 无人机（见图 8.19）搭载 SAL-1500 机载三维激光测量系统（见图 8.20）和索尼 A7RII 相机扫描和拍摄。南方智航 SF1650 无人机是南方测绘工业级智能无人机航空测量系统之一，载荷 5 kg 航行 50 min，航程大于 20 km，具备仿地飞行、PPK 定位、毫米波雷达避障、下视激光雷达测距、云平台管理等功能，可满足地形图测绘、地籍测绘、土方矿山测量、三维 GIS 系统等应用。SAL-1500 机载三维激光测量系统为脉冲式激光，扫描测程为 1.5～1 500 m，发射频率为 600 kHz，重复精度达 15 mm，能应对测绘地理信息、交通路网管理、林业调查规划、灾害应急、电力行业等数据采集工作。

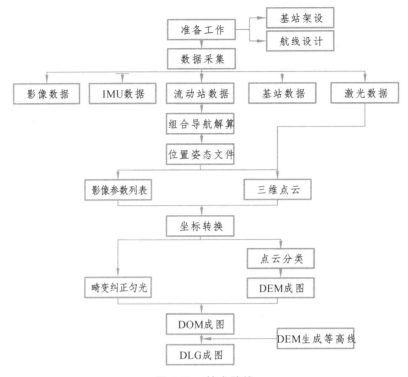

图 8.18　技术路线

图 8.19　智航 SF1650 无人机

图 8.20　SAL-1500 机载三维激光测量系统

2. 软件配置

在机载三维激光点云数据处理过程中，轨迹解算采用 LidarStar 软件，点云处理采用 TerraSolid 软件，点云显示和后处理采用 SouthLidar 软件。其中，LidarStar 软件为激光雷达配套的点云预处理软件，可实现包括数据导入、补偿改正、数据浏览、智能量算、智能拼接、一键降噪等多种功能。TerraSolid 软件是一套针对激光雷达、基于 Microstation 平台研发的多模块点云和影像处理的商业化软件，涵盖了原始点云的校准与匹配、点云滤波与分类、4D 产品成果输出以及三维建模等完整生产流程。SouthLidar 软件是一款由南方测绘公司自主研发的点云显示及后处理软件，主要用于三维激光地形地籍成图，服务于移动测量点云后处理解决方案。

8.4.2　航测数据获取与数据处理

1. 航线设计与飞行

按照作业要求，规划检校航线、数据采集航线、照片拍摄位置等，将项目区域分为 4 个区块进行航摄作业，摄区内最长航线长不超过 6 km。根据成图比例尺要求，设定航线飞行高度为相对地表飞行高度 380 m，航向重叠度 70%，旁向重叠度 50%，原始照片地面分辨为 5 cm 以内。

2. 点云预处理

通过航摄完成的激光点云数据是以航线为单元提供的，主要采用 LidarStar 软件进行轨迹解算，如图 8.21 所示，为便于后期作业，需要按作业单元进行相关的镶嵌和裁切工作，形成管理和作业的数据处理单元。在镶嵌线绘制过程中，重点考虑以下要求：① 航线接边差应满足设计要求；② 镶嵌线应尽量选择在重叠处的中央；③ 因激光扫描日期引起航线间地物存在明显差异时，镶嵌线应尽量沿沟渠、行树、乡村路等带状覆盖的中心区域绘制，平原区域作物生长差异明显时尤其要避免在大面积平坦耕地中穿过。

图 8.21　点云数据

3. 点云分类

1）粗分类

粗分类实现的是将地面点与非地面点大概的分离，包括把较低的点从与其相邻的点中分离，把一些低于邻近点的点从源类中分离，确定低于真实地表面的点。对建立给定精度的三角网模型的点进行分类，一般应用在从分类地表点类中抽取点生成一个减小了的地表点数据集合。粗分类建立规则如图 8.22 所示。

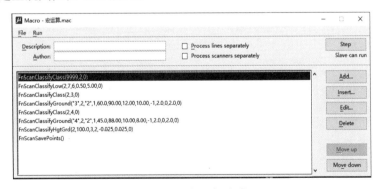

图 8.22　点云粗分类

2）细分类

对于复杂地形，需要对粗分类的结果进行检查和修改，称为细分类。检查修改的内容主要是两类：应该保留在地面层中的点（山脊山谷、路沟坎、大坝、礁石、田埂等）被分类到非地面层，需要手动返回地面层中，手动分类干净粗分类分类掉的点（植被、建筑物、交通设施、桥、小物体等）。

4. 地形采集

采用正射影像与点云数据相结合的方式在 SouthLidar 软件中进行地物采集。为防止在正射影像中采集地物时，出现房屋楼层无法辨认、植被过高过密遮挡路面和沟渠走向不清晰等问题，由正射影像结合点云数据可以清楚辨认房屋楼层数、沟渠、斜坡坎的走向，通过旋转视角可以清晰地看到被植被遮挡的路面等。地形采集过程如图 8.23 所示。

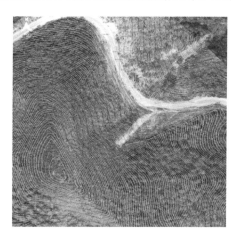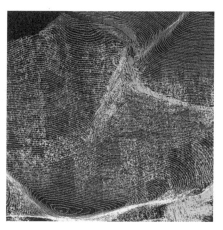

图 8.23　正射影像结合点云采集地形数据

8.5　无人机机载激光雷达测量案例二——矿山测量

随着数字矿山概念的提出，矿山管理对空间三维信息的需求也显得更加迫切，三维可视化的管理模式已经成为数字矿山的主要内容之一。海南某县石碌铁矿是大型露天矿，该矿区长 1 300 m，宽 677 m，矿坑底部至顶部高差约 240 m，已经开采完毕现作为填埋场地在使用，传统的测量手段进行高精度测绘工作费时费力，所获取的数据很难满足三维数字矿山的需要。测量队需要高频率地获取地形数据，及时地获得填埋方量，机载激光测量系统无疑是露天矿挖填方最佳解决方案。

8.5.1　设备配备

1. 硬件配置

项目采用旋翼无人机搭载 ARS-200 机载激光移动测量系统采集完成，如图 8.24 所示。ARS-200 是机载激光测量系统以多旋翼无人机平台为载体，一体化集成高精度激光扫描仪、GPS、IMU 等传感器，同步获取三维激光点云和定位定姿数据，能通过配备的数据处理和应用软件快速生成 DSM、DEM，进而制作 DLG 和 3D 模型。ARS-200 机载激光测量系统最大测程为 250 m，绝对精度为±5 cm，广泛应用于应急测量、地形测绘、电力巡检、公路勘测、海岸岛礁测量、挖填方计算、考古调查与测绘、地质灾害测量等领域。

图 8.24 ARS-200 机载激光移动测量系统

2. 软件配置

点云数据预处理采用海达三维激光点云处理软件进行处理，根据 POS 输出的高精度轨迹数据自动生成激光点云，能根据影像和激光点云的配准对点云进行着色，通过多种方式的扫描过滤掉不需要的点云。三维测图采用海达三维激光数字测图软件进行点、线、面地物要素采集，三维建模则采用海达三维建模软件基于点云和全景影像数据进行处理。

8.5.2 航测数据获取与数据处理

1. 航线设计与作业实施

测区规划了 4 条航线实施飞行，设计好航线后，多旋翼无人机搭载 ARS-200 机载激光移动测量系统在测区执行航测任务，如图 8.25 所示。

图 8.25 航线设计与作业实施

2. 数据获取与内业处理

获取到的矿区点云数据如图 8.26 所示，经海达三维激光点云处理软件滤掉非地面点后得到的地面点数据如图 8.27 所示。

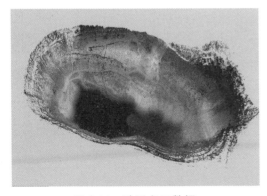
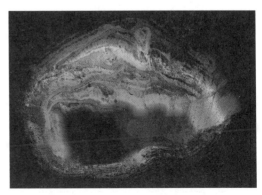

图 8.26 矿区点云数据　　　　　　　　　图 8.27 过滤后点云

获取的点云数据可以通过海达三维建模软件快速生成 DEM 模型（见图 8.28），利用 DEM 模型生成所需要的等高线，如图 8.29 所示。通过不同阶段获取的 DEM 模型进行分析即可得出精细级别挖填方量。在海达三维激光数字测图软件中结合点云数据提取地物信息即可制成 DLG 成果。

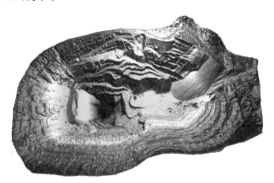

图 8.28　DEM 模型

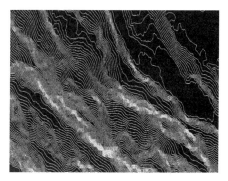

图 8.29　等高线

8.5.3　与倾斜摄影测量的比较

为比较机载激光雷达测量与倾斜摄影测量的作业效率，本项目在同区域利用倾斜摄影测量设备进行数据采集，得到矿山倾斜三维模型如图 8.30 所示。无人机倾斜摄影测量过程中，布置像控点约 15 个，利用旋翼无人机搭载 5 镜头相机进行数据采集，获取原始照片 35 984 张，内业模型处理时间 7 天。

图 8.30　倾斜三维模型数据

就同区域数据利用倾斜摄影测量和机载激光雷达测量两种方式进行对比分析，得到如表 8.3 所示结果，由此可见，机载激光雷达测量和倾斜摄影测量测量外业飞行时间相当，像控点布置数量、数据处理时间和成果类型上机载激光雷达测量更有优势。

表 8.3　机载激光雷达与倾斜摄影测量的比较

内容	倾斜相机	激光雷达
像控点布置数量	15 个	1 个
外业飞行时间	1 h	1 h
数据处理	7 天	0.5 天
成果类型	三维模型	点云、DEM、DLG

1. 激光雷达的差异性指标体现在什么地方？激光雷达测量系统的技术参数指标包括什么？这些参数指标用来决定什么？

2. 激光雷达测量系统的技术参数指标用来决定什么？

3. 简述激光雷达扫描系统的组成。

4. 地面式激光扫描系统与移动式激光扫描系统的区别是什么？

5. 了解各激光扫描系统的参数及其应用领域。

第9章　无人机测绘技术的应用

知识目标

通过学习本章，了解无人机测绘技术在应急测绘保障、数字城市建设、国土资源、矿山监测、电力工程、环境保护、农林业、水利等方面的应用情况。

技能目标

无。

9.1　在应急测绘保障中的应用

测绘应急保障的核心任务是为国家应对突发自然灾害、事故灾难、公共卫生事件、社会安全事件等突发公共事件，高效有序地提供地图、基础地理信息数据、公共地理信息服务平台等测绘成果，根据需要开展遥感监测、导航定位、地图制作等技术服务。

国外无人机摄影测量技术在应急测绘保障领域的最早应用范例是在 20 世纪 70 年代，美国利用无人机对北卡罗来纳州进行自然灾害调查。美国国家航空航天局（NASA）专门成立了无人机应用中心，利用其对地球变暖开展研究。2007 年，NASA 使用"伊哈纳"无人机评估森林大火。2011 年，日本使用 RQ-16 垂直起落无人机对福岛核电站进行了监测。2012 年，NASA 使用全球鹰无人机对飓风"纳丁"进行了长时间监测。

我国无人机摄影测量技术应用起步不算太晚。20 世纪 80 年代初，西北工业大学就首先尝试利用 D-4 固定翼无人机进行测绘作业。发展至今，国内的主要无人机研发和制造单位，如成飞、贵航、北航、西工大、大疆公司等，生产的固定翼无人机、多旋翼无人机都已具备了应急测绘任务执行能力并有了成功范例。

无人机摄影测量技术是现代化测绘装备体系的重要组成部分，是测绘应急保障服务的重要设施，也是国家、省级、市级应急救援体系的有机组成部分。无人机摄影测量技术将摄影测量技术和无人机技术紧密结合，以无人驾驶飞行器为飞行平台，搭载高分辨率数字遥感传感器，获取低空高分辨率遥感数据，是一种新型的低空高分辨率遥感影像数据快速获取系统。

无人机摄影测量技术在应急测绘领域的应用，主要集中在无人机遥感（UAVRS）技术的具体实践和应用。无人机遥感技术包括先进的无人驾驶飞行器技术、遥感传感器技术、遥测遥控技术、通信技术、POS 定位定姿技术、DGPS 定位技术和 RS 应用技术。它是自动化、智能化、专业化、快速获取应急状态下的空间遥感信息，并进行实时处理、建模和分析的先进新兴航空遥感技术的综合解决方案。

历经数十年的发展，无人机应急测绘已呈现下面一些特点。

1. 应急测绘保障任务的行业性

无人机摄影测量技术在海洋行业由无人机海面低空单视角转换为海面超低空多视角，并获取 SAR、高光谱、高空间分辨率多种海况海难、海洋环境的监测数据。电力行业主要采用大型无人直升机对高压输电线路及通道进行巡检检查作业。石油行业多使用多旋翼无人机对油气平台、场站、阀室进行监测，使用小型固定翼无人机进行管道巡查等。

2. 系统技术趋于智能化和高集成

无人机遥感系统在应急测试保障技术方面面向自主控制、高生存力、高可靠性、互通互联互操作等方向发展，不断与平台技术、材料技术、先进的发射回收技术、武器和设备的小型化及集成化、隐身技术、动力技术、通信技术、智能控制技术、空域管理技术等相关领域的高新技术融合和互动。

3. 任务执行趋于高效性

无人机遥感系统硬件的发展反馈于应用领域，主要体现在任务执行时的无人机续航时间更长、负荷能力更强。随着科技的不断发展及新材料、新技术的应用，无人机续航、载重能力持续提高，任务执行趋于更高效。

4. 载荷多样化平台集群化

针对自然灾害频发易发、灾害种类特点各异等难点，无人机遥感载荷系统已由单一可见光相机，发展成为包括高光谱、LiDAR、SAR 等多传感器综合的载荷系统，获取的应急测绘地理信息更为丰富，数据表达更为明确，实现了无人机的"一机多能"。同时，无人机遥感平台的应用，也陆续由单无人机独立作业发展成为多无人机、集群无人机的协同作业。这样，既可提高执行应急保障的质量，也可扩展应急保障的能力。

5. 有效补充了影像获取手段

无人机低空航摄系统广泛用于小范围局部高分辨率遥感影像的快速、实时获取，成为卫星遥感、传统航空摄影的有效补充，有力地提高了遥感技术在小范围、零星区域获取数据的水平和能力。

9.2 在数字城市建设中的应用

无人机航拍摄影技术作为一项空间数据获取的重要手段，是卫星遥感与载人机航空遥感的有力补充。目前，我国的无人机在总体设计、飞行控制、组合导航、中继数据链路系统、传感器技术、图像传输、信息对抗与反对抗、发射回收、生产制造等方面的技术日渐成熟，应用也日益增多。尤其是近几年来，我国民用无人机市场的应用不断拓展，不仅在空管、适航标准等因素突破后实现跨越式发展，在数字城市建设领域的应用前景也越来越广阔。

无人机空间信息采集完整的工作平台可分为四个部分：飞行器系统部分、测控及信息传输系统部分、信息获取与处理部分、保障系统部分。无人机低空航拍摄影广泛应用于国家基础地图测绘、数字城市勘探与测绘、海防监视巡查、国土资源调查、土地籍管理、城市规划、突发事件实时监测、灾害预测与评估、城市交通、网线铺设、环境治理、生态保护等领域，且有广阔的应用前景，对国民经济的发展具有十分重要的现实意义。

下面就无人机在数字城市建设中的部分应用场景作简单说明。

1. 街景应用

利用携带拍摄装置的无人机，开展大规模街景航拍，实现空中俯瞰城市实景的效果。目前，街景拍摄有遥感卫星拍摄和无人机拍摄等几种方案。但在有些地区由于云雾天气等因素，遥感卫星的拍摄质量以及成果无法满足要求时，低空无人机拍摄街景就成了首要选择。

2. 电力巡检

装配有高清数码摄像机和照相机以及 GNSS 定位系统的无人机，可沿电网进行定位自主巡航，实时传送拍摄影像，监控人员可在计算机上同步收看与操控。采用传统的人工电力巡线方式，条件艰苦，效率低。无人机实现了电子化、信息化、智能化巡检，提高了电力线路巡检的工作效率，应急抢险水平和供电可靠率。而在山洪暴发、地震灾害等紧急情况下。无人机对线路的潜在危险，诸如塔基陷落等问题进行勘测与紧急排查，丝毫不受路面状况影响，既免去攀爬杆塔之苦，又能勘测到人眼的视觉死角，对于迅速恢复供电很有帮助。

3. 灾后救援

利用搭载了高清拍摄装置的无人机对受灾地区进行航拍，提供一手的最新影像。无人机动作迅速，起飞至降落仅需几分钟，就能完成 100 000 m² 的航拍，对于争分夺秒的灾后救援工作意义重大。此外无人机拍摄还能充分保障救援工作的安全，通过航拍的形式，避免了那些可能存在塌方的危险地带，将为合理分配救援力量、确定救灾重点区域、选择安全救援路线以及灾后重建选址等提供很有价值的参考。此外，无人机还可实时、全方位地监测受灾地区的情况，以防引发次生灾害。

9.3 在国土资源领域中的应用

无人机遥感监测服务可以为国土资源提供服务，利用无人机搭收光学相机获取影像及地理信息，将无人机通感的监测成果运用于基础测绘、执法监察、数字城市建设、矿产资源、灾害应急等领域，在国土资源方面发挥重要作用。

1. 大比例尺地形图规模化生产

无人机航测成图是以无人机为飞行载体，以非量测数码相机为影像获取工具，利用数字摄影测量系统生产高分辨率正射影像图（DOM）、高精度数字高程模型（DEM）、大比例尺数字线划图（DLG）等测绘产品。随着无人机技术的广泛应用，客户的需求水平也越来越高，无人机大比例尺航测成图的质量在无人机技术应用中尤为关键，对如何提高产品品质的研究，大大促进了无人机测绘技术的应用。

传统的大比例尺地形图测绘多采用内外业一体的数字化测图方法，即首先采用静态 GNSS 测量技术布设首级控制网，然后采用 GNSS RTK 与全站仪相结合的方法进行碎部测量。传统的地形测量方法为点测量模式，即需要测量人员抵达每一个地形特征点，通过逐点采集来获取数据，非常辛苦，测量效率较低，在大范围地形测量中受到了一定的限制。

因此，探讨更加灵活机动、高效率的地形测量方法非常必要。近年来，无人机低空摄影测量技术的发展和成熟，提供了新的大比例尺地形测量的方法。

基于无人机测绘技术方法测绘大比例尺地形图的工作主要步骤包括：获取测区影像数据、野外像控点测量、内业空三加密及数字测图。其中，记录影像大地坐标、内业空三加密主要输出加密后的影像、DEM 数据及三个角元素的文件、相机文件、空三精度报告，以及照片的外方位元素、记录自动提取的特征点的大地坐标文件、精确匹配后确定的用于相对定向和空三平差的定向点影像坐标文件等，经过空三加密后的影像可以直接导入测图软件进行数字测图。

无人机测绘技术在大比例尺地形图中的应用具有很强的可行性，它能够快捷地获得高精度的低空影像，加强测绘结果的时效性，经过合理处理之后的高精度低空影像，能够应用于新农村建设、城市变形监测、城市规划、国土资源遥感监测、重大工程项目监测、资源开发及应急救灾等许多方面。无人机测绘技术在较大程度上促进了我国测绘行业的快速发展，对于国民经济建设具有十分深远而且重要的意义。

2. 地籍测绘

近年来，科学技术的发展极大地带动了无人机技术水平的提升，并使其在众多领域都得到了有效的应用。尤其在测绘领域，当前阶段无人机航测技术虽然只是一项较新的测绘技术，但是其所具有的体积小、起落方便、测量精确性高及不受天气影响等众多优势，在测绘领域得到了广泛应用。

3. 执法监察

通过无人机遥感监测系统的监测成果，及时发现和依法查处被监测区域的国土资源违法行为。对重点地区和热点地区要实现滚动式循环监测，实现国土资源动态巡查监管，违法行为早发现、早制止和早查处。

4. 数字城市建设

无人机在空间数据采集方面优势明显，对城市进行多尺度、多时空和多种类的三维描述，成为数字城市建设中应用前景最为广阔的一种测绘手段。

5. 灾害应急

应用无人机遥感服务可对地质环境和地质灾害进行及时、循环监测，第一时间采集地质灾害发生的范围、程度和源头等信息，为地质部门制定灾害应急措施提供快速、准确的数据支持。

9.4 在矿山监测中的应用

利用无人机测绘技术，可以对矿山开发状况、矿山环境等多目标遥感调查与监测工作的数字矿山建设、矿产资源监测、村庄压占拆迁快速测量与评估、矿区地质灾害监测、矿区灾害应急救援指挥等方面发挥作用。

1. 数字矿山建设

数字矿山建设是矿山信息化管理的重要手段，它的建设需要基础地理信息数据，包括遥感影像、地形图和 DEM 数据等。随着矿山建设的快速发展，需要及时地更新基础地理数据。目前，矿山企业主要是采用常规测量手段，周期长、费用高，难以适应数字矿山建设的需求。多数矿山在偏僻山区，不适宜大飞机作业。无人机可以弥补上述不足，可随时获取动态变化数据，满足数字矿山建设的需求。

2. 矿产资源监测

由于矿山资源具有稀缺性和不可再生的特点，所以易出现了乱采、乱挖的现象，特别是对于那些无证开采的矿山，靠人力监管已经无能为力，需要高科技的手段才能有效管理。利用无人机技术可以实现空中监视，无须到达目标区即可取证，可以有效地实现监管，有力地打击违法开采资源的活动。

3. 村庄压占拆迁快速测量与评估

矿山建设发展过程中，需要对矿井周边原有居民地等地面建（构）筑物进行调查，测算征迁补偿费用。这一调查工作任务重，尤其是进入居民区，容易引起民心恐慌，激化企业与地方的矛盾，影响地表附属物的调查结果与质量，不利于企业的可持续发展，更不利于矿业集团公司发展战略的稳步实施。因此，摸清查准地表附属物的补偿数量与结构，对于精确测算补偿费用，切实维护当地政府、居民与企业的利益，具有重要作用。

通过采用传统的拆迁测量方式进行地表附属物的面积及结构统计，显然不能有效满足矿业集团这一特殊需要。利用无人机对矿区村庄压占拟拆迁房屋进行航空摄影测量，可以快速获取拆迁的全部建筑物的真实影像信息，为制定拆迁补偿与评估政策、有效解决拆迁补偿纠纷提供第一手的翔实资料。

4. 矿区地质灾害监测

利用无人机低空遥感技术监测矿区地表沉陷扰动范围、矿石山压占面积，对地表沉陷控制模式及生态景观保护与重建具有重要意义，可以利用无人机影像图进行地裂缝、地面沉降及滑坡体监测。

5. 矿区灾害应急救援指挥

无人机在灾害救助领域具有广泛应用前景。前预警期间可以在高风险地区航拍获取灾前地面影像资料；在灾中应急调查和快速评估期间，可以获取百千米级受灾区域的影像资料，扩大灾调查范围，提高灾害监测能力；灾后恢复重建和损失评估期间，通过航拍可进行灾后恢复重建选址、规划、进度调查和监测，以及进行灾情总体评估和专项评估。

9.5　在电力工程中的应用

近年来，我国的经济快速发展，对电力的需求也变得更加旺盛。随之而来产生了很多的问题，主要是对电力工程建设的需求也要加强。国家电网公司正进行升级线路大幅扩建，线路将穿越各种复杂地形。如何解决电力线路检测的精度和效率，是困扰电力行业的重大难题。伴随着无线通信技术、航空遥感测绘技术、GNSS 导航定位技术及自动控制技术的发展，无人机的航空遥感测绘技术可以很好地完成对电力巡查和建设规划的任务，也可以在一定程度上降低国家的经济损失。电力无人机主要指无人机在电力工程方面所充当的角色，具体应用于基础建设规划、线路巡查、应急响应地形测量等领域。随着测绘技术的不断提高，电力无人机在未来电力工程建设中将会发挥更加强劲的优势。

1. 测绘地形图

无人机测量地形图的技术用于电力勘测工程上，主要基于以下 3 个方面。

（1）用于工程规模较小的新建线路航飞。据统计，全国每年有数千千米的线路较短的工程，路径短小，工程时间紧；同时，这些工程规模小，也不便于收集资料。因此，这些工程仍以传统的测绘方法进行路径选择设计，无法贯彻全过程信息化技术的应用，不能为未来整体的智能电网建设提供基础数据。而无人机摄影测量系统的特点可以很好地满足此种类型工程的勘测需要。

（2）用于工程路径局部改线的航飞。电力工程施工定位或建设中可能会遇到一些意想不到的情况，导致路径的调整而超出原有航摄范围。此时再调用大飞机进行航空摄影不仅手续烦琐，成本较高，而且不能保证工期要求。无人机航空摄影测量系统的"三高一低"特点，恰恰弥补了常规摄影测量的不足。

（3）用于运行维护中的局部线路数据更新维护的航飞。随着电力工程的不断建设，输电线路的安全显得尤为重要，线路的运行维护日益得到重视。目前主要有直升机巡线、在线监测系统等手段辅助线路的运行管理工作。在复杂山区，人员难以到达，使用无人机系统，可以快速获取相关数据，保证了数据库不断更新和基础数据的时势性，便于技术人员对比分析，查找对输电线路运行安全有影响的危险因素，以便于及时采取处理措施。

2. 规划输电线路

在对各种各样类型的输电线路进行走廊规划时，对规划的区域要进行详细的信息采集和测绘工作。最好的方式就是采用无人机测绘系统，不仅可以在获得数据时实现高效性，还可以在各方面降低环境对信息采集与勘测的影响。这样可以有效地对数据进行分析，全面考虑各方面的因素，再由各方进行相互协调，对有限的资源充分利用，可以使区域规划与线路的走向更加合理，优化输电线路的路径，同时可以起到降低成本的作用。

3. 无人机架线

最原始的架线方式是人力展放牵引绳，适合一般跨越，但是施工效率低，而对于特殊跨越难度较大。动力伞是目前输电线路工程较常用的展放牵引绳的施工方式，但是需要驾驶员操控，施工过程存在危险，容易出现人身事故，飞行稳定性较差。再者就是现在发展势头迅猛的无人机架线方式。电力无人机架线可以轻松地飞越树木，向地面空投导引绳。在施工中也会遇到沼泽、湖面、农田、高速公路、山地等，当人拉马拽都难以实现架线施工时，电力无人机可以大显身手，完成跨越任务。带电跨越这种情况通常存在于线路改造过程中，需要在一条通电线路的基础上横跨条新的线路，为了保证施工人员的安全，无论多重要的线路，传统施工只能首先对原线路进行断电后再施工。而用电力无人机来架线，就可避免断电的情况。电动无人机配上自主飞行系统就可以完成巡线等任务，在减小劳动强度和难度的同时，电力工人的人身安全也得到了保障。

4. 无人机巡检

在电力行业，无人机主要被应用于架空输电线路巡检，为此国家电网公司发布了《架空输电线路无人机巡检系统配置导则》，南方电网公司发布了《架空输电线路机巡光电吊舱技术规范（试行）》，中国电力企业联合会发布了《架空输电线路无人机巡检作业技术导则》，对无人机巡检系统及光电吊舱进行规范。

根据国家电网公司发布的《架空输电线路无人机巡检系统配置导则》，无人机巡检系统指利用无人机搭载可见光、红外等检测设备，完成架空输电线路巡检任务的作业系统。

无人机巡检系统一般由无人机分系统、任务载荷分系统和综合保障分系统组成。无人机分系统指由无人驾驶航空器、地面站和通信系统组成，通过遥控指令完成飞行任务。任务载荷分系统指为完成检测、采集和记录架空输电线路信息等特定任务功能的系统，一般包括光电吊舱、云台、相机红外热像仪和地面显控单元等设备或装置。综合保障分系统指保障无人机巡检系统正常工作的设备及工具的集合，一般包括供电设备、动力供给（燃料或动力电池）、专用工具、备品备件和储运车辆等。

无人机输电巡线系统是一个复杂的集航空输电电力、气象、遥测遥感、通信、地理信息图像识别、信息处理于一体的系统，涉及飞行控制技术、机体稳定控制技术、数据链通信技术、现代导航技术、机载遥测遥感技术、快速对焦摄像技术以及故障诊断等多个高精尖技术领域。无人机智能巡检作业过程中，可首先采用固定翼无人机巡检系统，通过遥控图像系统对输电导线、地线、金具、绝缘子及铁塔情况进行监测，对输电线路进行快速、大范围巡检筛查，巡检半径可以达到 100 km 以上。如发现异常，利用运载平台无人机智能巡检系统进入作业现场，利用旋翼无人机巡检系统或两栖无人机前往异常点进行精细巡检，并利用便携式检测设备进行人工确认。

无人机作业可以大大提高输电维护和检修的速度、效率，使许多工作能在完全带电的环境下迅速完成，无人机还能使作业范围迅速扩大，且不被污泥和雪地所困扰。因此无人机巡线方式无疑是一种安全、快速、高效、前途广阔的巡线方式。

9.6 在环境保护领域中的应用

近几年随着我国经济高速发展，一部分企业忽视环境保护工作，片面追求经济利益，导致生态破坏和环境污染事故频发，甚至有的企业为节约成本，故意不正常使用治污设施而偷排污染物。环境保护形势严峻，环境监管执法任务越来越繁重，深度和难度逐年增加，执法人员明显不足，监管模式相对单一，显然传统的执法方式已很难适应当前工作的需要。利用无人机的遥感系统，可以实时快速跟踪突发环境污染事件，捕捉违法污染源并及时取证，从宏观上观察污染源分布、排放状况及项目建设情况，为环境管理提供依据。

利用无人机航拍巡航侦测生成的高清晰图像，可直观辨别污染源、排污口、可见漂浮物等，并生成分布图，实现对环境违法行为的识别，为环保部门环境评价、环境监察执法、环境应急提供依据，从而弥补监察人力不足、巡查范围不广、事故响应不及时等问题，提高环境监管能力。无人机生成的多光谱图像，可直观、全面地监测地表水环境质量状况，形成饮用水源地水质管理的新模式，提高库区环境整体的水生态管理水平。

1. 环境污染范围调查

传统的环境监测，通常采用点监测的方式来估算整个区域的环境质量，具有一定的局限性和片面性。无人机航拍，遥感具有视域广、及时、连续的特点，可迅速查明调查区的环境现状。借助系统搭载的多光谱成像仪、照相机生成图像，可直观、全面地监测地表水环境质量状况，提供水质富营养化、水体透明度、悬浮物排污口污染状况等信息的专题图，从而达到对水质特征、污染物监视性监测的目的。无人机还可搭载移动大气自动监测平台对目标区域的大气进行监测，自动监测平台不能够监测污染因子，可采用搭载采样器的方式，将大气样品在空中采集后送回实验室监测分析。无人机遥感系统安全作业保障能力强，可进入高危地区开展工作，也有效地避免了监测采样人员的安全风险。

2. 突发事件现场勘测

在环境应急突发事件中，无人机遥感系统可克服交通不利、情况危险等不利因素，快速赶到污染事故所在空域，立体地查看事故现场、污染物排放情况和周围环境敏感点污染物分布情况。系统搭载的影像平台可实时传递影像信息，监控事故进展，为环境保护决策提供准确信息。

无人机遥感系统使环保部门对环境突发事件的情况了解得更加全面，对事件的反应更加迅速，相关人员之间的协调更加充分、决策更加有据。无人机遥感系统的使用，还可以大大降低环境应急工作人员的工作难度，同时工作人员的人身安全也可以得到有效的保障。

3. 区域巡查执法取证

当前，我国工业企业污染物排放情况复杂、变化频繁，环境监察工作任务繁重，环境监察人员力量也不足，监管模式相对单一，无人机可以从宏观上观测污染源分布、污染物排放状况及项目建设情况，为环境监察提供决策依据；同时，通过无人机监测平台对排污口污染状况的遥感监测，也可以实时快速跟踪突发环境污染事件，捕捉违法污染源并及时取证，为环境监察执法工作提供及时、高效的技术服务。

4. 建设项目审批取证

在建设项目环境影响评价阶段，环评单位编制的环境影响评价文件中需要提供建设项目所在区域的现势地形图，在大中城市近郊或重点发展地区能够从规划、测绘等部门寻找到相关图件，而在相对偏远的地区则无图可寻，即便是有图也因绘制年代久远或图像精度较低而不能作为底图使用。如果临时组织绘制，又会拖延环境影响评价文件的编制时间，有些环评单位不得已选择采用时效性和清晰度较差的图件作为底图，势必对环境影响评价工作质量造成不良影响。

　　无人机航拍、遥感系统能够有效解决上述问题，它能够为环评单位在短时间内提供时效性强、精度高的图件作为底图，并且可有效减少在偏远、危险区域现场踏勘的工作量，提高环境影响评价工作的效率和技术水平，为环保部提供精确、可靠的审批依据。

5. 自然生态监察取证

　　自然保护区和饮用水源保护区等需要特殊保护区域的生态环境保护，一直以来是各级环保部门工作的重点之一，而自然保护区和饮用水源保护区大多具有面积较大、位置偏远、交通不便的特点，其生态保护工作很难做到全面、细致。环保部门可采用无人机获取需要特殊保护区域的影像，通过逐年影像的分析比对或植被覆盖度的计算比对，可以清楚地了解该区域内植物生态环境的动态演变情况。从无人机生成的高分辨率影像中，甚至还可以辨识出该区域内不同植被类型的相互替代情况，这样对区域内的植物生态研究也会起到参考作用。区域内植物生态环境的动态演变是自然因素和人为活动的双重结果，如果自然因素不变而区域内或区域附近有强度较大的人为活动，逐年影像也可为研究人为活动对植物生态的影响提供依据。当自然保护区和饮用水源保护区遭到非法侵占时，无人机能够及时发现，拍摄的影像也可作为生态保护执法的依据。

6. 监测空气、水质采样分析

　　气体的采样方式为无人机搭载真空气体采集器，对大气和工业区经行气体进行采样，适用于各种工业环境和特殊复杂环境中的气体浓度采集和检测。利用无人机平台可以进行高空检查和多方位检测，探测器采用气体传感器和微控制器技术，响应速度快，测量精度高，稳定性和重复性好，操作简单，显示各项技术指标和气体浓度值，可远程无线在计算机上查看实时数据，具有实时报警功能、数据历史查询和存储功能、数据导出功能等。定点航线飞行检测气体溶度值，可设置不同溶度的报警值。

　　自动水质的采样，其采样方式为无人机搭载一款自动水样采集器，悬停在目标区域进行采样取水。系统主要用在江、河、湖，以及环境复杂、人员不易到达的危险地带，通过无人机搭载自动水质采样系统，实现全程全自动飞行及采样，并全程高清影像记录。

9.7　在农林业领域中的应用

1. 在农业方面应用

　　中国是世界上最大的农业大国之一，拥有18亿亩基本农田，随着土地改革及中国农村土地流转和集约化管理的加快，农业科技、农村劳动力日益短缺，无人机参与农业生产已经成为中国农业的发展趋势。近年来，农业科技化的发展越来越受到重视，以智能机器人取代人工进行劳作与监测逐渐进入大众的视野。农业植保无人机的应用，使喷洒农药，播种等农用技术变得更简便、精确、有效。无论是土壤红外遥感、农作物生长评估还是农业喷药，无人机在精准农业中发挥着越来越重要的作用，成为现代精准农业的尖兵，并将掀开精准农业的新篇章。

　　1）农田药物喷洒

　　药物喷洒是农用无人机最为广泛的应用，与传统植保作业相比，植保无人机具有精准作业、高效环保、智能化、操作简单等特点，可为农户节省大型机械和大量人力的成本。全国各地不少地区都已使用植保无人机进行药物作业，得到了人们的肯定。

2）农田信息监测

无人机农田信息监测主要包括病虫监测、灌溉情况监测及农作物生长情况监测等。它利用以遥感技术为主的空间信息技术，通过对大面积农田、土地进行航拍，从航拍的图片、摄像资料中充分、全面地了解农作物的生长环境、生长周期等各项指标，从灌溉到土壤变异，再到肉眼无法发现的病虫害、细菌侵袭，指出出现问题的区域，从而便于农民更好地进行田间管理。无人机农田信息监测具有范围大、时效强和客观、准确的优势，是常规监测手段无法企及的。

3）农业保险勘查

农作物在生长过程中难免遭受自然灾害的侵袭，使得农民受损。对于拥有小面积农作物的农户来说，受灾区域勘察并非难事，但是当农作物大面积受到自然侵害时，农作物勘察定损工作量极大，其中最难以准确界定的就是损失面积问题。

农业保险公司为了更为有效地测定实际受灾面积，进行农业保险灾害损失勘查，将无人机应用到农业保险赔付中。无人机具有机动快速的响应能力、高分辨率图像和高精度定位数据获取能力、多种任务设备的应用拓展能力、便利的系统维护等技术特点，可以高效地完成受灾定损任务。通过航拍勘查获取数据、对航拍图片进行后期处理与技术分析，并与实地测量结果进行比较校正，保险公司可以更为准确地测定实际受灾面积。无人机受灾定损，解决了农业保险赔付中勘察定损难、缺少时效性等问题，大大提高了勘察工作的速度，节约了大的人力、物力，在提高效率的同时确保了农田赔付勘查的准确性。

2. 在林业方面应用

日常的林业工作主要包括林业有害生物监测、森林资源调查、野生动物保护管理、森林防火和造林绿化等。外业工作环境艰苦，工作量大。目前，随着我国3S技术和图像视频实时传输等技术的发展，无人机和无人机技术逐渐应用于日常林业工作中，大大提高了工作效率和精度，节省了人力物力，具有明显的优势和广阔的应用前景。

1）林业有害生物监测防治

目前，我国森林病虫害监测与防治主要采取黑光灯诱杀、昆虫网诱捕、性引诱剂诱捕和人工喷洒农药的方式。随着我国造林绿化面积的增多，以及气候因素的影响，森林病虫害呈现程度增强、面积增加的趋势，传统人工监测与防治手段在应对大面积森林病虫害监测防火时尽显弱势。

通过无人机喷洒药物、监测，能有效提升有害生物监测和防治减灾水平，大大减小林业有害生物对森林资源造成的生态危害。目前在我国也有一些地区使用无人机进行病虫害防治，例如，勐腊县利用植保无人机对县内橡胶树病虫害进行监测和防治，应用结果表明无人机喷洒农药1小时的工作量相当于2个工人工作1天，极大地提高了橡胶行业病虫害防治效率，提高了应对橡胶突发病虫害的反应速度；山西临县利用植保无人机对辖区内病虫害发生严重的红枣树进行喷药防治，取得了良好的效果。

2）森林防火

森林火灾的发生会造成巨大的生态损失、经济损失和人员伤亡，是一种扑救难度大的灾害，因此国家非常重视森林防火工作，要求防患于未然。目前，最基础的森林防火方式是派人实地巡逻考察，对于大面积的林区来讲，工作量大，危险性高，火点观测精度低。有人驾驶飞机飞行受管制，拍摄的图像很难满足高精度和高分辨率的要求，在森林火灾发生时，存在很大的危险性。在森林防火中利用无人机具有操作简便、部署快速、使用成本低、功能多样化、图像分辨率高等优点，同时能够实时了解火场发生态势和灭火效果，及时消灭火灾。

3）野生动物监测

在野生动物资源监测方面，无人机利用其特有的高时效性，能够第一时间获取野生动物资源变化数据。利用无人机技术，可以实现对野生动物种群分布、生长情况的监测，也可以对濒危动物进行跟踪监测，减轻人工巡查对其造成的扰动，大大减少监测巡护的人工成本和经济成本。

4）森林资源调查

森林资源调查是我国林业工作中非常重要的一项任务，森林资源调查的技术方法经历了航空像片调查方法、抽样调查、计算机和遥感技术调查等阶段，这些方法都离不开工作人员到实地进行调查，尤其是在大规模林区，需要花费大量人力、物力。利用无人机和遥感技术的结合，可快速获取所需区域的高精度森林资源空间遥感信息具有高时效、低成本、低损耗、高分辨率等特殊优势。

9.8 在水利相关领域中的应用

因为无人机低空遥感具有高机动性、高分辨率等特点，所以在水利行业中的应用有着得天独厚的优势。在防汛抗旱、水土保持监测、水域动态监测、水利工程建设与管理等相关业务领域中，无人机测绘技术都能发挥其巨大的作用。

1. 防汛抗旱

无人机测绘技术作为一种空间数据获取的重要手段，具有续航时间长、影像实时传输、高危地区探测、成本低、机动灵活等优点，是卫星遥感与载人机航空遥感的有力补充。无人机在日常防汛检查中，可克服交通等不利因素，快速飞到出险空域，立体查看蓄滞洪区的地形、地貌和水库、堤防险工险段，根据机上所载装备数据，实时传递影像等信息，监视险情发展，为防洪决策提供准确的信息，同时最大限度地规避了风险。小型无人机携带非常方便，到达一定区域后将其放飞，人员可以在安全地域内操控其飞行，并进行相关信息的实时采集、监控，为防汛决策提供保障。

无人机防汛抗旱系统的应用，使相关的政府部门对应急突发事件的情况了解更加全面，应对突发事件的反应更加迅速，相关人员之间的协调更加充分、决策更加有据。无人机的使用，还可以大大降低工作人员的工作难度，在抗洪抢险中的人身安全也可以得到进一步的保障。在防汛抗旱领域，无人机能够保障政府和其他应急力量在洪涝灾害或旱情来临时，通过快速、及时、准确地收集应急信息，以多种方式进行高效沟通，为领导提供科学的辅助决策信息。

2. 水土保持监测

我国是世界上水土流失最为严重的国家之一，由于特殊的自然地理和社会经济条件，水土流失已成为我国主要的环境问题。土壤侵蚀定量调查是水土保持研究的重要内容之一。在土壤侵蚀定量调查中，无人机可以发挥重要作用，其宏观、快速、动态和经济的特点，已成为土壤侵蚀调查的重要信息源。土壤侵蚀过程极其复杂，受多种自然因素和人为因素的综合影响。自然因子包括气候、植被（土地覆盖）、地形、地质和土壤等，人为因素包括土地利用、开矿和修路等。不同的土壤侵蚀类型的影响因子也不同，对于水蚀来说，参考通用土壤侵蚀方程各因子指标，并考虑遥感技术与常规方法相结合，一般选择降水、地形或坡度、沟谷密度、植被覆盖度、成土母质及侵蚀防治措施等作为土壤侵蚀估算的因子指标。同时，根据不同时期土壤侵蚀强度分级的分析对比，评价水保工程治理效果，指导今后水土保持规划和设计工作。

无人机可以在低空、低速情况下对研究区进行拍摄，航拍的像片真实、直观地反映了研究范围内水土流失状况、强度及分布情况。这可利用 GIS 系统建立研究范围内水土流失本底数据库，确定土壤侵蚀类型、强度、范围，以及地形、植被、管理措施等土壤侵蚀影响因子，为利用 GIS 分析研究范围内的水土流失奠定基础。

3. 水域动态监测

水资源是人民生活、生产不可缺少的重要资源，随着人口增加和工业发展，水资源供需矛盾日益突出，水资源的合理开发利用是当前急需解决的问题，而河流水系分布及流域面积的准确计算是开发利用的基础。目前，由于时间变迁和当时技术水平的限制，许多河流水系分布、流域面积等基础资料已不能准确反映当前状况。水域动态监测调查的目标是查清研究范围内的水域变化状况，掌握真实的水域基础数据，建立和完善水域调查、水域统计和水域占补平衡制度，实现水域资源信息的社会化服务，满足经济社会发展及水域资源管理的需要。

利用无人机低空遥感技术进行水资源调查，速度快，准确率高，可节省大量人力、物力、财力。同时，通过对水域利用状况和水域权属界线等进行全面的变更调查或更新调查，按照科学的技术流程，采用成熟的目视解译与计算机自动识别相结合的信息提取技术，进行数据采集和图形编辑，获取每一块水域动态监测的类型、面积、权属和分布信息，建立各级互联、自动交换、信息共享的"省、市、县"水域动态监测利用数据库和管理系统。利用无人机低空遥感信息，还可以监测河道变化、非法水域占用等情况，为预测河道发展趋势、水域占用执法等工作提供数据。无人机水域监测数据还可以应用到水利规划、航道开发等方面，具有十分可观的经济效益和显著的社会效益。

4. 水利工程建设与管理

在水利工程建设与管理方面涉及水利工程建设环境影响分析评价、大型水利工程的安全监测等，无人机低空遥感的快速实施、高分辨率数据等特点，使其在该领域也能发挥特殊的作用。水利工程环境影响遥感监测包括水利工程建设引起的土地植被或生态变化、淹没范围、库尾淤积、土地盐渍化等方面。利用无人机遥感的高分辨率、灵活机动等特征，可以为工程生态环境提供宏观的科学数据和决策依据。同时利用空间信息技术手段，应用无人机的高空间分辨率遥感影像及高精度 GNSS 系统相结合的方法，还可以进行大型水库和堤坝工程的建设施工监测工作。

【习题与思考】

1. 无人机应急测绘的特点有哪些？
2. 无人机在数字城市建设领域中的应用有哪些？
3. 无人机在国土资源领域中的应用有哪些？
4. 无人机在矿山监测中的应用有哪些？
5. 无人机在电力工程中的应用有哪些？
6. 无人机在环境保护领域的应用有哪些？
7. 无人机在农林业领域的应用有哪些？
8. 无人机在水利相关领域的应用有哪些？

参考文献

[1] 吴献文. 无人机测绘技术基础[M]. 北京：北京交通大学出版社，2019.

[2] 万刚. 等. 无人机测绘技术及应用[M]. 北京：测绘出版社，2015.

[3] 郭学林. 无人机测量技术[M]. 郑州：黄河水利出版社，2018.

[4] 段延松. 无人机与摄影测量应用[Z]. 武汉：武汉大学遥感信息工程学院，2019.

[5] 王冬梅. 无人机测绘技术[M]. 武汉：武汉大学出版社，2020.

[6] 刘倩，梁志海，范慧芳. 浅谈无人机遥感的发展及其行业应用[J]. 测绘与空间地理信息，2016，39（6）：167-169.

[7] 黄健，王继. 多视角影像自动化实景三维建模的生产与应用[J]. 测绘通报，2016（4）：75-78.

[8] 李卉. 无人机倾斜摄影测量应用于建筑物三维建模研究[D]. 沈阳：辽宁工程技术大学，2015.

[9] 曹帅帅. 无人机倾斜摄影测量三维建模的应用试验研究[D]. 昆明：昆明理工大学，2017.

[10] 陈星佑. 基于倾斜摄影测量三维重建中的空洞修补研究[D]. 成都：成都理工大学，2018.

[11] 郭雷，余翔，张霄，等. 无人机安全控制系统技术：进展与展望[J]. 中国科学：信息科学，2020，50：184-194.

[12] YUKAI ZHU, LEI GUO, JIANZHONG QIAO, et al. An enhanced anti-disturbance attitude control law for flexible spacecrafts subject to multiple disturbances[J]. Control Engineering Practice, 2019, 84: 274-283.

[13] 朱海斌，王妍，李亚梅. 基于无人机的露天矿区测绘研究[J]. 煤炭工程，2018，50（10）：162-166.

[14] 王春生，杨鲁强，王杨，等. 无人机低空摄影测量系统在水利工程测量中的应用[J]. 测绘通报，2012（S1）：408-410.

[15] 任斌，高利敏. 免像控无人机在工程收方中的应用[J]. 测绘通报，2018（8）：156-159.

[16] 王凤艳，赵明宇，王明常，等. 无人机摄影测量在矿山地质环境调查中的应用[J]. 吉林大学学报（地球科学版），2020（5）：1-10.

[17] 严慧敏. 数字正射影像结合 LiDAR 数据在山区测绘中的应用[J]. 测绘通报，2020（1）：115-119.

[18] 万剑华，王朝，刘善伟，等. 消费级多旋翼无人机 1∶500 大比例尺测图的应用[J]. 遥感技术与应用，2019，34（5）：1048-1053.

[19] 刘磊，刘津，翟永，等. 国家应急测绘调度系统设计[J]. 测绘通报，2019（9）：135-138，146.

[20] 郭春海，张英明，丁忠明. 无人机机载 LiDAR 在沿海滩涂大比例尺地形测绘中的应用[J]. 测绘通报，2019（9）：155-158.

[21] 乐志豪，杜全维，龚秋全，等. 无人机在电力工程滑坡治理中的应用[J]. 测绘通报，2019（S1）：270-274.

[22] 吕立蕾，董玉磊，奉定平，等. 海岸线自动提取方法研究[J]. 海洋测绘，2019，39（4）：57-60.

[23] 张兵兵，张中雷，廖学燕，等. 轻小型无人机航测技术在露天矿山中的应用现状与展望[J]. 中国矿业，2019，28（6）：949.

[24] 牛鹏涛. 基于倾斜摄影测量技术的城市三维建模方法研究[J]. 价值工程，2014，33（26）：24-2252.

[25] 张灯军，郭军. 无人机在 1∶10 000 地形图成果质量检查中的应用与精度分析[J]. 测绘工程，2019，28（4）：64-67.

[26] 王永全，李清泉，汪驰升，等. 基于系留无人机的应急测绘技术应用[J]. 国土资源遥感，2020，32（1）：1-6.

[27] FAN B K, ZHANG R Y. Unmanned aircraft system and artificial intelligence[J]. Geomat. Inform. Sci. Wuhan Uniy，2017，42：1523-1529.

[28] 国家测绘局. 低空数字航空摄影测量内业规范（CHZ 30—2010）[S]. 北京：测绘出版社，2010.

[29] 国家测绘局. 低空数字航空摄影测量外业规范（CH/Z 300—2010）[S]. 北京：测绘出版社，2010.

[30] 国家测绘局. 低空数字航空摄影规范（CHZ 3005—2010）[S]. 北京：测绘出版社，2010.

[31] 国家测绘局. 数字航空摄影测量 空中三角测量规范（GB/T 23236—2009）[S]. 北京：测绘出版社，2009.

[32] 国家测绘局. 1∶500、1∶1 000、1∶2 000 地形图航空摄影测量内业规范（GB/T 7930—2008）[S]. 北京：测绘出版社，2008.

[33] 国家测绘局. 无人机航摄系统（CH/Z 3002—2010）[S]. 北京：测绘出版社，2010.

[34] 国家测绘局. 无人机航摄安全作业基本要求（CH/Z 3001—2010）[S]. 北京：测绘出版社，2010.

[35] 解斐斐. 基于无人飞艇低空航测系统建筑物纹理获取与处理技术[D]. 武汉：武汉大学，2014.

[36] 雷广渊，卢荣，冯文江，等. 地空协同测量在道路工程中的应用[J]. 测绘通报，2018（S1）：235-238.

[37] 潘成军. 无人机倾斜摄影在道路工程中的应用与分析[J]. 测绘工程，2018，27（12）：64-69，74.

[38] 麻金继，梁栋栋. 三维测绘新技术[M]. 北京：科学出版社，2018.

[39] 潘洁晨，王冬梅，李爱霞. 摄影测量学[M]. 成都：西南交通大学出版社，2016

[40] 刘广社. 摄影测量[M]. 2 版. 郑州：黄河水利出版社，2011.

[41] 李丽娟. 基于无人机航空摄影测量的 4D 产品制作[J]. 测绘技术装备,2021,23(4):77-80, 87.

[42] 崔巨月. 无人机倾斜摄影测量三维建模及精度评定[J]. 资源信息与工程, 2021, 36 (6): 68-70.

[43] 麻丽明,王贵丽,周燕,等. 基于无人机航测像控点布设与空三测量精度关系的研究[J]. 机电工程技术, 2022, 51 (7): 68-70, 158.

[44] 刘敏敏. 倾斜摄影测量中像控点布设方案优化研究[J]. 科学技术创新, 2022 (19): 11-14.

[45] 许海红, 黄基峻. 无人机像控点布设对地形图成果精度的影响研究[J]. 经纬天地, 2020 (5): 41-44, 59.

[46] 尚海兴, 任超锋, 李祖锋, 等. 多旋翼无人机免像控点空三精度分析[J]. 工程勘察, 2020, 48 (9): 52-56.

[47] 邓易成. 无人机低空摄影测量技术在大比例尺地形图测绘中的应用[J]. 中国科技信息, 2022 (23): 65-67.

[48] 文超. 基于无人机航测的地灾滑坡应急测绘方法分析[J]. 城市勘测, 2022 (5): 162-164, 168.

[49] 王振立, 缪鹏飞, 余建军. 基于三维激光扫描、无人机航测的三维地形测绘技术融合研究[J]. 测绘与空间地理信息, 2022, 45 (10): 196-197, 200.

[50] 杨敏. 三维激光扫描结合无人机倾斜摄影在街区改造测绘中的技术应用[J]. 测绘与空间地理信息, 2022, 45 (10): 250-251, 254.

[51] 钟金杏, 王晶, 缑武龙, 谢英凯. 无人机测绘数据处理技术及其应用探讨[J]. 数字通信世界, 2022 (10): 130-132.

[52] 常志喜. 无人机和地面三维激光扫描仪在 1:500 城市基本地形图测绘中的应用[J]. 科学技术创新, 2022 (29): 27-30.

[53] 魏晓琴. 无人机倾斜摄影测量在矿山测绘中的实践分析[J]. 西部探矿工程, 2021, 33 (5): 170-171, 175.

[54] 皮鹤, 唐世豪. 无人机影像和机载激光雷达技术在南方线状工程带状地形图中的应用[J]. 测绘与空间地理信息, 2022, 45 (2): 34-36.

[55] 冀晓彤. 矿山工程测量中无人机机载激光雷达的应用效果分析[J]. 世界有色金属, 2021 (21): 19-20.

[56] 林鑫, 庞勇, 李春干. 无人机密集匹配点云与机载激光雷达点云的差异分析[J]. 林业资源管理, 2020 (3): 58-62.

[57] 黄亚平, 刘骁, 牛作鹏. 基于无人机航摄的真正射影像生产方法研究[J]. 港工技术, 2019, 56 (增 1): 149-152.

[58] 闻道底. TDOM 制作的新思路：倾斜摄影[EB/OL]. https://zhuanlan.zhihu.com/p/203092643, 2020-09-01.

[59] 李观石. 真正射影像（TrueOrtho）的生产和应用[EB/OL]. https://blog.csdn.net/liguanshi/article/details/84903218, 2017-07-04.

[60] 言司. 独辟蹊径，不断创新 贴近摄影测量：第三种摄影测量方式的诞生——专访武汉大学遥感信息工程学院张祖勋院士[J]. 中国测绘, 2019 (10): 31-37.

[61] 张祖勋. 贴近摄影测量由来与含义[Z]. 武汉大学遥感信息工程学院, 2019.

[51] 梁京涛, 铁永波, 赵聪, 等. 基于贴近摄影测量技术的高位崩塌早期识别技术方法研究[J]. 中国地质调查, 2020, 7 (5): 107-113.

[62] 张军, 吴永春. 基于高精度 DSM 的无人机贴近摄影测量航线设计方案[J]. 矿山测量, 2020, 48 (5): 110-112.

[63] 陶鹏杰, 张祖勋. 贴近摄影测量典型应用案例[Z]. 武汉: 武汉大学遥感信息工程学院, 2019.

[64] 何佳男. 贴近摄影测量航线规划与数据处理[Z]. 武汉: 武汉大学遥感信息工程学院, 2019.

[65] 张祖勋, 柯涛, 郭大海, 等. 数字摄影测量网格在汶川大地震中的快速响应[J]. 中国工程科学, 2009, 11 (6): 54-62.

[66] 黄山. 大型目标的扫描近景摄影测量方法研究[D]. 武汉: 武汉大学, 2017.

[67] 王立朝, 温铭生, 冯振, 等. 中国西藏金沙江白格滑坡灾害研究[J]. 中国地质灾害与防治学报, 2019, 1: 1-9.

[68] 于洋洋. 机载激光雷达点云滤波与分类算法研究[D]. 合肥: 中国科学技术大学, 2015.

[69] 李不强. 机载激光雷达点云数据处理研究[J]. 华北自然资源, 2021 (3): 86-87.

[70] 毕凯, 王中祥, 朱杰. 一种改进的机载激光雷达点云密度检查方法[J]. 测绘通报, 2021 (S1): 139-143.

[71] 吕艳星. 基于深度学习的机载激光雷达树点云分类方法研究[D]. 西安: 西北农林科技大学, 2021.

[72] 黄五超. 机载激光雷达点云数据分类方法的研究[D]. 西安: 长安大学, 2021.

[73] 焦晓双. 机载激光雷达点云滤波算法与 DEM 内插方法研究[D]. 太原: 太原理工大学, 2018.

[74] 刘锋, 张金伟. 基于TerraSolid软件的机载激光点云数据处理分类算法研究[J]. 科技论坛, 2022, 11: 16-18.

[75] 飞燕航空遥感. 机载激光雷达 (Lidar) 的优势与发展前景[EB/OL]. https://www.sohu.com/a/426805860_100134430. 2020-10-23.